产品设计
透视与阴影

李 辉 兰海龙 主编

化学工业出版社
·北京·

内容简介

《产品设计透视与阴影》主要对产品设计草图的透视和投影透视进行系统讲解，力求帮助工业设计和产品设计的学生扎实掌握手绘中的各种透视原理，并能够运用这些原理进行设计和构思。本书针对性强，透视原理紧贴产品设计表现，所用图例都采用产品设计草图；内容全面，全书囊括主要的经典透视原理，对产品草图表现中涉及到的透视知识都会进行讲解；通俗易懂，将相对晦涩难懂的透视知识用浅显的图文进行描述和解释，加深学生的印象，让初学者能够更容易掌握。

本书可作为工业设计和产品设计等相关专业学生的本科教材，也可供相关从业者进行参考。

图书在版编目（CIP）数据

产品设计透视与阴影 / 李辉，兰海龙主编. —北京：化学工业出版社，2022.10

ISBN 978-7-122-42468-6

Ⅰ. ①产… Ⅱ. ①李… ②兰… Ⅲ. ①产品设计-高等学校-教材 Ⅳ. ①TB472

中国版本图书馆 CIP 数据核字（2022）第 206018 号

责任编辑：李 琰 宋林青

责任校对：边 涛　　装帧设计：韩 飞

出版发行：化学工业出版社（北京市东城区青年湖南街 13 号 邮政编码 100011）

印　　装：大厂聚鑫印刷有限责任公司

787mm×1092mm 1/16 印张 14¾ 字数 354 千字 2023 年 3 月北京第 1 版第 1 次印刷

购书咨询：010-64518888　　售后服务：010-64518899

网　　址：http://www.cip.com.cn

凡购买本书，如有缺损质量问题，本社销售中心负责调换。

定　　价：49.00 元

前　言

透视学是绘画及绘图的理论基础。在人类漫长的绘画历史中，真正意识到透视的研究价值，并形成完整的透视原理还得追溯到欧洲文艺复兴期间。

本书分为透视学和阴影两部分，其中透视学部分以经典透视基础原理为纲，针对工业设计和产品设计专业绘图的特点，展开透视学原理的讲解。选用的图例都是工业量产产品或概念产品，希望能给相关专业领域读者更直接的透视应用指导。阴影部分主要从光与物的遮挡关系出发，研究不同物体在人造光及自然光下产生投影的规律，严格意义上讲，投影的内容属于设计表现里光影渲染的范畴。由于自然光投影原理和斜面透视原理的几何关系有很多相似之处，且物体的投影形态和透视关系都是线稿表现中要确定的元素，因此把投影原理放在透视原理之后。

透视学很严谨，但是学起来并不难，很多内容看似复杂，实际是相通的。认真读完这本书，相信读者能很好地掌握透视技法，并能指导自己的绘画与设计。

本书从构思到完稿历时三年多，感谢这三年来家人的理解和陪伴，让我们能克服各种困难，最终顺利完成书稿。本书是我们多年教学经验的总结，书中所有案例及说明性图片和草图均系原创。

由于时间和精力所限，书中难免存在不妥之处，恳请广大读者及时指正。

编者

2022 年 9 月

听说透视有点难！
……，还好啦！

目 录

第一章

概　述

第一节　什么是透视

1. 透视的研究历程

绘画是人类最古老的艺术形式之一。最早的绘画作品可以追溯到距今一万年前的史前壁画，在绘画发展史中相当长的一段时间里，人们没有注重严格的透视技巧，即使意识到透视的存在，也未产生成熟的透视理论。透视作为数学和几何学的一个分支被系统性研究起源于15世纪的欧洲，成熟于文艺复兴时期，是众多绘画大师和艺术家在实验和实践中摸索的结果。当时的意大利绘画巨匠达·芬奇在总结前人经验后将透视归纳为三种，即大气透视、消逝透视、线性透视。大气透视指物体的色彩在受到空气中气体及漂浮颗粒的影响而造成的色彩纯度渐远渐弱的情况，即肉眼观察到的近处的物体色彩要比远处的物体颜色鲜亮的现象。消逝透视是指物体的明暗对比和清晰程度会随着距离的增大而渐远渐弱，消逝透视的产生也是空气中的光和尘埃颗粒造成的。随着距离的增大，人眼与物体之间的尘埃量也逐渐增多，造成越远的物体反射的光线穿透尘埃射入眼睛的越少，于是远处的物体看上去就黯淡些，轮廓也模糊许多。如图1-1所示的绘画场景就运用了大气透视的方法，离画面最近的公交车头部线条清晰，细节明确。随着车身渐渐远伸，线条与细节也渐渐减少，远处的建筑和人物也因为距离远而失去细节刻画。这样处理增强了画面的空间纵深感。线性透视指空间中的平行线在平面画面中形成汇聚，相互平行的一组线在画面中汇聚向同一点。如图1-2所示的木箱，原本平行关系的直线边会产生透视汇聚现象。物体大小在透视空间中形成缩减，等大的物体产生渐远渐小的效果。因此线性透视的两个根本问题是“平行汇聚”和“透视缩减”。围绕这两个问题，透视理论对空间中的线、面、体进行了系统全面的研究，形成了完善的透视理论，并在此基础上建立了物体的平行光投影理论。物体的线性透视与平行光投影是本书主要研究的透视形式。

图 1-1

图 1-2

首先来了解下透视的历史，“透视”的“透”字并非使物体变透明将物体看穿的意思。“透”起源于一种古老的绘画实验：画家透过眼前的玻璃平面看到对面的模特。玻璃上事先绘制有等距的经纬线，通过玻璃上的经纬线将模特定位，并绘制在画纸上，从而复制出眼前看到的真实场景。如图 1-3 所示是文艺复兴时期德国画家丢勒的一幅木版画作品，描述的就是这种写实透视画法实验，也是透视原理最本质的一种表达。通过这个实验我们可以理解，所谓透视，其实就是人眼观察世界时看到的事物的样子，透视画法无非就是在平面画纸上再现眼睛看到的世界而已。

图 1-3

版画中描画的场景虽然古老，但其中所涉及的透视模型已经很成熟和完备，所应用的透视元素和我们随后内容要介绍的透视环境并无二样。图中最左侧的人物是被画模特——一个躺卧的妇人，中间是一块竖立的方形透明玻璃板，上面绘有等距的正方形网格，右侧坐着的男人是画家，他正在桌上平铺的一张纸上进行勾画。我们注意到，纸上也绘有等距的正方形网格。很明显，玻璃和画纸上的正方形网格很像我们熟悉的坐标系，横竖线分别代表 x 轴和 y 轴，可以准确定位玻璃上和画纸上的任意一点的位置。画家透过玻璃看到的模特的形态就是正常人在画家位置看模特的形态，那么竖立的玻璃板被纵横正方形网格划分后，画家看到的模特就变成了被网格覆盖的形态，即模特身体上任何一个点都可以在网格坐标系中找到具体的且唯一的位置，那么根据玻璃上所显示的模特的形态坐标，画家把它按原位对应描绘到桌面画纸的坐标系上，所呈现的图样就是我们所说的透视图。理论上，按这种方法在纸上描绘的图样就是透视图，与画家看到的场景完全一致，这是对透视最朴素的理解，也是透视最本质的样子。图 1-4 是笔者根据丢勒的版画绘制的画面，即画家透过透明玻璃板看到的图形，也应该是画家描绘在画纸上的图形，即我们所说的透视图。

所以，“透视”即“透而视之”的意思，并非初学者所认为的把被画物体变成透明之意。虽然我们在透视研究中经常将物体处理成透明的形式，但这仅仅是为了能够更加清晰正确地显示物体透视结构，以及做透视辅助线的需要，希望大家明晰。图 1-5 所示是常见的几何形体的透视图，处理成透明的状态可以更好地看清透视直线的平行汇聚和透视缩减关系。

在这幅木版画中有一个小细节需要大家注意，画家眼前竖立着一把像尺子一样的东西，画家似乎是用它在瞄向模特。不错，这正是一个标尺，或者说是一个固定的观察点，通过

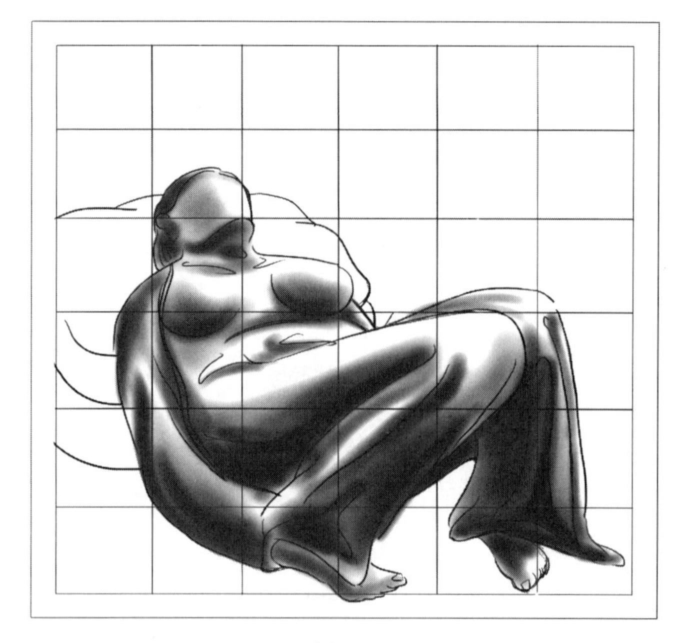

图 1-4

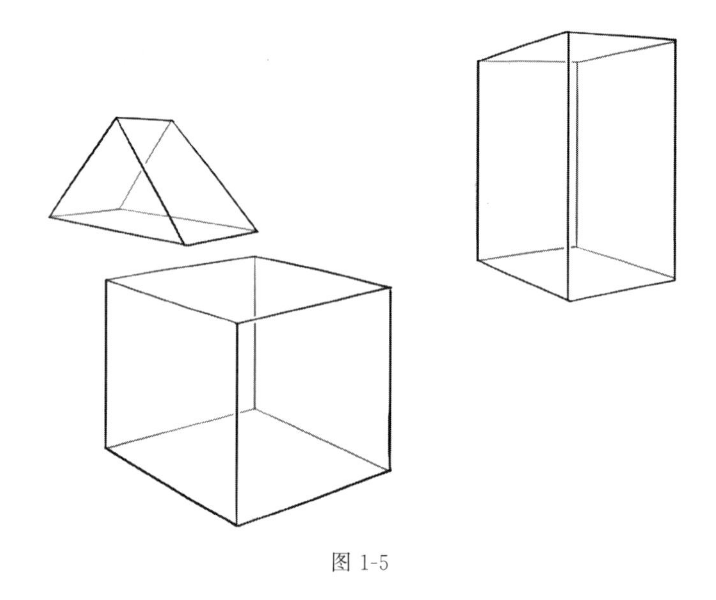

图 1-5

它，画家可以确保自己始终在同一位置单眼观察模特，这样才能保证模特身上的每一个可视点在玻璃上有唯一的坐标位置。如果没有这把标尺，画家很难让自己在绘画过程中保持精确的固定位置观察模特，也就很难保证画面内容的唯一性和准确性了，透视也就失真了。标尺所确定的画家眼睛的位置我们叫作目点，每一幅透视图都有唯一的固定目点。丢勒的这幅木版画所展现的是古人对透视的原始而朴素的研究过程，但这毕竟是个实验模型，作为实验，它是可行的，作为绘画方法和绘图方法，它不具备可操作性，毕竟如果画家每次作画都摆这样的阵势是很麻烦的事情。于是透视的几何规律和绘画方法就成了画家在文艺复兴时期着力研究的对象。经过众多艺术家的共同努力和探索研究，我们现在所学的经典线性透视理论最终形成了，并成为指导绘画和绘图的不可或缺的重要工具。随后的章节中，我们将重点研究物体形态及投影形态在线性透视的控制下的造型规律和特点。

2. 透视的本质

画纸是平坦的，用手触摸画面，并不会有空间感和纵深感，那为什么我们看到的画作或设计图稿会产生真实的立体感和空间感觉呢？原因很简单，透视图模拟了人眼看到的真实场景的透视特点，并在纸上再现，从而“骗过”了眼睛。而真实场景的透视特点主要是空间中平行线条在视觉上的汇聚规律和缩减规律。这种线条的汇聚和缩减是我们基本的生活经验和视觉习惯，即我们在初学透视时常说的“近大远小”，但是仅仅有这些经验还不足以指导我们进行逼真的绘画。这些线为什么会汇聚向一点，这个点的位置如何确定，不同位置的线汇聚点有什么不同，哪些线条不会发生汇聚，纵深缩减的程度是如何控制的，怎样在同一幅画面中处理远处的高大物体和近处的矮小物体，这些都是透视要解决的问题。无论是物体的形态透视还是投影透视，透视的本质其实是要解决两个问题，一是确定平行线汇聚的方向，二是确定物体透视缩减的尺度。这两个问题是线性透视所有原理所要解决的核心问题。

第二节 为什么要学习透视

1. 掌握透视后对绘画和设计的帮助

在绘制图画或产品设计图样时，我们在平面画布上运用透视规律，通过线条准确地模拟现实世界中物体的视觉特征，从而真实地再现它们，甚至创造和设计令人信服的虚拟世界和尚未生产出来的产品。因此，透视原理对绘画和设计都具有重要的指导意义。

透视，无论是大气透视、渐消透视，还是线性透视，研究它的主要目的是为了在平面绘画和设计图中逼真地再现真实景物，从而让画面更接近肉眼直接看到的景物的形态。其中大气透视主要研究空间纵深距离对物体色彩纯度的影响，渐消透视主要研究景物形态的虚实关系在空间纵深中的变化，而线性透视则最为复杂也最为严谨，它从数学几何角度量化研究构成物体的线和面的空间变化规律。掌握这三方面的透视规律可以在绘画和设计中胸有成竹，坦然处理画面中的远近空间关系。作为工业设计和产品设计学生或从业人员，具备系统而完备的透视原理知识，能够在进行设计草图及效果图手绘时更加快速准确真实地表现产品的空间体量及尺寸规格，甚至可以准确地绘制一些平时很少观察到的角度或很难看到的场景，如图 1-6 将汽车架高后，看到的车底盘的样子。在画这张图时，笔者并未临摹现有照片，也没有相应写生场景参考，而是完全根据车型底盘结构和其他角度的外观图片进行综合分析，然后通过平行透视原理进行创作的，是一张凭空创作出来的图，在透视原理的指导下，它是值得信服的“真实场景”。

在线性透视原理的指导下，你也可以将产品的部件拆散后以“爆炸图”的形式准确地展示给观者。如图 1-7 所示用“爆炸图”的形式展示车辆的刹车系统。将刹车卡钳拆解后左右分开，相关配件平移放到相应位置，所有部件“漂浮”在空中，形成整齐阵列，我们能看到完整的装配信息。显然，“爆炸图”是透视原理指导下的假想图，并不能通过临摹或写生实现。掌握线性透视的原理和方法后，你会发现，即使没有任何实物及图片的参考，仍然可以

图 1-6

图 1-7

很自信地在图纸上绘制出正确比例和真实可信的，有空间立体感的产品草图及效果图，因此透视原理对于“想象与创造”的图画表达更具有指导意义，是设计领域从业人员的绘图“法宝”。想想都是一件很令人兴奋的事，不是吗？

图 1-8 所示也是在没有任何参考图的情况下，仅仅根据透视原理设计的赛车工作间的场景。近处的赛车和远处的工作间形成明显的透视缩减，大小体量严格按透视原理绘制，虽然都是画者想象的场景，但大小不同的物体在同一个空间中得到了准确的再现，看上去真实可信。在熟练掌握透视原理后，还可以创作些具有夸张透视效果的图，增加画面的表现力。如图 1-9 所示的赛车场景就是近视距下的夸张透视模拟鱼眼镜头的创作效果。

下面三张图是一些科幻现实中不存在的科幻车辆设计透视图。图 1-10 是一点透视环境下的沙地运动赛车概念图，画中的方体也是一点透视状态，赛车尽管形态复杂，也是采用和这个方体一样的透视模型进行绘制的。图 1-11 是两点透视下的运动三轮摩托车。画面中的方体是两点透视中的方体形态，三轮运动摩托车的透视形态与其一致。图 1-12 是余角俯视状态（三点透视）下的独轮概念车透视图，图中方体是三点透视状态，与独轮车的透视状态一致。三张设计图分别采用了不同的透视方式进行表达，都是在没有任何图片参考的情况进行的概念创作，线性透视原理在准确进行图面表达中起关键作用。

图 1-8

图 1-9

随后的学习中我们会逐步走进透视的世界，由浅入深地解开透视的层层面纱。当你真正了解它并能熟练运用它的时候，你会发现绘画和绘图是如此有趣的事情。在学习过程中，我们会遇到一些概念、术语和基本的几何知识，有些可能需要仔细揣摩并结合实践才能理解，不过不用怕，其中的乐趣远远大于难度。

2. 不懂透视，画设计图将举步维艰

很多初学绘画或设计的同学喜欢临摹大师的绘画作品或设计草图，在依葫芦画瓢的临摹过程中即使不懂透视，也能够大概画出样子，有些同学的确可以临摹得很逼真，于是就武断地认为透视学习可有可无，不懂透视照样可以画出好画好图。其实这是很多初学者的误区，它们把临摹得好看、临摹得像理解成了会画画、会设计。要知道，临摹仅仅是初学者入门的一个过渡阶段，就如写毛笔字的描红阶段一样，它不能代替创作和设计的过程，没有哪位画家和设计师是靠临摹而成名的。如果不懂得透视原理，在没有参考图的帮助下，就算是很简单的产品，在草图绘画过程中也会出现各种问题。图 1-13 所示的手机草图 A，乍一看似乎

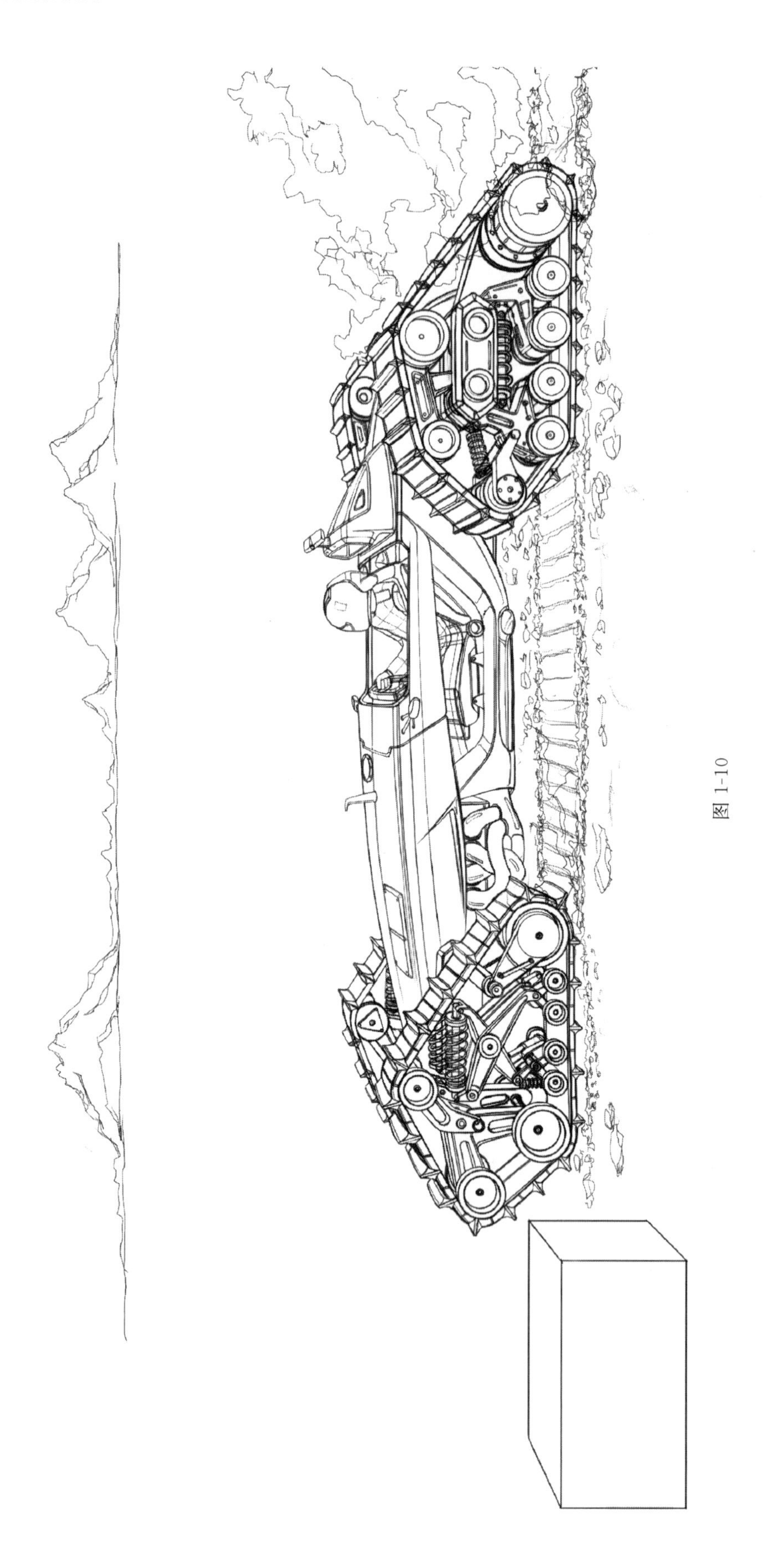

图 1-10

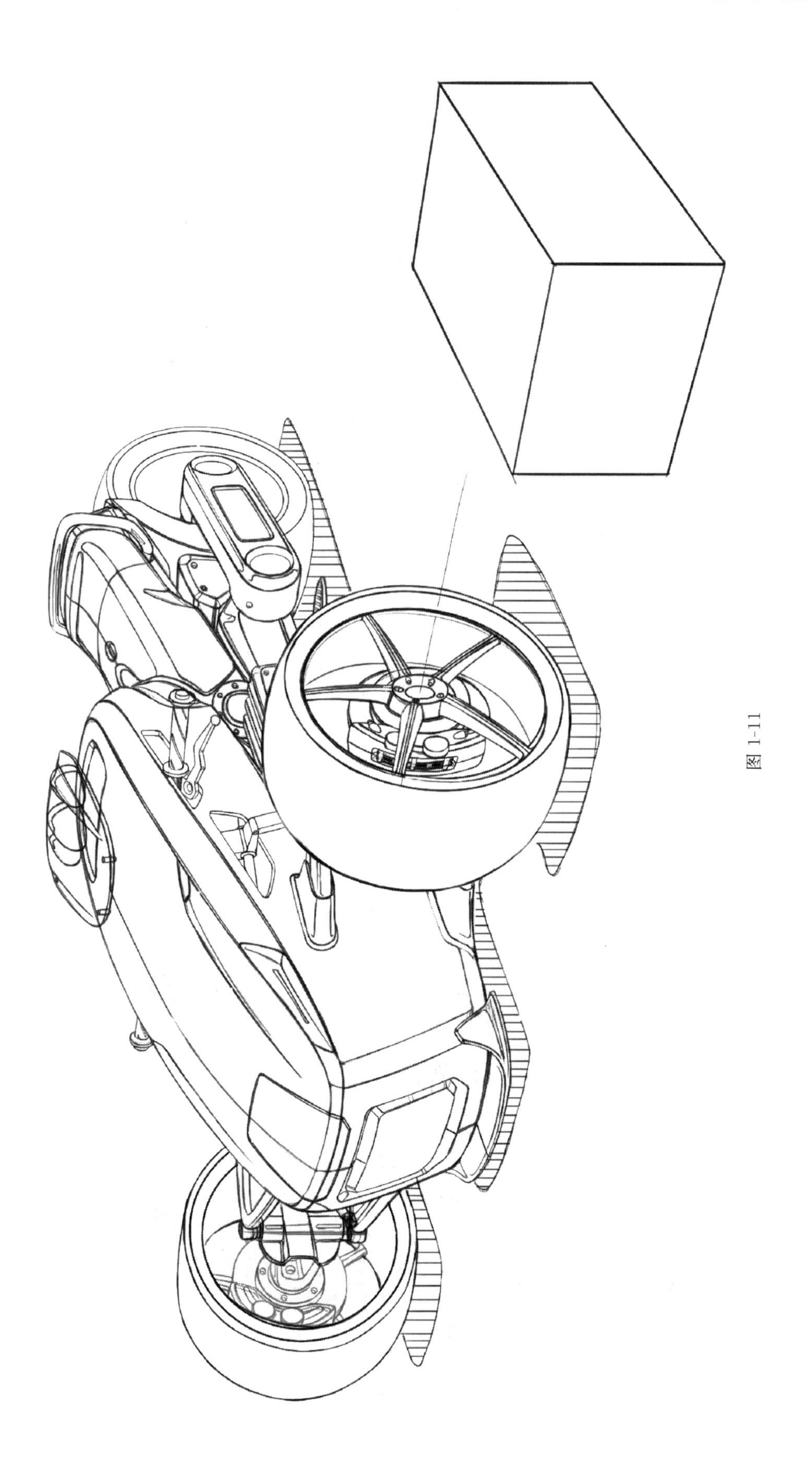

图 1-11

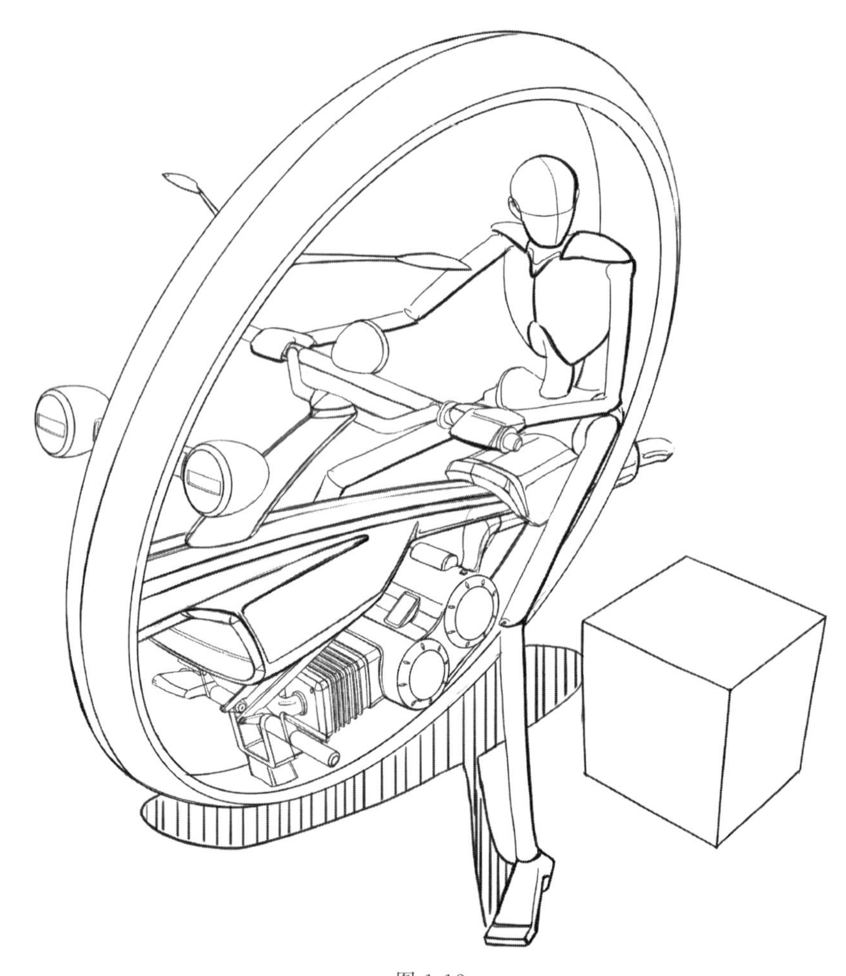

图 1-12

图 1-13

还不错，仔细再看看，是不是看上去哪里不太对劲？这还是你的 iPhone 么？怎么看上去总感觉有些别扭？这种设计图样中的透视错误在很多不重视透视的同学笔下经常出现。正确的透视图应该是图 B。这看上去是不是舒服了很多？所以大家一定要重视透视的学习，这是画家和设计师必备的看家本领。

课后思考题及练习：

1. 说说你对透视的理解，以及你所发现的生活中的透视现象。
2. 你认同透视原理对绘画及设计表现的价值么？
3. 搜集 3～5 张你认为很有透视研究和参考价值的手绘作品。

第二章

进入透视世界的预备知识

线性透视研究是在数学几何研究的基础上展开的量化研究，因此，会涉及透视基本原理知识和相应的几何知识，必要的术语和概念可以让我们的研究过程更加系统和严谨。

首先我们来看透视的作图环境，如图 2-1。是不是有似曾相识的感觉？想起丢勒的木版画了吧？没错，这和他的研究模型是一模一样的。图 2-1 的作图空间主要由被画物体、画面、地平面、画者几个主要元素成。其中，画面是我们假想的竖直立在被画物体和画者之间的透明平面，理论上是无限大的。它和丢勒模型中的玻璃板是一个作用，即映现被画物体，我们的画面上没有布置经纬线坐标，因为我们要用几何作图法确定物体在透视图中的形态，而不是靠坐标点描绘。图 2-1 中的方体就是被画物体，也就是丢勒版画中躺卧的妇人，画者就是版画中作画的画家。我们的作图空间中没有提到画纸，画家是用手中的速写本进行绘制，这里大家要留意一个要点，画面和画纸不是同一个概念，我们所说的画面是指这个假想的竖立透明面，是透视系统的元素，用来映现我们看到的场景，它的位置必须在画者与被画物体之间，但它不是我们的作画平面，画纸才是。因此，画者在透视模型的画面中看到的透视场景

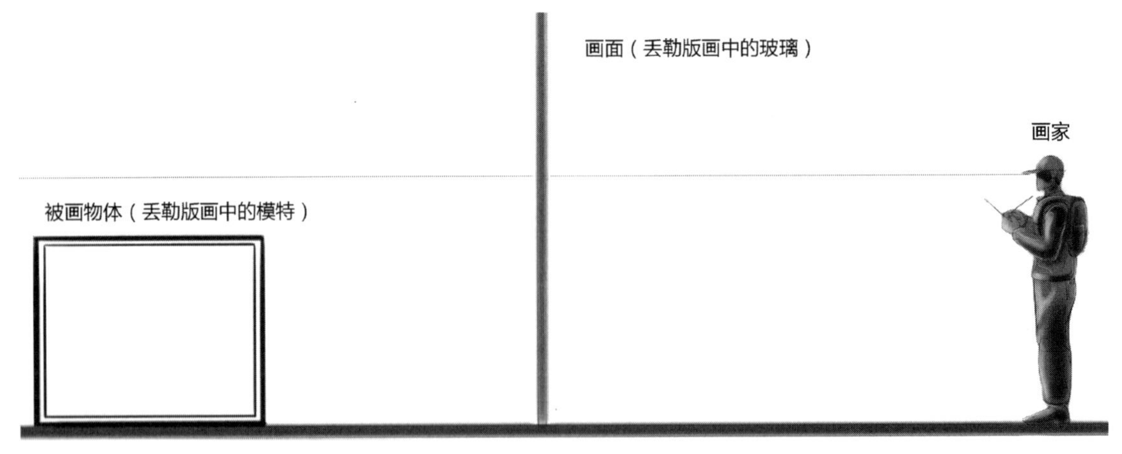

图 2-1

可以画在任意形式的画纸上，既可以是放在桌上的图纸，也可以是拿在手上的速写本，甚至可以是天花板或者墙面，因为画纸上的绘画是我们将画面的图像腾挪上去的，简言之，画面是透视绘画系统中的辅助元素，画纸才是真正承载图画的介质。所以大家不要把这两个概念搞混了。

第一节　基本术语

图 2-2 标注了一些特殊位置的点、线、面，并赋予明确的概念。下面我们将这些概念进行解释和说明。它们将是随后的学习中被经常用到的，大家要结合图例牢记它们的位置和特点。

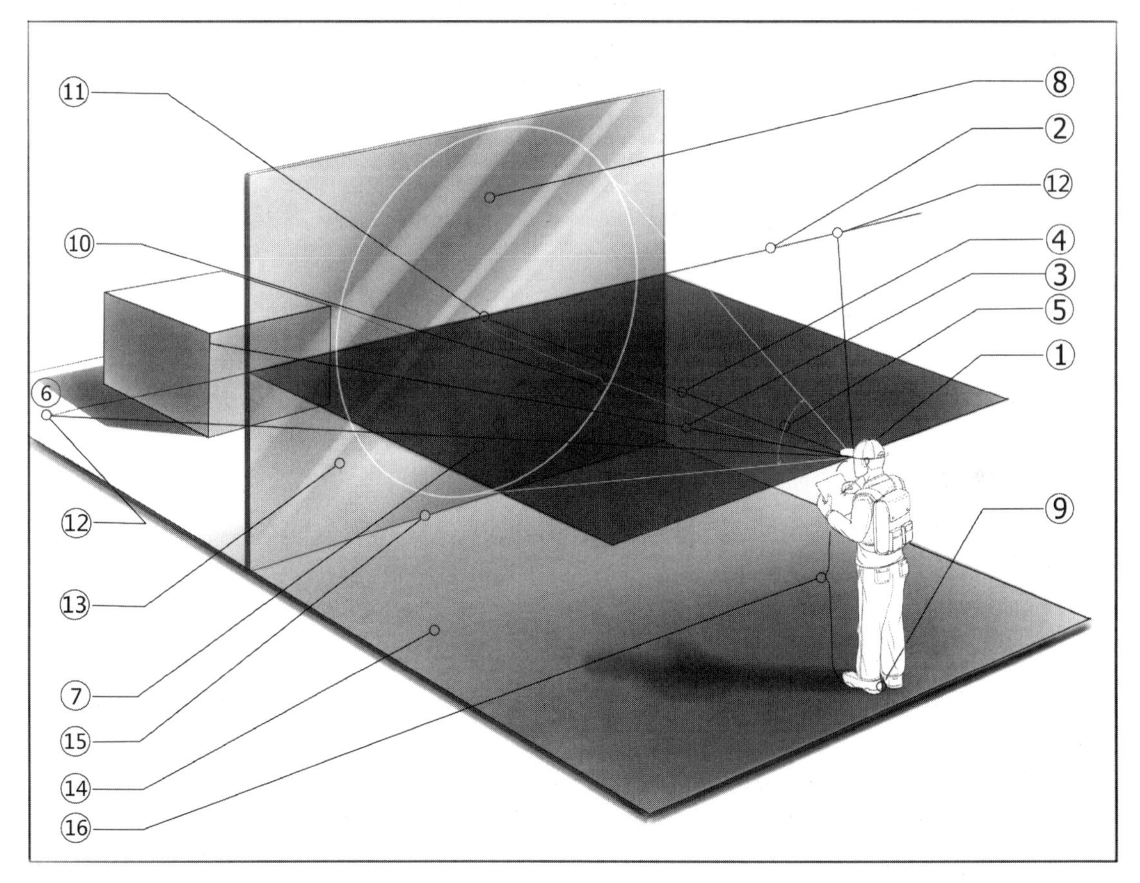

图 2-2

① 目点——画者眼睛所在的地方，也就是丢勒版画中画家面前标尺的顶端（每一幅图画都有固定且唯一的目点，绘画过程中目点不能变动）。

② 视平线——画面上与画者眼等高的一条水平线，可以把它理解成视平面和画面的交线。这条线是透视画面中的线，并非空间中真实存在的直线。

③ 视线——被画物体上任何点和画者眼睛的连线，即这一点射入画者眼睛的光线。人

之所以能看到物体，是由于物体可见部分的无数条光线汇聚向人眼并在视网膜成像所得，人眼能够看到景物是因为景物将光线反射进入人眼的结果。

④ 中视线——垂直于画面的视线，具有唯一性，与视平线交于心点。

⑤ 视角——视锥的顶角，它间接影响透视剧烈的程度（通常我们在研究视域和视锥的时候会用到视角的概念，60 度以下的视角能保证透视不失真）。

⑥ 视域——单眼所能看到的空间范围，画面上的视域是一个圆形范围，由于我们印刷的图片格式多是矩形，通常我们取其中的内接方形部分。

⑦ 视平面——中视线和视平线构成的平面，默认为无限大，与画面永远是垂直关系。

⑧ 视锥——最大视角视线形成的锥体，顶点为目点。

⑨ 站点——画者所站的位置。又称停点。在确定画面视高的时候会用到此概念。

⑩ 视距——目点到画面的垂直距离，即中视线的长度。

⑪ 心点——中视线和画面的交点，所有垂直于画面的线的灭点。

⑫ 距点——视平线上的两个特殊灭点，分别位于心点两边相等距离的位置。距点和心点的距离与心点和目点的距离相等。距点是平行透视方体的透视深度的测量点。

⑬ 画面——即假想的位于画者和被画物体之间的透明平面，默认为无限大。

⑭ 基面——放置被画物体的平面。一般指地面或桌面。

⑮ 基线——画面与地面的交线。

⑯ 视高——从视平线到基面的垂直距离。同一幅透视图中，不同高度的基面的视高不同。

还有一些概念在图中没有标注，但同样是透视研究中不可或缺的重要概念，在随后的学习中，我们将渐渐熟悉它们，现简单介绍如下。

余点——一种特殊位置的灭点，在视平线上除了心点以外的灭点，是与画面成角的平变线的灭点，成对出现，分别位于心点两侧，是余角透视方体的两个灭点。

升点——视平线上方的灭点，为上升斜线所用，通常位于斜线初始线对应余点的垂线上。

降点——视平线下方的灭点，为下降斜线所用，通常位于斜线初始线对应余点的垂线上。

测点——用来测量余角透视物体透视深度的辅助点。

原线——与画面平行的线，在透视图中保持原方向不变，没有灭点。相互平行的原线在透视图中仍然平行。

变线——与画面不平行的线，一组平行的变线在画面中汇聚于同一个灭点。

图 2-3 是平行光投影下的直立杆投影模型，图中涉及的几个主要概念是学习物体平行光投影的基础术语，如下所示。

平行光影灭点——正面自然光照射，投影向视平线汇聚的点，直立杆投影在受影面上的汇聚点，是受影面灭线与棍杆光平面灭线的交点。

平行光光灭点——过影灭点垂线上的点，平行光汇聚的点，在过影灭点的垂线上方或下方。

光平面——棍杆与平行光及棍杆投影所在的平面。

受影面——投影所在的平面。

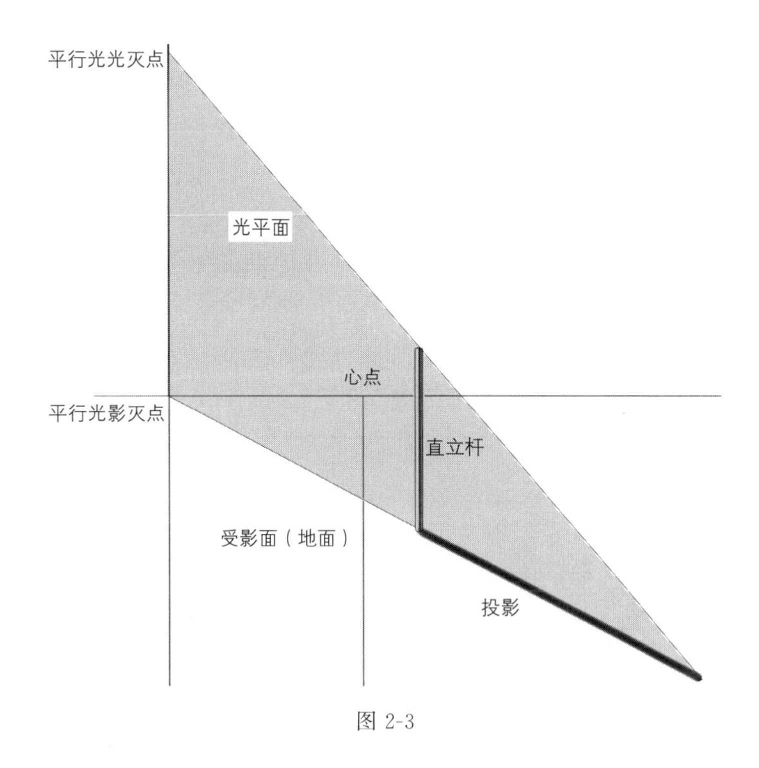

图 2-3

直立杆——与受影面垂直的直线段。

面对如此多的术语和元素，一定不要慌，在随后的图例中，我们会经常遇到它们。只有多运用并深入地理解它们之间的关系才能真正掌握它们的性质和用法。

以上这些概念是我们在进行线性透视与阴影研究中主要涉及的概念。图 2-4 所显示的是一个关于三维空间透视研究环境的描述性图面。在进行透视绘图时，画面和视平面是两个独立且相互垂直的平面，且它们各自都有需要测量的元素，这两个平面垂直相交，构成一个三维空间，绘制透视图时，A 与 B 两个方向上的数据都是必须的，如图 2-5 所示的上图 A 即是 A 方向所看到的平面，下图 B 即是 B 方向所看到的平面。由于 A 方向与 B 方向平面图测量是独立的，造成了透视图绘制的不便，为了解决这个问题，我们将 A 方向（视平面）与 B

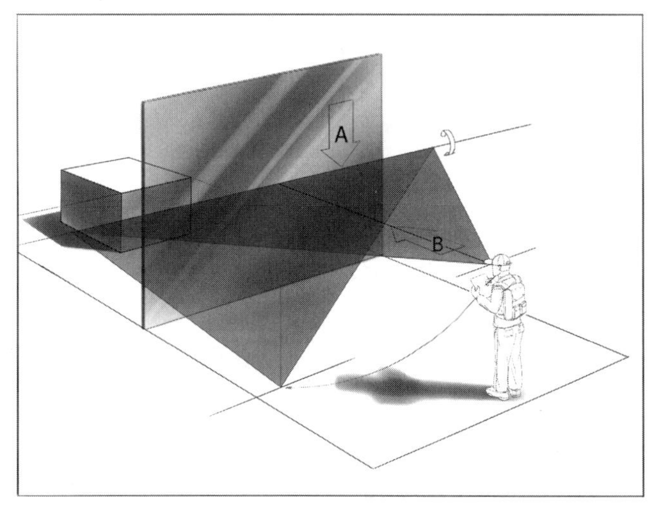

图 2-4

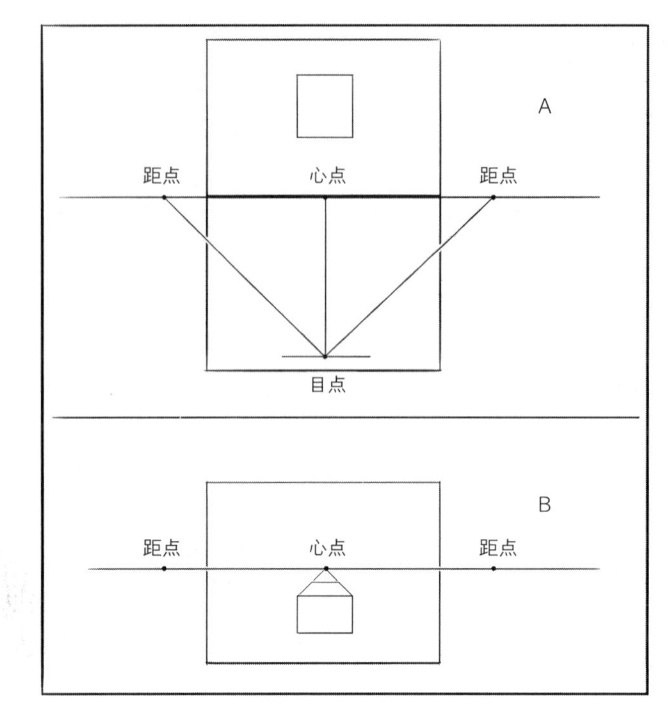

图 2-5

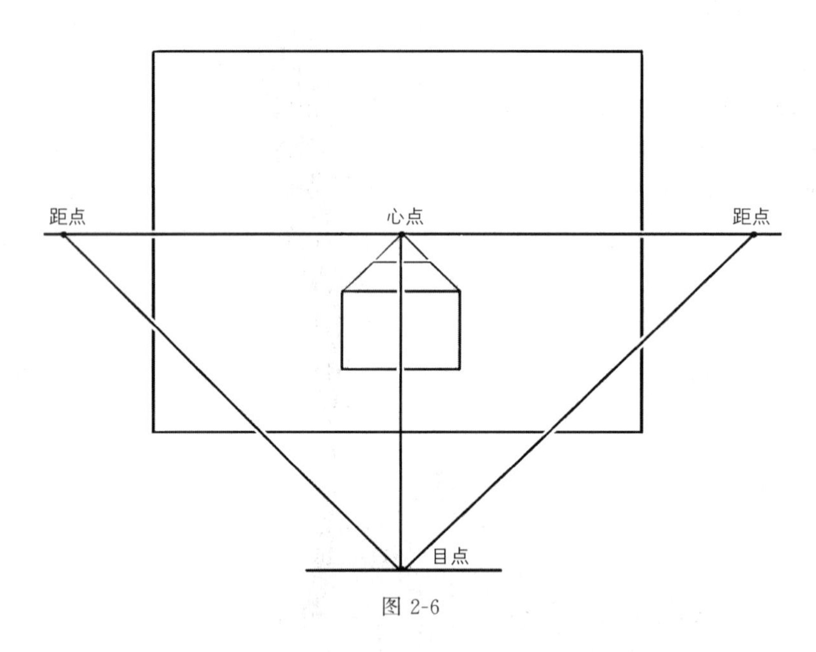

图 2-6

方向（画面）的平面统一在一个平面里。方法是以视平线为轴，以目点到心点为半径向下旋转 90 度，使视平面与画面由原来的垂直状态变为处于同一个平面中，这样就可以方便地进行平面测量了，如图 2-6 所示。注意，这个平面化的过程仅仅是为了测量的方便，画者的观察点并没有改变。图 2-6 的透视作图环境是图 2-5 中 A 和 B 两个视向图的叠加，图 A 是垂直于视平面的方向观察到的图样，图 B 是垂直于画面的方向观察到的图样。我们看到，目点旋转 90 度后 B 图中重叠了 A 图中的内容，得到图 2-6。在图 2-6 中可以同时测量透视环境中俯视的数据和平视的数据，这样给透视作图法带来了很大的方便，以后的透视作图环境默认都是图 2-6 这种方式的叠加视图。

第二节　视平面与画面的关系

1. 视平面与画面永远垂直

在透视系统中，视平面和画面永远保持垂直关系，无论视向是平视、俯视还是仰视，画面永远与视平面保持垂直。因为我们在作画及看画的时候，中视线总是垂直于画面的，中视线与视平线构成视平面，因此，视平面与画面永远保持垂直。即可以理解成视平面和画面就像两块被焊接在一起的呈 90 度的钢板，无论在何种透视环境中，这两块“钢板”永远保持 90 度垂直。这一点一定要牢记。如图 2-7 所示，要牢记这位电焊小哥的工作。

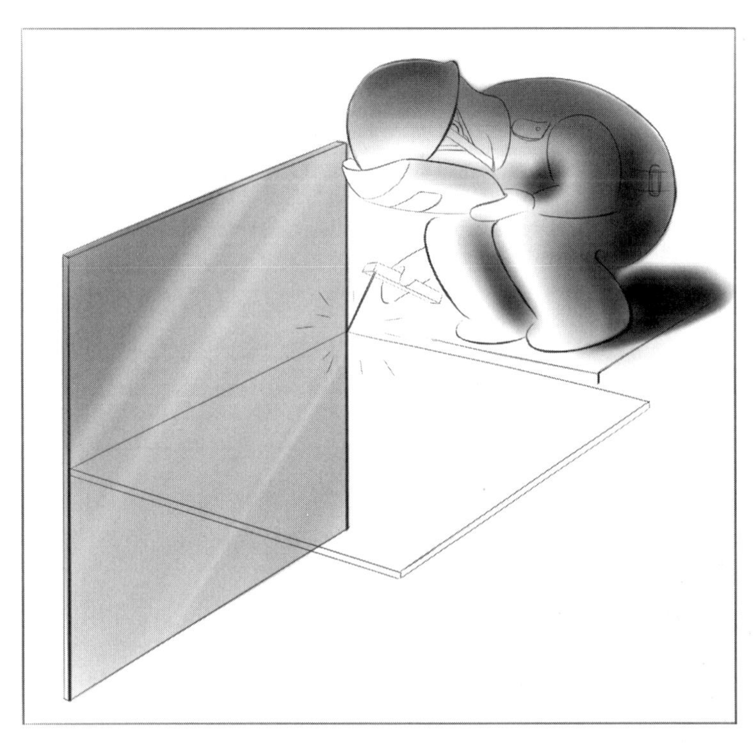

图 2-7

以下这一组图分别表现了不同视向下的视平面与画面牢固的垂直关系，以及不同视向下物体的表现特点。每个视向中选用一台同样的小车作为图例。

2. 不同视向下的透视图

图 2-8 中 A 是画者平视状态示意图，视平面与地面平行，画面与视平面垂直，与地面也垂直。图 2-8 是平视时的小车状态，也是多数情况下，我们研究表现物体透视的状态。图 2-9 中 B 是画者仰视状态示意图，视平面向上倾斜，与地面成锐角，画面与视平面保持垂直关系，画面与地面成一定夹角。图 2-9 右下图是仰视时的小车状态。图 2-10 中 C 是画者俯视

状态示意图，视平面与地面成锐角，画面与视平面保持垂直关系，画面与地面成一定角度。图 2-10 右图是俯视时的小车状态。图 2-11 中 D 是画者垂直仰视状态示意图，视平面与地面垂直，画面与视平面保持垂直关系，画面与地面平行。图 2-11 右图是垂直仰视时的小车状态。图 2-12 中 E 是画者垂直俯视态示意图，视平面与地面垂直，画面与视平面保持垂直关系，画面与地面平行。图 2-12 右图是垂直俯视时的小车状态。

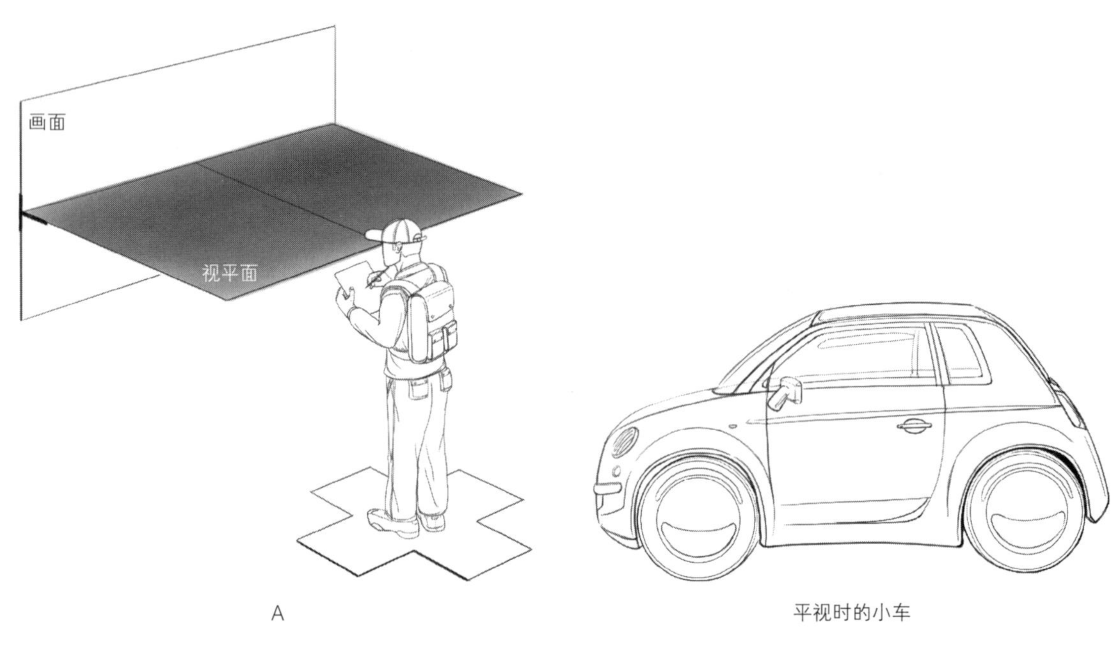

图 2-8

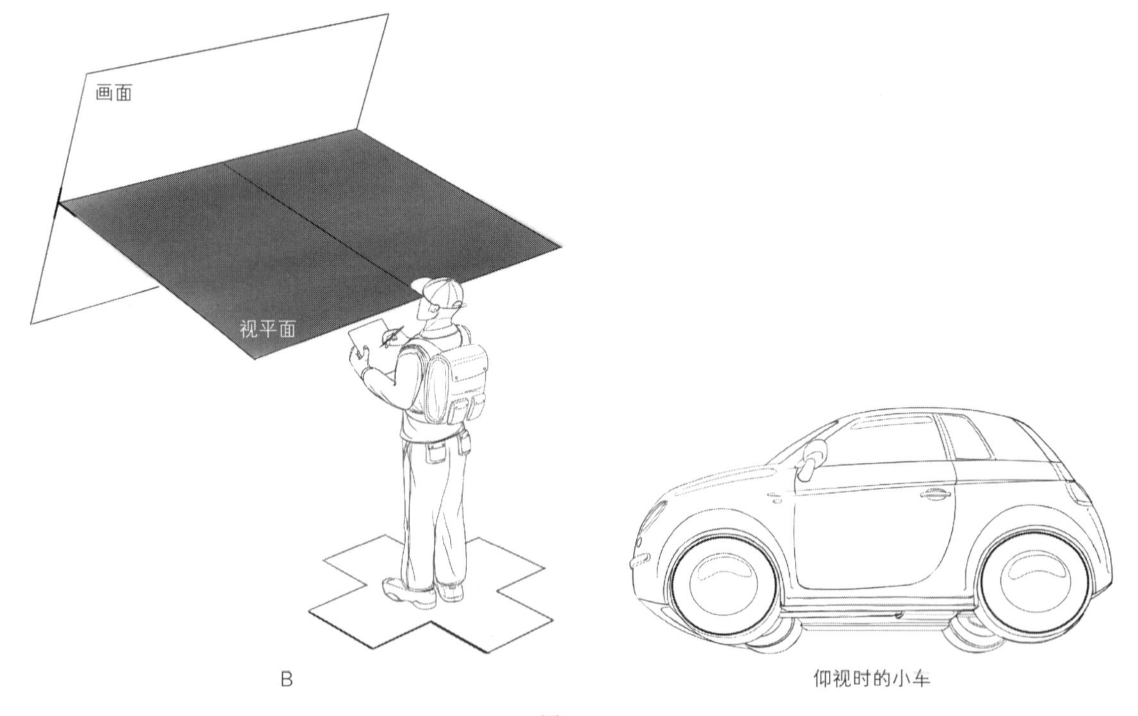

图 2-9

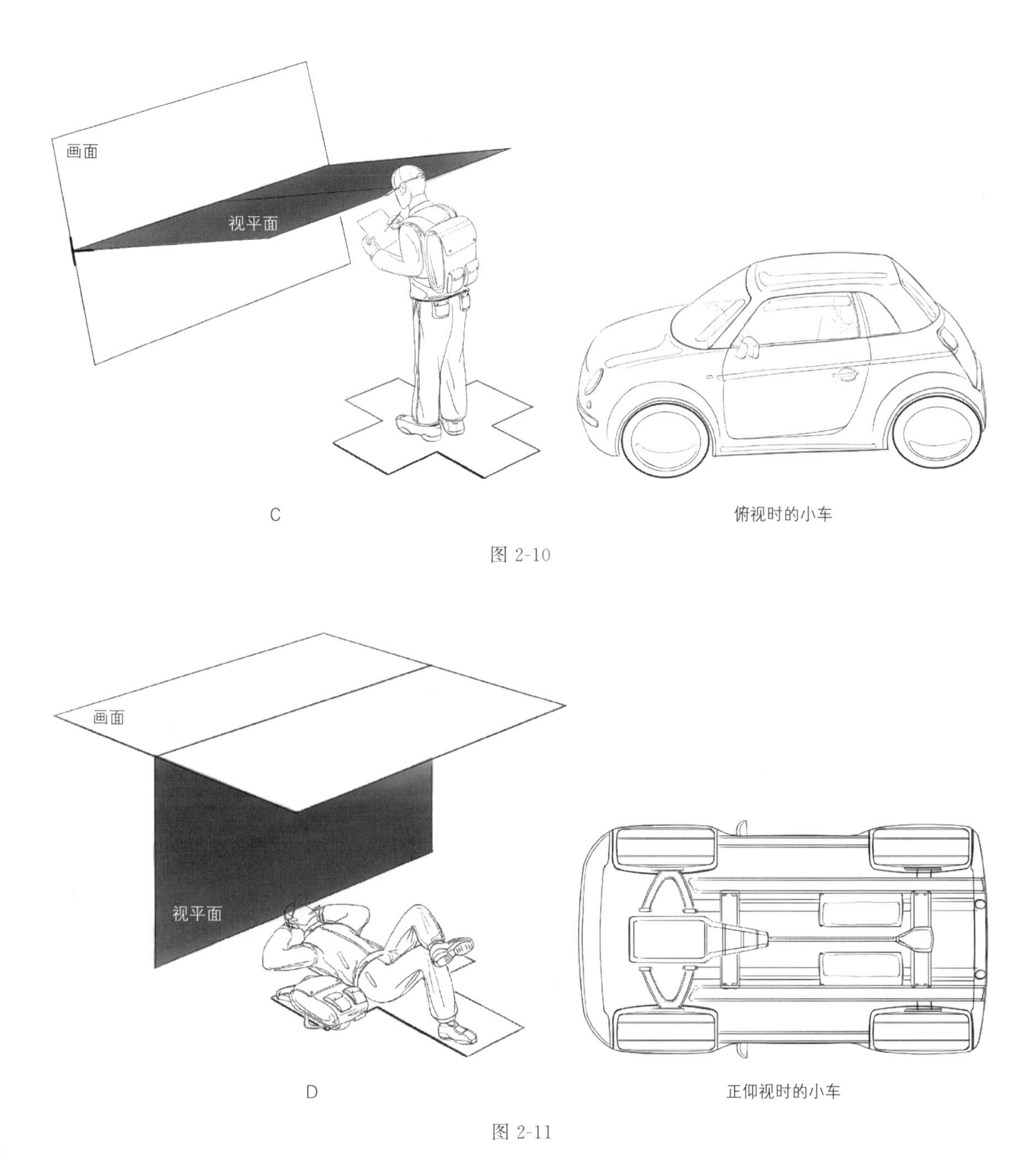

图 2-10

图 2-11

以上介绍的几张图基本涵盖了画者观察物体时常采用的视向形式。大家需要牢记视平面与画面的垂直关系不随视向的改变而改变。在随后的学习中，我们会对不同视向的透视画面特点分别进行分析和学习。

画面与视平面永远垂直的结果，造成画面中总能找到视平线，即使不画出来，视平线也是存在于画面中的。无论视平线位于画面的上部或下部，它都是画面中人眼视觉主要关注的地带。视平线是画面与视平面的交线，是所有与视平面平行的平面的灭线。

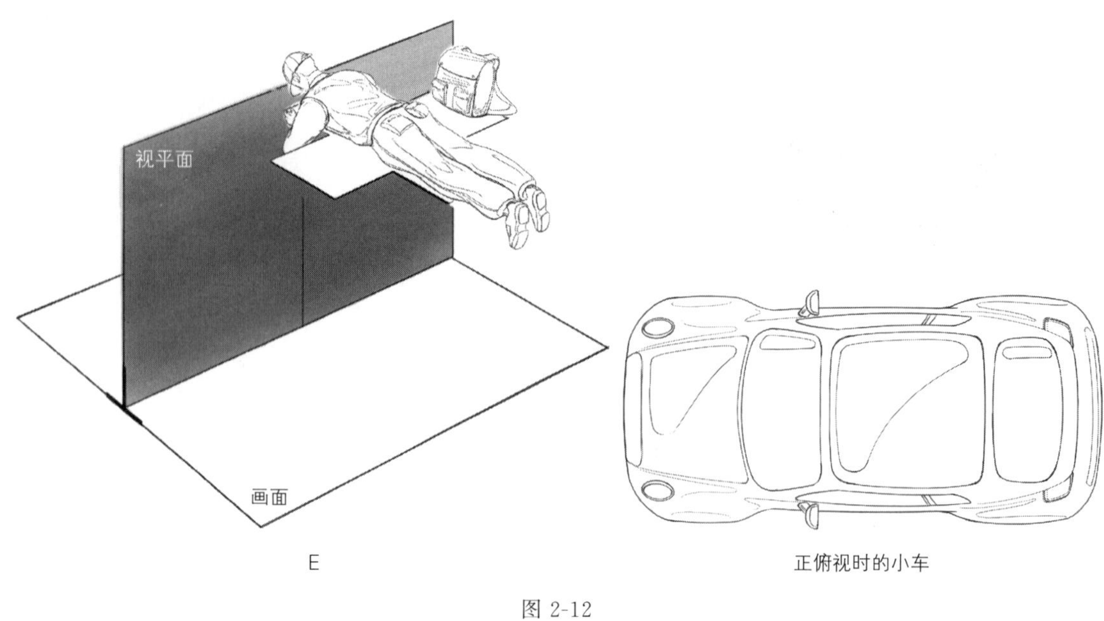

图 2-12

第三节　关键概念分析

1. 正常视域

视域是指人眼的可视区域。确切地讲，在透视研究中，眼睛平视前方时，能够正常被眼睛收集的光线范围叫做视域。单眼视域是锥形的区域。人类双眼可以看到头前方水平方向188度左右扇形面积内的物体，竖直方向144度左右扇形区域内的物体（图2-13），这个区域几乎囊括了人正面的所有空间。这种有趣的生理结构可能是来自于祖先的进化，毕竟看的范围大一些能够更早地发现猎物或者危险。这是为了生存而产生的进化结果。很多动物的视域甚至更夸张，比如马，它的眼睛长在头的两侧，视域几乎涵盖360度，真正做到了全方位观察敌情（图2-14）。所以不要以为站在马后，它就发现不了你，很危险的哦。

人的视域虽然比较宽，但是在这个大角度的空间范围里，并不是所有的物体我们都能够真正看清楚。大家都有这样的经验，在剧场座椅上看舞台表演，你对舞台上演员观察得很清晰，这时你旁边的空座位来了一位新观众，在没有把头转向他时，你已经用余光看到有人向你旁边的座位走来，但是这个人是谁，是男是女，你认不认识，这些信息需要你把头转向他（她）才能确认，而你头转向他（她）后，确认了来的是你的同学小满，你的余光仍能看到舞台上的表演，却不能确定演员的具体动作和角色位置了，因为此时，你是用余光在看舞台。由此可见，我们的视域虽然很宽阔，但是真正可以捕捉有价值信息的视域是有限的，这个有限的区域我们叫做“正常视域”，也是我们在进行绘画和绘图时有价值的区域。“正常视域”内的景物光线投射到我们的视网膜上时，会留下清晰而明确的景物形态像。我们假定人眼是单眼，那么这个“正常视域”就大致是以人眼为顶点，顶角大致为60度的圆锥。在这

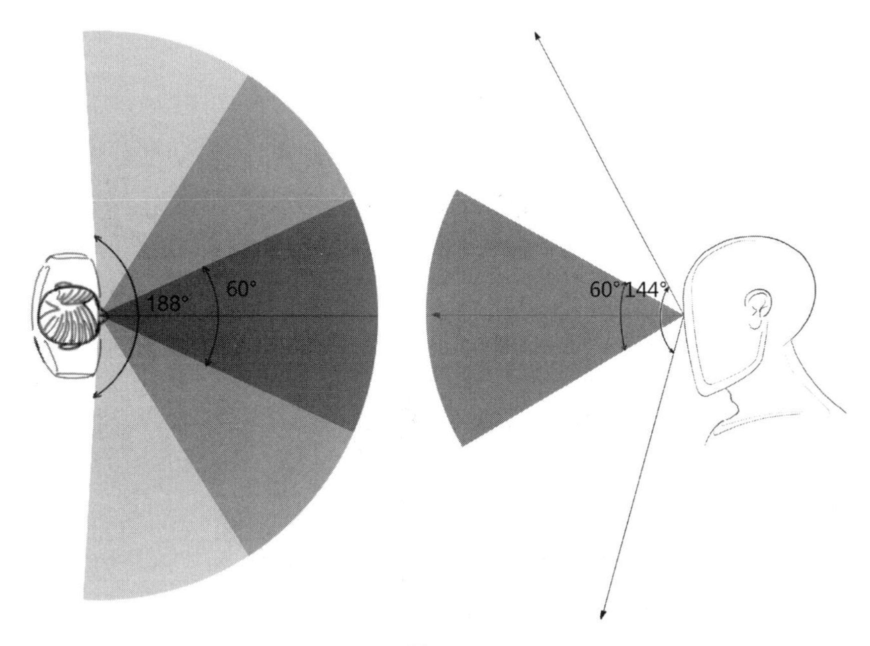

图 2-13

图 2-14

个圆锥内的物体，在一定距离之内，理论上人是可以清晰准确地看到的，并能够确定其完整而明确的像，像的透视也不发生夸张的变化。如图 2-15 所示，这个顶角为 60 度的圆锥我们称之为“正常视锥”。视锥和画面相交部分为圆形，理论上，这个圆形部分内的画面都可以清晰显示，由于图片的裁切通常是矩形的，因此，我们采用这个圆的内接矩形作为最大取景框。

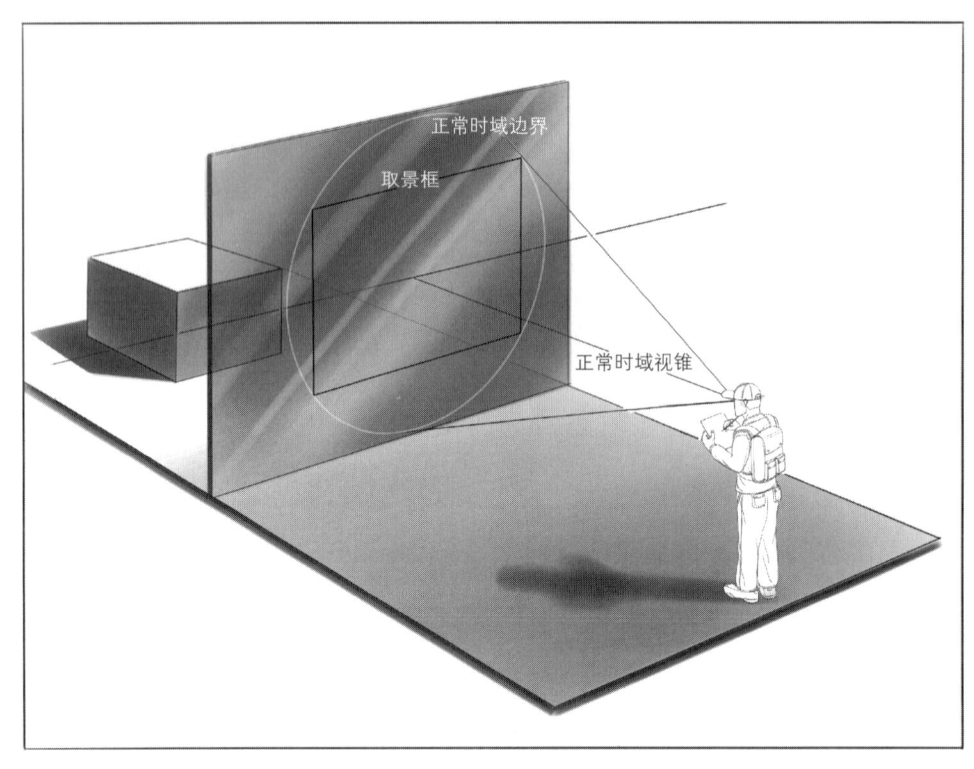

图 2-15

正常视域以外区域的图形通常会发生弧形畸变以及透视拉伸现象。首先来看弧形畸变的情况，由于人的视网膜是弧形球面的，于是靠近正常视域视锥边缘的部分，成像的形变就会越剧烈，即直线会有变弧线的趋势。而我们在进行透视图的作图法时，直线始终是按直线处理，不做迎合视网膜成像的调整，因此，我们绘制的透视图理论上和我们看到的物体形象会有些许的差别，特别是在正常视域以外的部分，由于这部分图像一般不在我们的取景框内，这些许的差别可以忽略不计。我们在透视图中也刻意将这部分的线条依然处理成直线，这样更能准确表达物体的形态。其实这种弧形畸变也不完全是坏事，毕竟，它是真实的视网膜上所成的像的形态。有时保留这种形变会使画面更加有趣，也更加富有故事性，在摄影中经常使用鱼眼短焦镜头达到这种弧形畸变的夸张效果，所以，在需要特殊效果表达时，为了营造画面的趣味性，可以在正确透视的基础上，适当表现这种变形，使画面更生动，更具有戏剧性。这种效果图在产品宣传，设计竞赛版式设计等场合可以很好地加深观者的印象。这种弧形畸变的趋势是方体的边以心点为中心，呈辐射状向周围“膨胀”弯曲，使方体趋向于球体。如图 2-16 所示的草图采用了很近的视距进行绘制，造成视角偏大，远超过 60 度的正常范围，画面上下左右边缘部分的直线发生了弧形畸变，这种弧形畸变使画面更具有动感，而且增强了画面的视觉冲击。通常这种画面视觉效果会出现在广角镜头摄影场景中，因此，边缘的弧形化处理会使画面看上去更加宽广，视域更宽。

正常视域以外的透视拉伸是指在 60 度视圈以外的物体会在透视纵深方向上被拉伸，看上去比实际长度长很多，特别是平行透视状态下的物体，这种拉伸的效果就更加明显。如

图 2-16

图 2-17 所示的一组等大的正方体，置于空间中不同的位置，图中圆圈是 60 度正常视域视锥与画面的交线。图中的所有方体都是正方体，且根据透视原理（距点法求平行透视方体透视深度）确定了它们在透视图中的大小。我们可以看到，在正常视域（有效视圈）边缘及以外的区域的方体发生了明显的纵深拉伸，视觉上已经失去了正方体的特征，视觉效果更像是“长方体”了，而视圈以内的方体基本都保持正方体该有的视觉效果。这也是我们以 60 度正常视域为取景范围的主要原因之一。图 2-18 和图 2-19 是以一台概念电动汽车为例进行的图

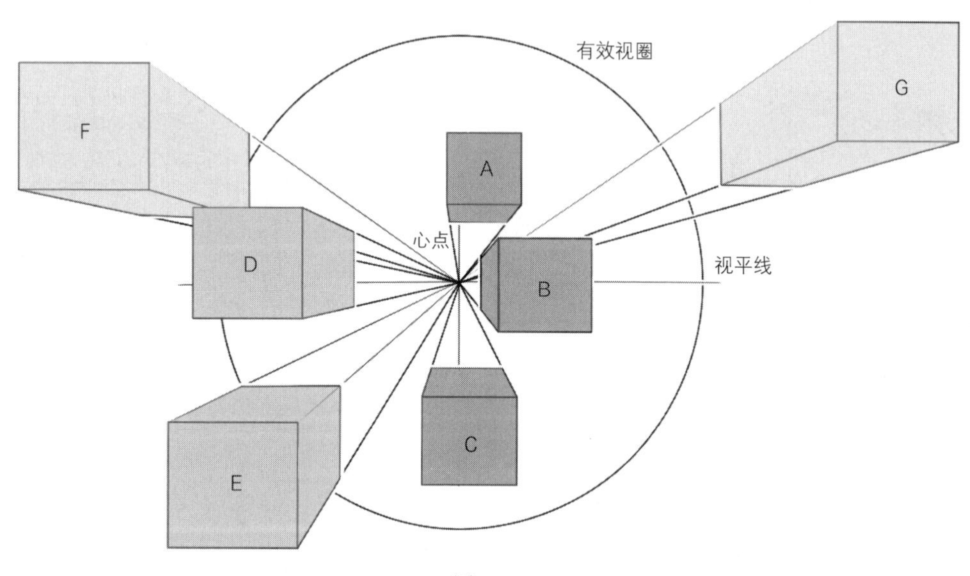

图 2-17

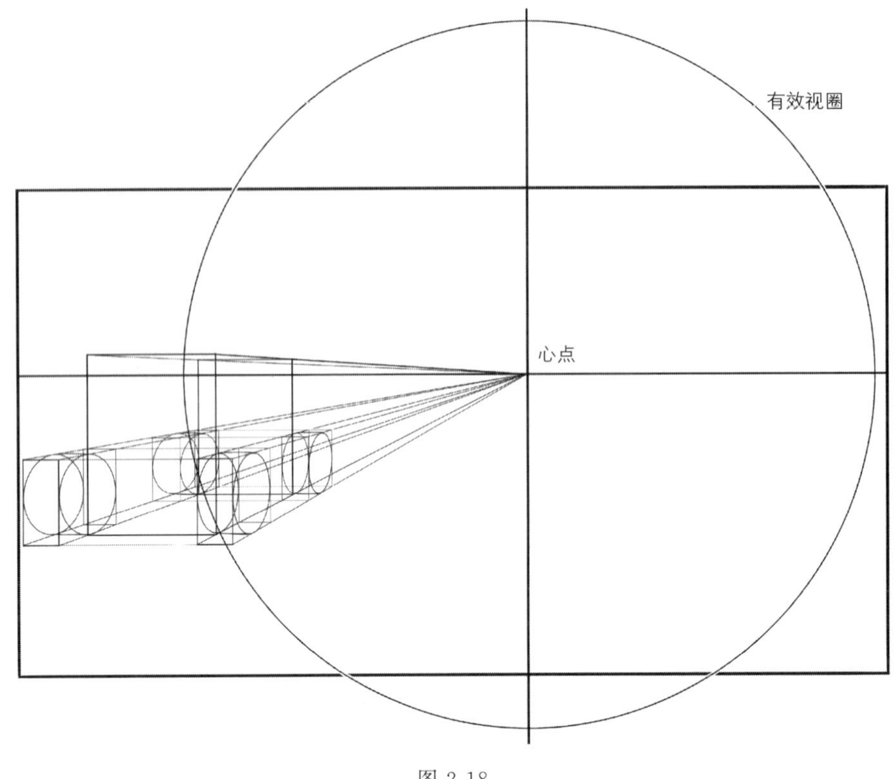

图 2-18

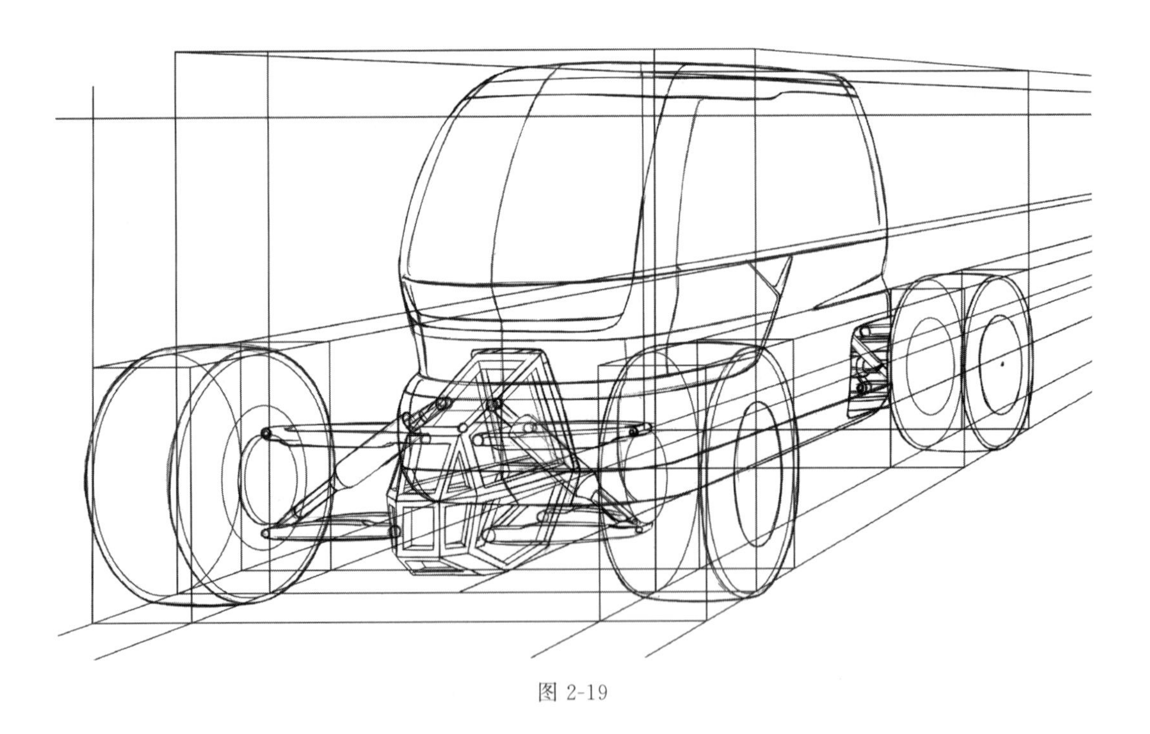

图 2-19

例示范，更直观地展现了有效视圈以外物体透视的形变程度，图 2-18 是概念车构图中与有效视域圆圈的相对位置示意，在透视图中，故意将汽车的一部分置于正常视域以外，以此来观察它的透视形态的特点。图 2-19 是以图 2-18 为透视参照绘制的概念车的透视图。通过透视图的表现可以明显看出正常视圈以外的车体部分的拉伸变形，特别是图面左侧车轮和悬架的部分，已经产生拉伸畸变了，在绘制透视图时，这种情况是要尽力避免的。

2. 视距

视距是目点到画面的距离，也就是画者的眼睛到画面的垂直距离。每一张图画都有自己固定的视距。在画同一张图的过程中，视距始终保持固定不变，只有这样才能顺利运用所有透视原理进行绘图。视距的大小直接决定了透视图的画面内容和透视剧烈程度。通过 2-15 的有效视域原理图我们了解到，视距的大小直接决定了视锥顶角的大小，也就是决定了有效视域的大小。画者在面对同一个场景时可以采用不同的视距，这取决于他假象画面的位置以及他站立的位置。通常我们可以通过固定画者和被画物体，改变画面的位置来改变视距。也可以通过固定被画物体与画面，改变画者位置来改变视距。这两种视距变化的情况会产生不同的画面透视效果，下面通过具体图例进行分析。

如图 2-20 是画者以三个方形台面上的三具引擎为模特进行绘图，画面分别处于 A 和 B 两个位置。画者和被画的三台引擎的位置不变，只改变画面的位置来改变视距，相当于画者和被画物体间放置的玻璃前后位置发生了变化，而他透过玻璃看到的物体透视不会发生变化，画者甚至都察觉不到透明玻璃发生了前后移动（我们假设透明玻璃无限大且完全透明）。因此这种情况下的视距改变对透视没有任何影响，两幅不同视距的图画的唯一区别是画面范围的变化。取景框大小不变的情况下，取景框越远离画者，取景框中所囊括的物体范围越小，反之越大。

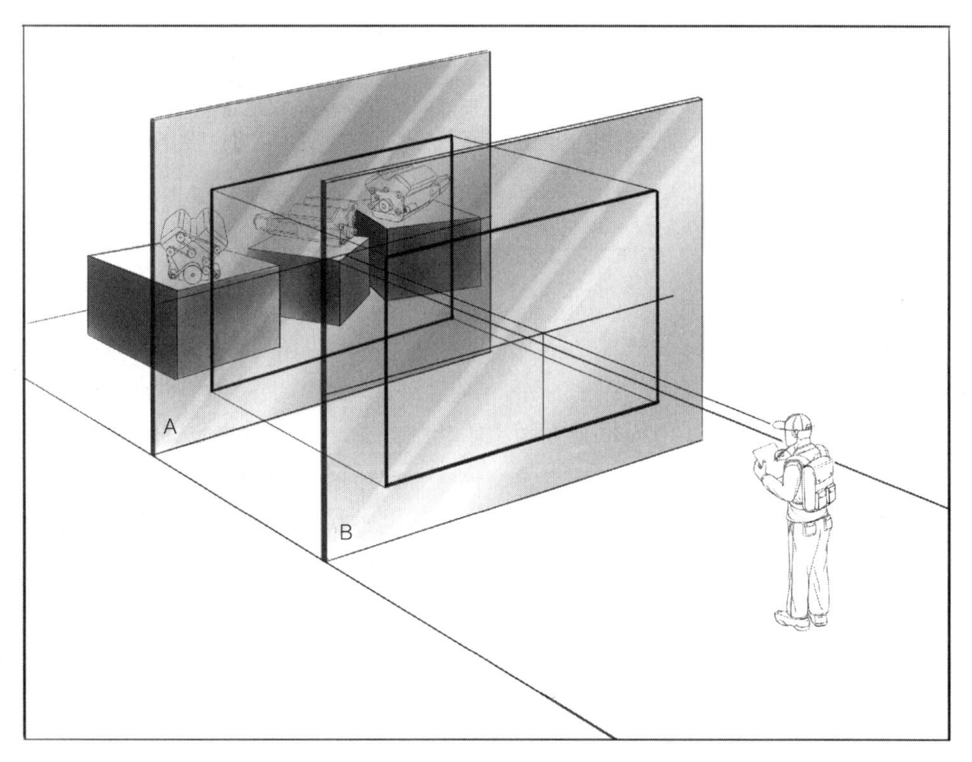

图 2-20

图 2-21 中 A 与 B 两幅图分别是画面在 A 和 B 两个位置时对应的透视图。它们包含的内容有所不同，A 画面离物体近，离画者远，造成视距远，在取景框不变的情况下，视锥顶角变小，可视范围变小。画面中三具引擎可以完全显示，但左右两边的台面不能完整显示在画面中。图 B 画面离物体远，离画者近，造成视距近，在取景框不变的情况下，视锥顶角变大，可视范围变大。取景框里可以囊括更多内容，三具引擎和三个台面都能完整显示在取景框中。虽然 A 与 B 两幅画面的显示范围不同，但两图的透视状态是一致的，它们的透视缩减程度是相同的。也就是说，如果将 AB 两图的物体做等大比例缩放叠加在一起，是可以完全重合的。

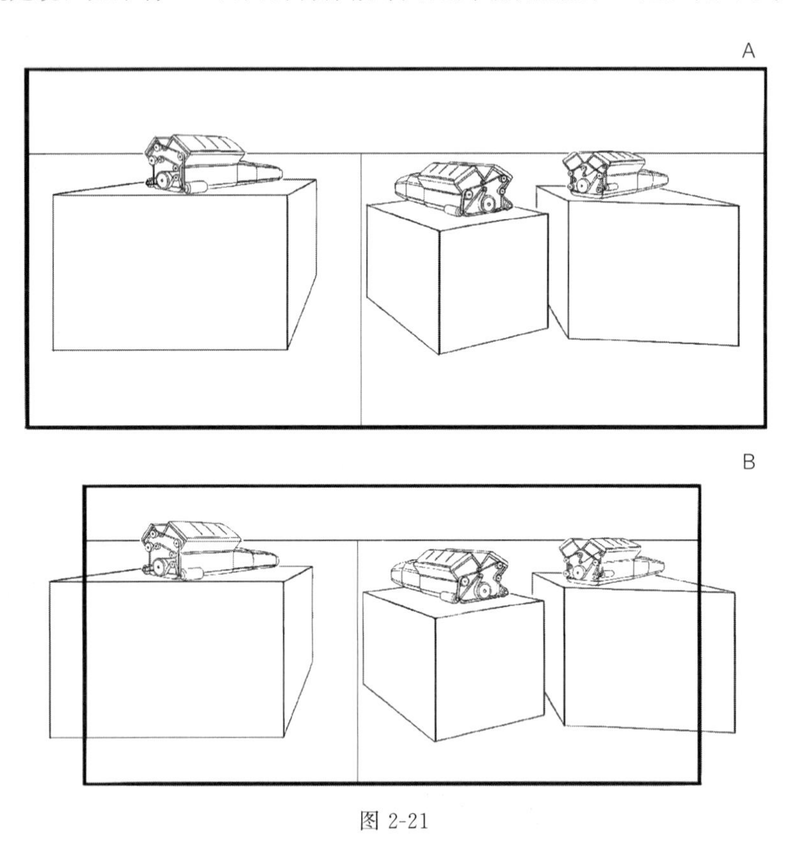

图 2-21

第二种情况是画面和被画物体保持位置不变，画者的前后位置改变，从而改变视距。如图 2-22 所示的那样，画者分别在 A 和 B 两个位置进行绘画，画面和被画的发动机的位置都不发生变化。这种情况相当于改变了画者和被画物体的距离。大家注意，这个距离的改变在人眼凸透镜成像原理的基础上，一定会改变物体在人眼中的成像形式，因为凸透镜的物距改变了，于是形成透视的变化。这也是前一个例子中，两种情况画面透视没有发生变化的原因(物体在人眼中的成像形式没有发生改变)。在图 2-22 的透视图例中，由于画面和被画物体之间固定不变，因此，画面取景框内的内容不变，但随着画者离画面距离的增大，画面会呈现长焦镜头的效果，画面的纵深感变短，透视程度变得缓和。相反，当画者向画面靠近时，画面呈现广角镜头的特性，即纵深感变强，画面的透视程度变得剧烈。视距越远，画面的透视状态越接近平面化。所以画者在位置 A 所画的透视图要比在 B 位置所画的透视图形变更加剧烈。图 2-23 是画者在位置 A 看到的发动机的透视效果，图 2-24 是画者在位置 B 看到的发动机的透视效果，对比两张透视图不难发现，A 位置的透视图无论展台透视形变还是发动

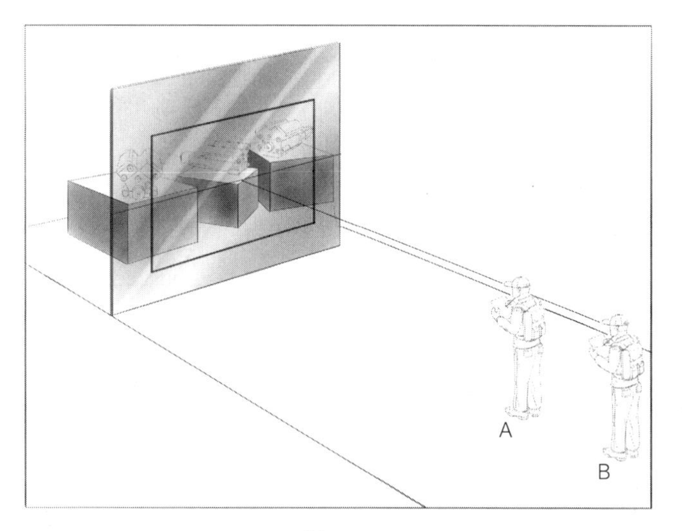

图 2-22

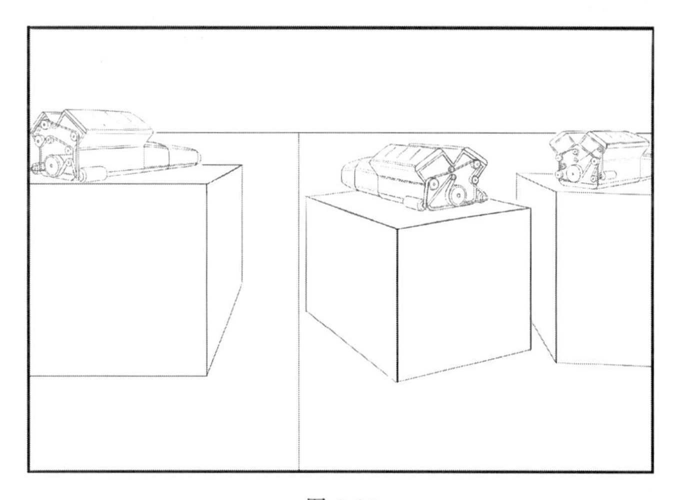

图 2-23

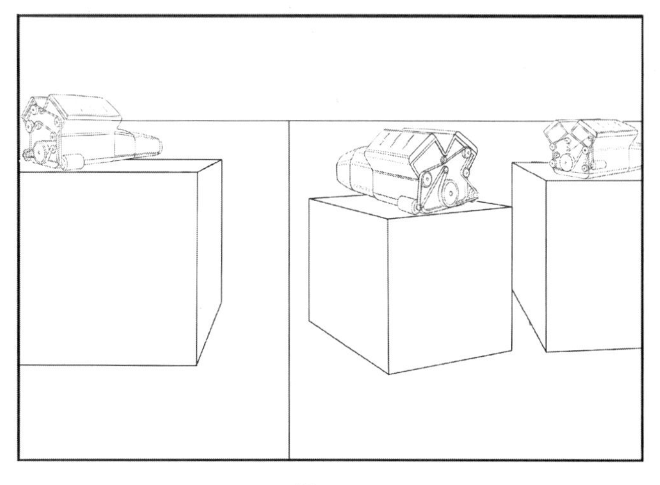

图 2-24

机的透视形变都比B位置的透视图强烈。图2-25所示为不同视距下的儿童滑车透视图，为了更好地表现童车，画者采用趴着的姿态进行绘画，主要为了降低视高（视高的概念我们在后面的内容中会着重讲解），这样可以更好地表现童车的形态和细节。A图为远视距下的产品透视图，视觉感受平稳舒适。B图为缩小视距后的透视效果，此时，画者的眼睛离童车非常近，距离小于1米。此时的近视距造成物体发生剧烈的透视，车身的部分边线开始发生倾斜，前后轮大小差距明显。仔细对比AB两图，找出它们的不同之处。

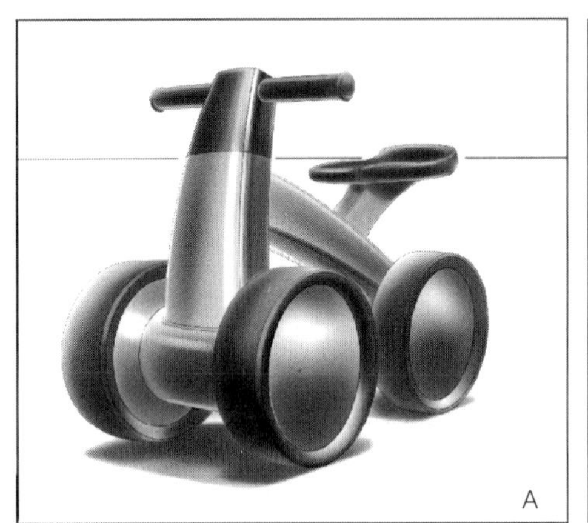

图2-25

在取景框位置与大小不变的前提下，视锥顶角的大小实际上取决于视距变化。从图2-26可以了解到，随着视距的增大，视锥顶角β逐渐变小，以心点至取景框最远一角F的距离为半径画圆，我们认为此圆就是对应此取景框的视锥与画面的交线。假定这个圆的半径为R，

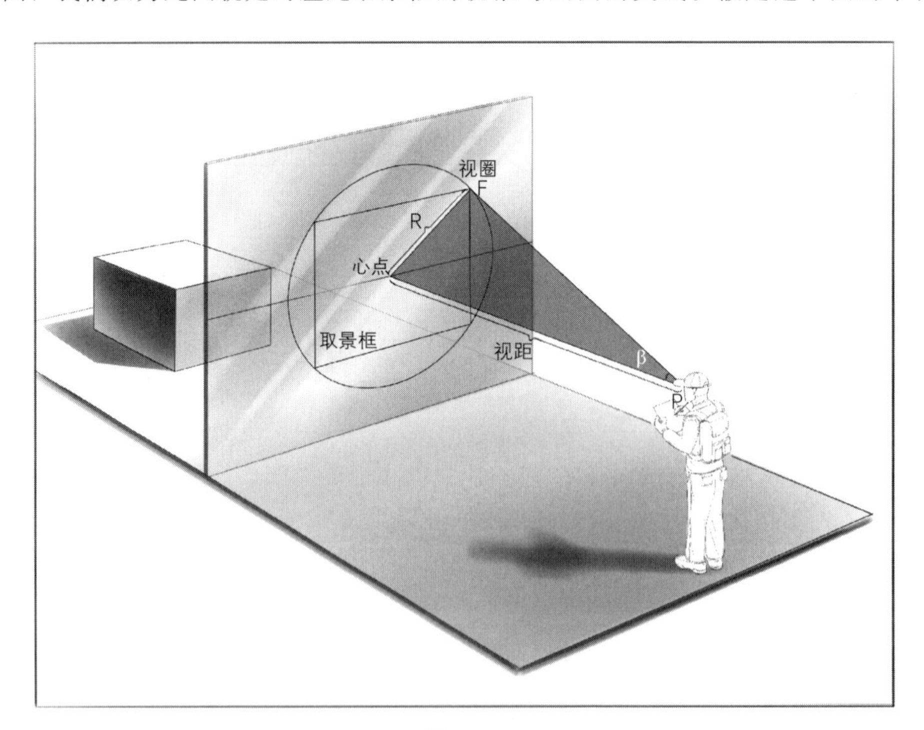

图2-26

那么视锥的高就是视距。根据几何作图法我们知道，当视距为 R 时，视锥顶角为 90 度，显然已经超出正常视域的范围，说明我们此时看到的取景框里的图像会产生很大的变形。画者远离画面，继续增大视距，当视距分别是 2R、3R、4R 时，对应的视锥的顶角分别为 53 度、37 度和 28 度，如图 2-27 所示。图 2-28 展示了视距为 1 倍 R 值到 4 倍 R 值的视锥顶角。随着视距的增大，取景框开始进入正常视域内，取景框中物体的透视会变得越来越平缓，物体被拉伸和变形的程度会越来越小。通过视锥顶角与视距和视锥圆的半径关系，我们可以得出基本的经验值来帮助确定目点的位置。当视距大于 2R 时，视锥顶角小于 60 度，我们能确保透视图的形变不发生剧烈的变化。

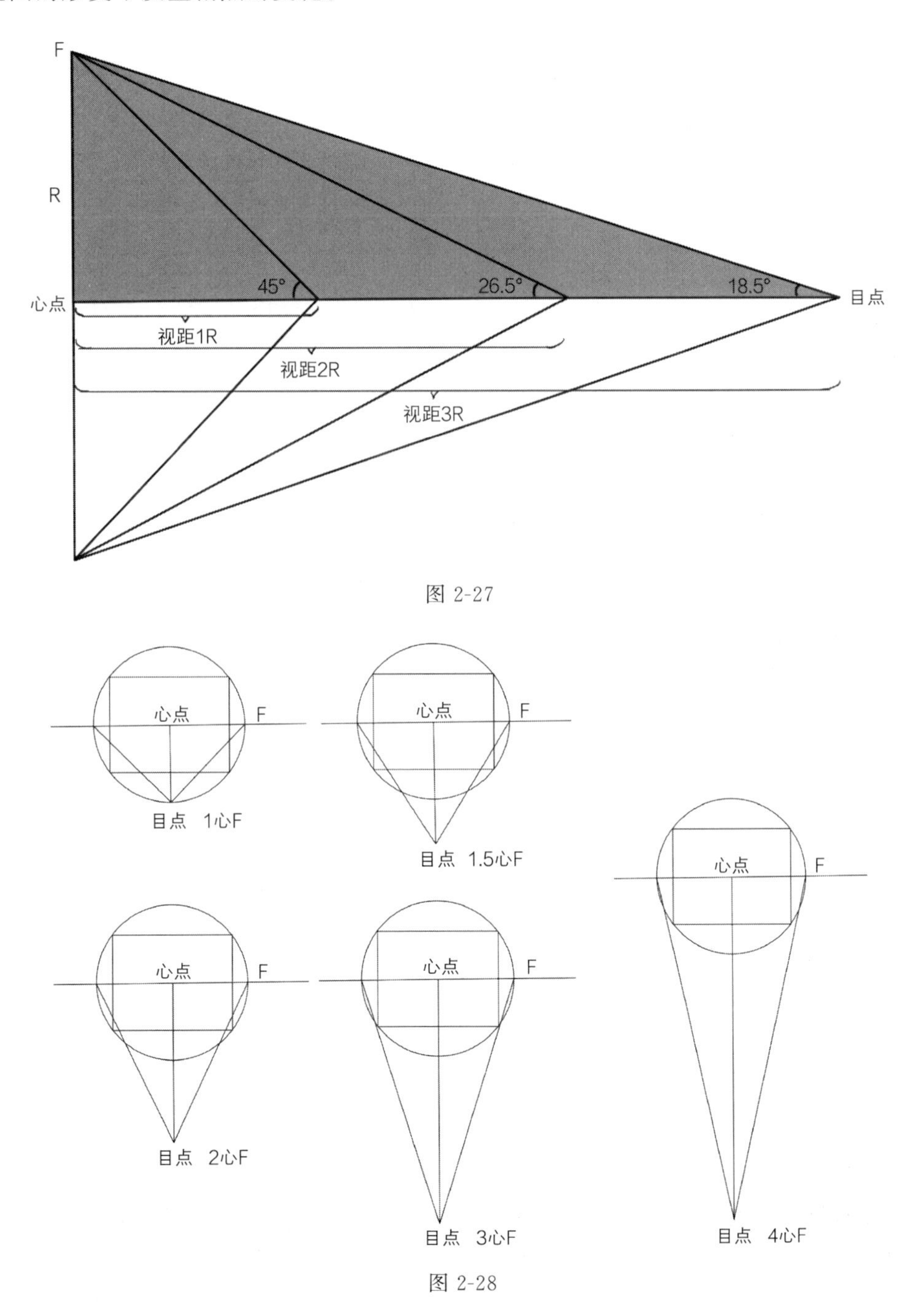

图 2-27

图 2-28

图 2-29 系列图是 BMW 公司 20 世纪 60 年代经典车型 ISETTA 在不同视距下对应的透视图。从图 2-29 中我们不难看出，在视距很近时（1 倍 R），物体发生了很强的拉伸和变形，特别是取景框附近的线条，视觉上改变了原有的比例，而随着视距的增大，产品的透视拉伸越来越小，整体的纵深感也越来越小。对比图 2-29 到图 2-33 的变化，可以很明显地发觉其中的透视特点，图 2-33 中的 ISETTA 的透视汇聚线条明显更加舒缓，趋于平行。我们可以设想一下，如果视距变成无限远（假设我们的视力足够好，人在无限远处仍然可以看清物体），那么我们看到的取景框中的物体的汇聚向同一灭点的线将无限接近于平行，不发生任何汇聚，平行透视的纵深感接近零，即我们所说的平面展开图。有兴趣的话，大家可以再把视距拉远画几张图就能体会到了。

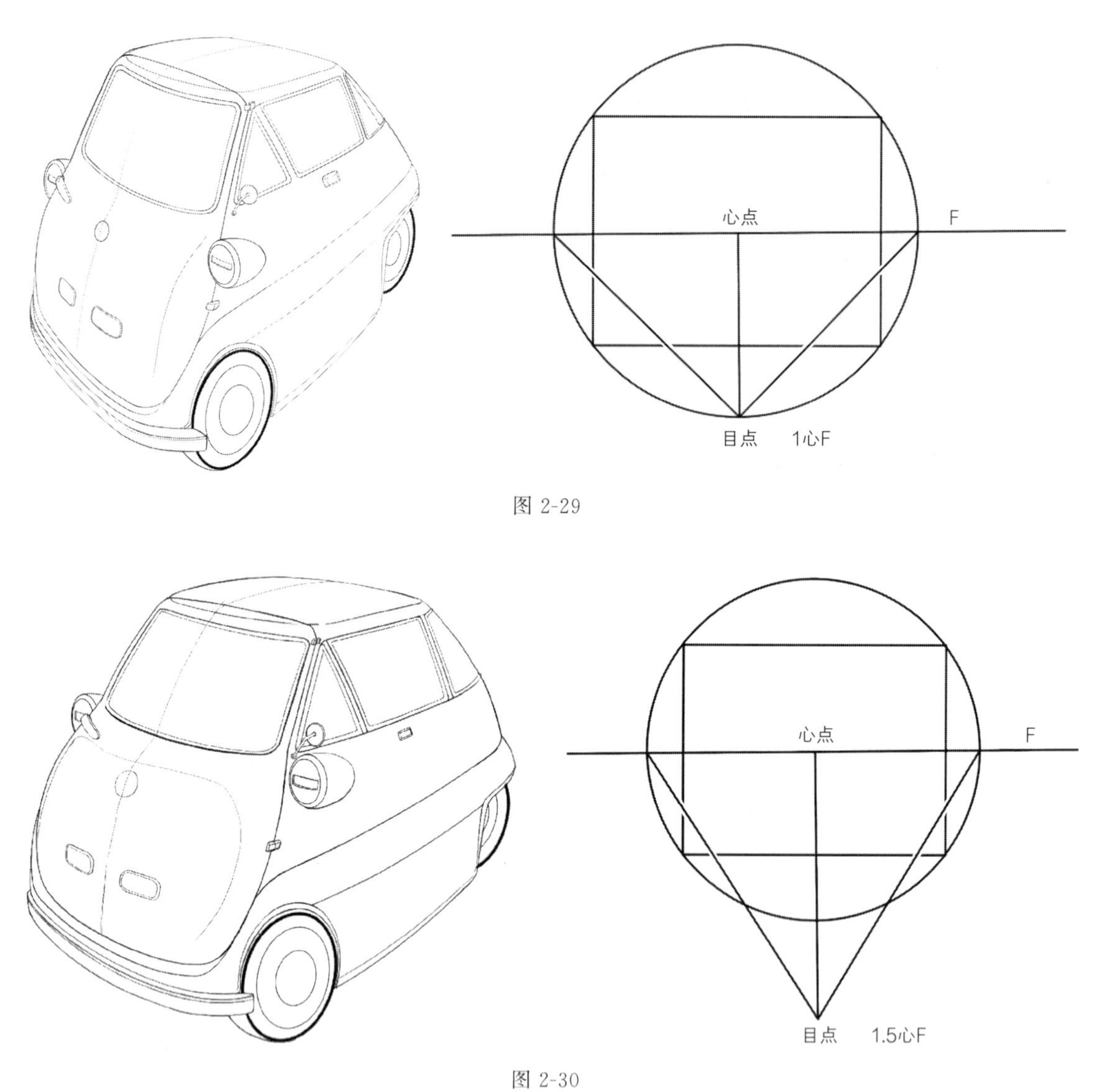

图 2-29

图 2-30

通过图例我们可以得出的结论是，在同一个取景框的前提下，前后移动画者的位置改变视距，视距近则物体的纵深感强，透视剧烈，物体变形的趋势明显；视距远，则物体的纵深感弱，物体透视缓和。视距的远近不是绝对量，而是相对量，即可以理解成是个比例关系，

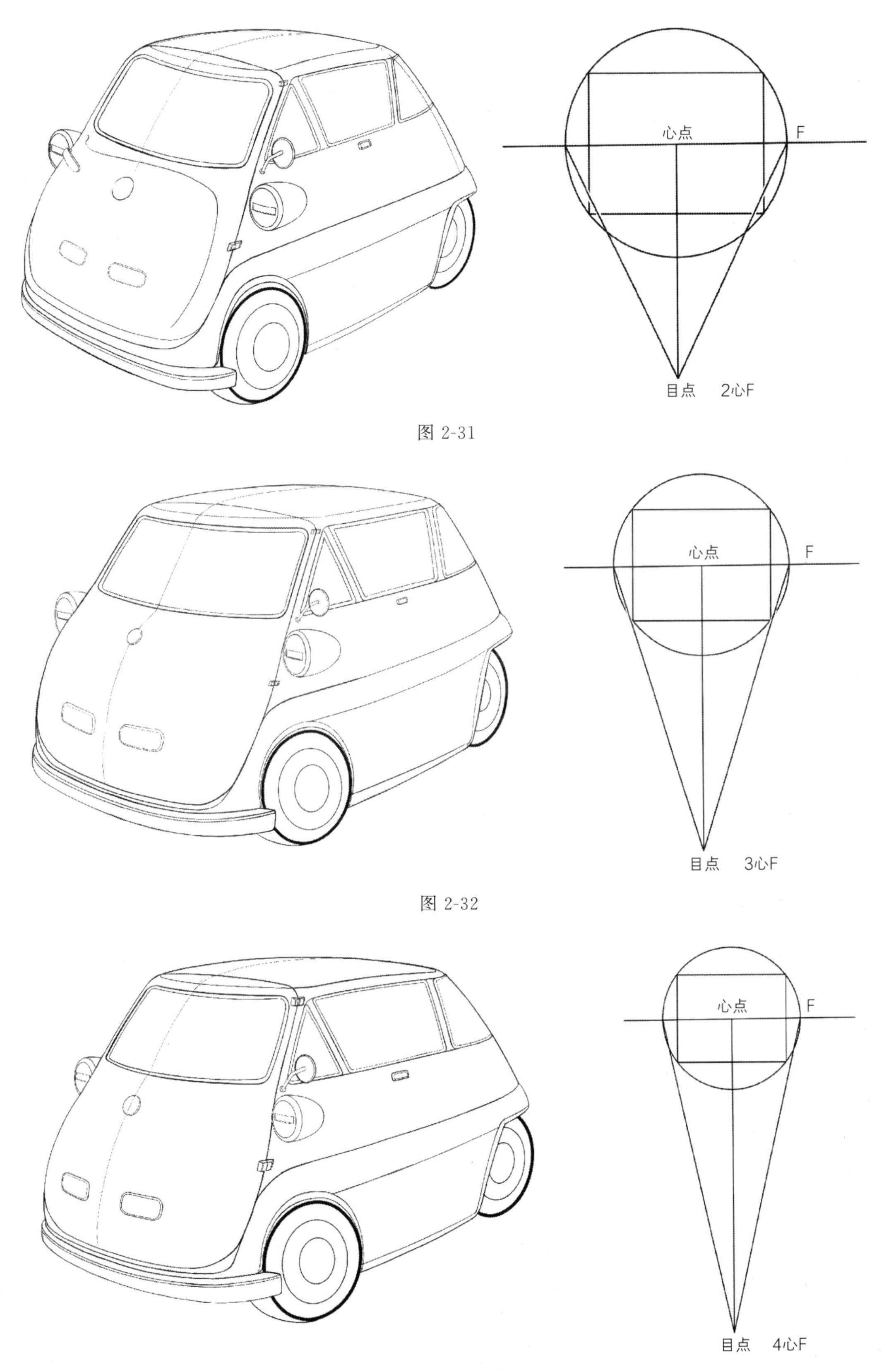

图 2-31

图 2-32

图 2-33

也就是取景框半径和目点到画面的距离的比值，所以，画者与被画物体的绝对距离不能完全体现视距的大小。

如图 2-34，图 A 是余点透视下的打火机，图 B 是余点透视下的公交车，以公交车为模特的画者站在公交车前几米的距离画公交车的透视图，打火机的体量远远小于公交车，如果画者在同样远的距离来画打火机，那么打火机两组平行线的汇聚趋势会变得舒缓很多，两组平行线的透视缩减并不明显。只有当画者把打火机移到距离眼睛很近的位置时，才能形成图中所示的和公交车一样的剧烈透视感。所以，虽然打火机和公交车的透视缩减程度一样，但打火机的视距要近得多，即画者眼睛到打火机的距离与取景框半径的比值很小。还有一点需要大家明确，近视距和远视距不是物体在画面中大小的评判标准，也就是说，并非远视距的物体在画面中就小，近视距在画面中就大，因为物体在画面中的大小取决于取景框的大小。

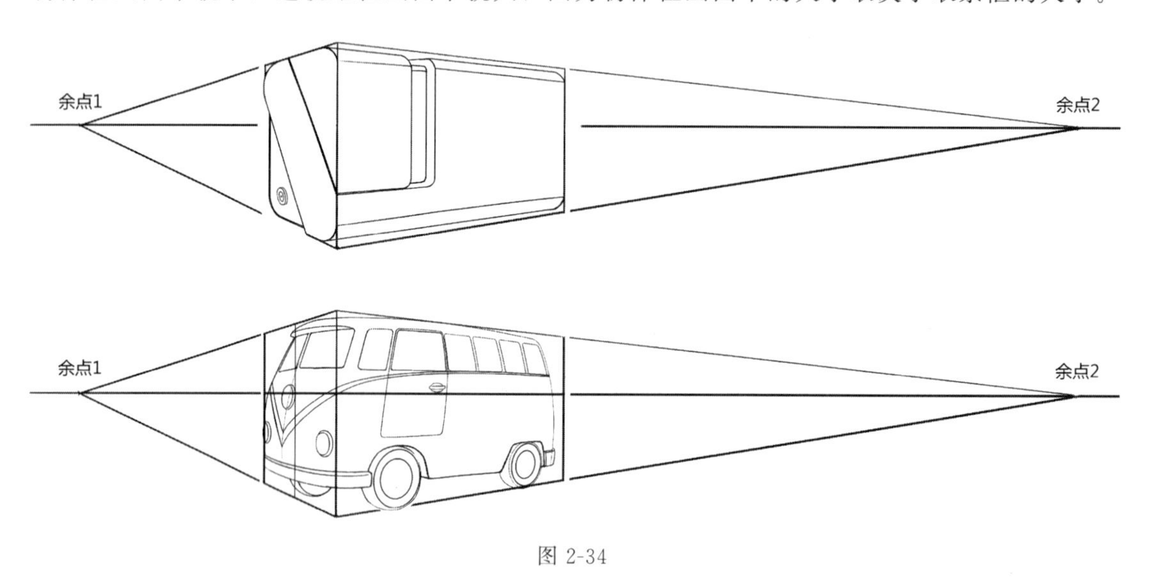

图 2-34

3. 地平线和视平线

地平线和视平线都是存在于画面上的线，它们都是我们在进行透视图的绘制过程中必不可少的参考线。地平线是所有与地面平行的平面的灭线，视平线是所有与视平面平行的平面的灭线。在平视时，视平面与地平面平行，因此视平线与地平线重合。在我们的生活经验中，地平线是眺望远方时，天地相接的那条边界线。在平静的海边，天海相接的地方会有一条水平的分界线；在一望无际的草原、沙漠，远方同样会有一条天地交界线；即使是在城市，如果你站得足够高，眺望远方时同样能看到蓝天和地面在远方相汇合的那条边际。在图 2-35～图 2-37 中所示的草原、沙漠与城市景观图中，我们都能清晰看到透视图中存在的地平线。

在透视系统中，地平线是过画者眼睛的水平面与画面的交线。视平线是我们为了研究透视原理而创造的一条线，在现实生活中很难察觉到它的存在。我们前面提到过视平面与画面永远是垂直相交的（还记得那个电焊小哥吗?）它们的交线就被定义为视平线。在画者平视的时候视平线和地平线是重合的。当画者仰视时，视平线在画面偏上的位置，地平线在视平线以下；俯视时，地平线在画面偏上的位置，视平线在地平线以下。当画者垂直仰视或垂直

图 2-35

图 2-36

俯视时，画面中只有视平线，没有地平线。所以我们可以这样理解：地平线的个性是顽固的，它是地面在画面上的灭线，是所有水平平面的共同灭线，它的水平面灭线属性永远不会改变，无论画者的视向如何，它都不会屈从于画面。当画面与水平面平行的时候（垂直俯视和垂直仰视的情况），它干脆在画面中消失。而视平线则更加依附于画面，由于它是画面和视平面的交线，因此，无论视向如何，视平线总是在画面中，它需要被画者关注，它需要观众的凝视。哪怕是在太空中，脱离了地球环境，无论画者向哪个方向看，地平线都是不存在的了，无所谓俯视与仰视，地平线在画面中也失去了意义的情况下，视平线仍然在画面中，

图 2-37

仍然是视平面与画面的交线，并控制着与其平行的平面的透视状态。如图 2-38 所示是天宫一号[1]太空舱在太空中的透视状态图。舱身的圆柱体保持平视余角透视状态。

图 2-39 是几种不同视向下画面中地平线和视平线的位置说明。图 A 是平视小车时的透视图，地平线与视平线重合。图 B 是俯视小车时的透视图，视平线在地平线以下，由于俯视的角度比较大，地平线在画面外。图 C 是仰视小车时的透视图，地平线在视平线以下，由于仰视角度较大，地平线在画面以外。

下面以我国自主研发的玉兔号月球车[2]为例，了解不同视向下物体透视的特点。图 2-41 是平视状态时画者和被画物体以及画者视向的关系示意图，我们假定宇航员是画者，视平面与地面平行。图 2-40 是平视时的玉兔号透视图，由于视平面与地面平行，地平线与视平线重合，月球车处于平行透视状态，长边是水平原线，没有灭点，保持水平状态。宽边是垂直于画面的变线，灭点指向心点。高边为垂直原线，同样没有灭点，保持相互平行且垂直于地面的状态。

图 2-42 是宇航员俯视玉兔号时的状态，宇航员位于相对较高的位置，低头俯视玉兔号，视平线和视平面倾斜向下，与地面不再平行，而是成一定角度。图 2-43 是画者俯视时看到的玉兔号的透视状态图。画面中地平线还在平视时的位置，视平线随着视向的向下倾斜而发

[1] 天宫一号目标飞行器是中国首个自主研制的载人空间试验平台，于 2011 年 9 月 29 日 21 时 16 分 03 秒从酒泉卫星发射中心发射，全长 10.4 米，最大直径 3.35 米，内部有效使用空间约 15 立方米，可满足 3 名航天员在舱内工作和生活需要，设计在轨寿命两年。天宫一号在轨运行 1630 天，不但完成了既定使命任务，还超设计寿命飞行、超计划开展多项拓展技术试验，为空间站建设运营和载人航天成果应用推广积累了重要经验。与神舟八号的交会对接标志着中国成为世界上第三个独立掌握航天器空间交会对接技术的国家。

[2] 玉兔号是中国首辆月球车，和着陆器共同组成嫦娥三号探测器。玉兔号月球车设计质量 140 千克，能源为太阳能，能够耐受月球表面真空、强辐射、零下 180 摄氏度到零上 150 摄氏度极限温度等极端环境。月球车具备 20 度爬坡、20 厘米越障能力，并配备有全景相机、红外成像光谱仪、测月雷达、粒子激发 X 射线谱仪等科学探测仪器。2016 年 7 月 31 日晚，“玉兔”号月球车超额完成任务，停止工作，着陆器状态良好。玉兔号预期服役 3 个月，时间过去了两年半多，也是超长服役两年多，玉兔号是中国在月球上留下的第一个足迹，意义深远。它一共在月球上工作了 972 天。

图 2-38

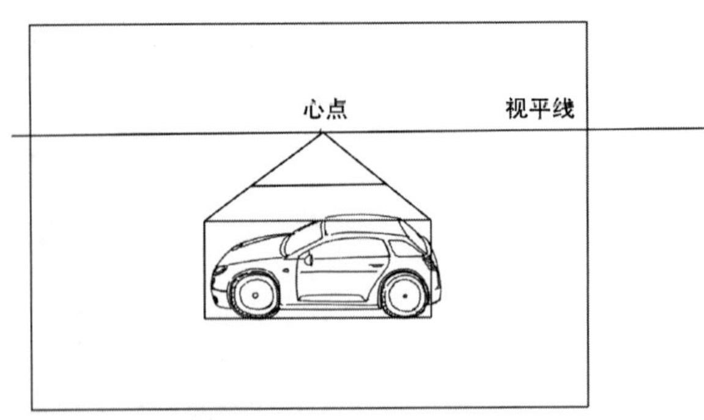

平视时，地平线、视平线重合

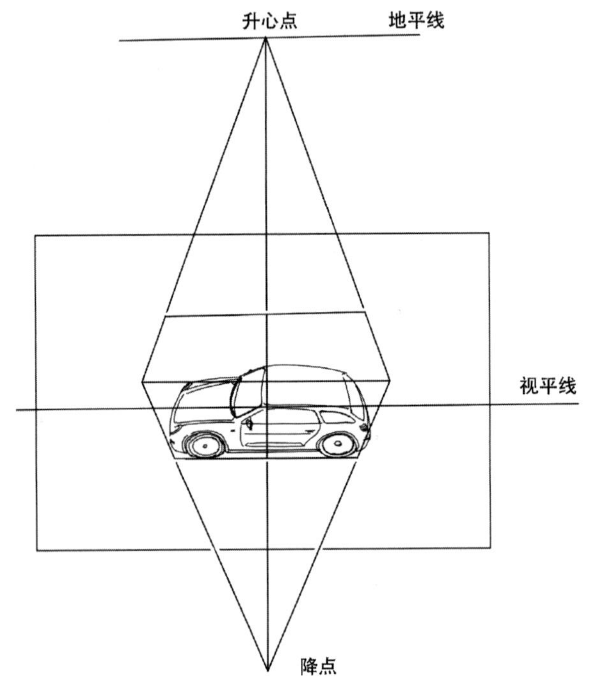

俯视时，地平线在上，视平线在下

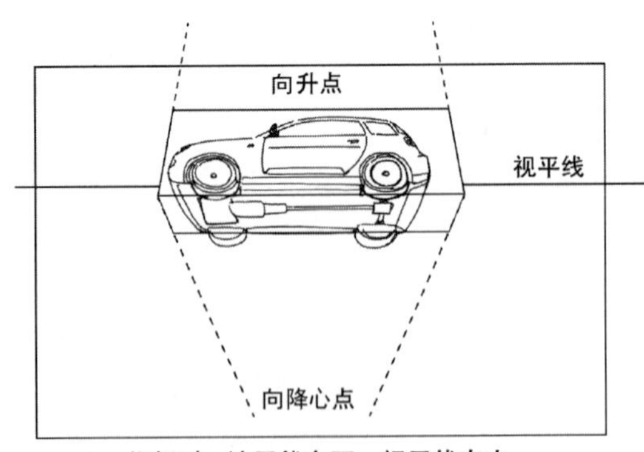

仰视时，地平线在下，视平线在上

图 2-39

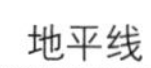

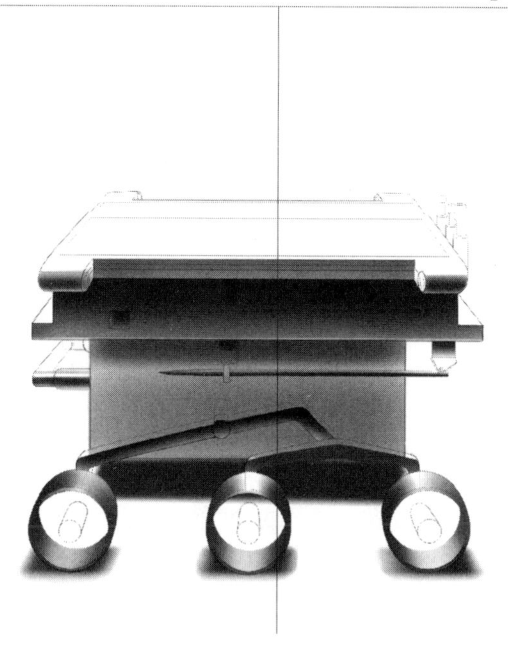

图 2-40

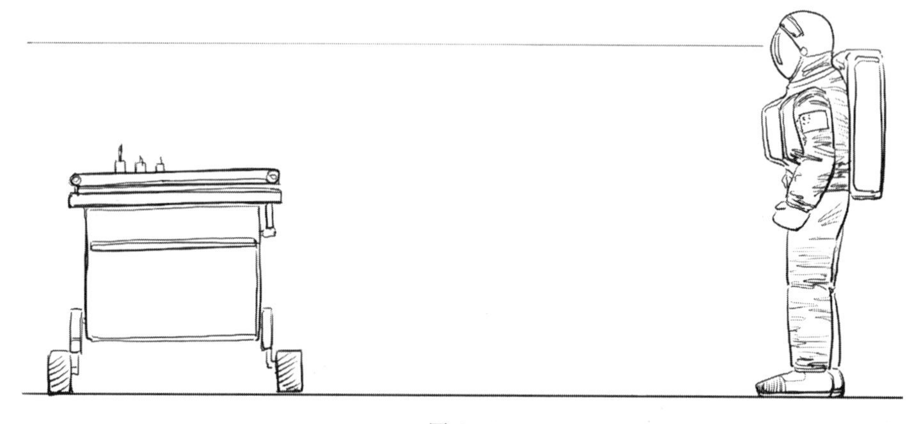

图 2-41

图 2-42

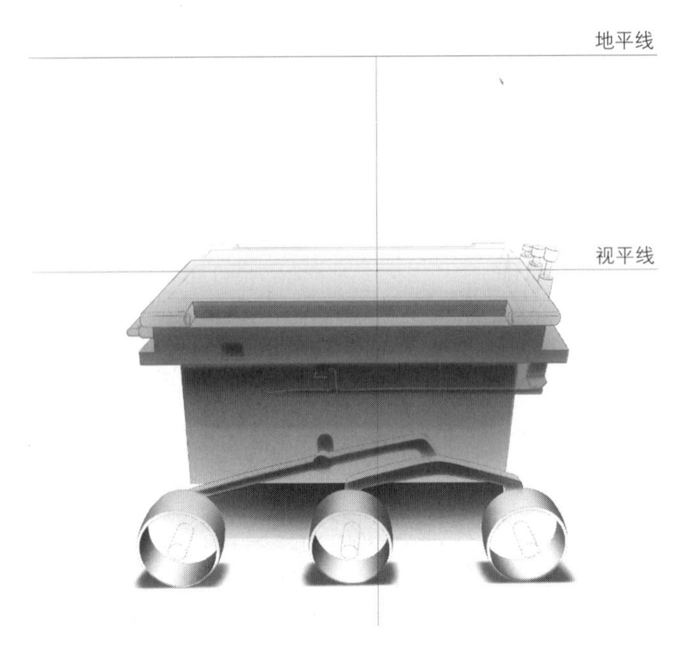

图 2-43

生下移，与地平线分离，画面始终保持与视平面垂直，因此，此时的画面也不再与地面垂直，而发生倾斜。玉兔号上除了水平直线仍然保持原线状态外，其他方向的直线都成了变线。宽边仍然向地平线上的原心点汇聚，我们称之为“降心点”。高边棱线由原线变成与画面成角的变线，灭点是过心点垂线上的降点。

图 2-44 是宇航员仰视玉兔号时的场景状态。为了便于仰视观察，把宇航员置于一个小型陨石坑中，他抬头看玉兔号时，中视线和视平面是向上倾斜的，与地面成一定夹角。当画者的中视线由水平平视变成抬头向上倾斜时，我们称其为仰视。此时，视平面也由之前的与地面平行状态变成向上倾斜，与地面呈一定夹角，视平线随之抬升，与地平线形成分离。图 2-45 是宇航员仰视状态下看到的玉兔号的透视图，地平线仍然在平视时的画面位置，视平线由于视向的抬升而跟随视平面一起抬升，与地平线分离。月球车的长边仍为原线，保持水平状态且相互平行。宽边仍然指向地平线上的原来的心点。高边棱线由原线变成与画面成角度的变线，灭点为过心点垂线上的升点。

图 2-44

图 2-46 显示了透视图中水平面与地平线的位置关系。地平线是所有水平面的灭线，在画面中起到参考线和标尺的作用。在透视的画面表现中，地平线控制着物体水平面和水平线

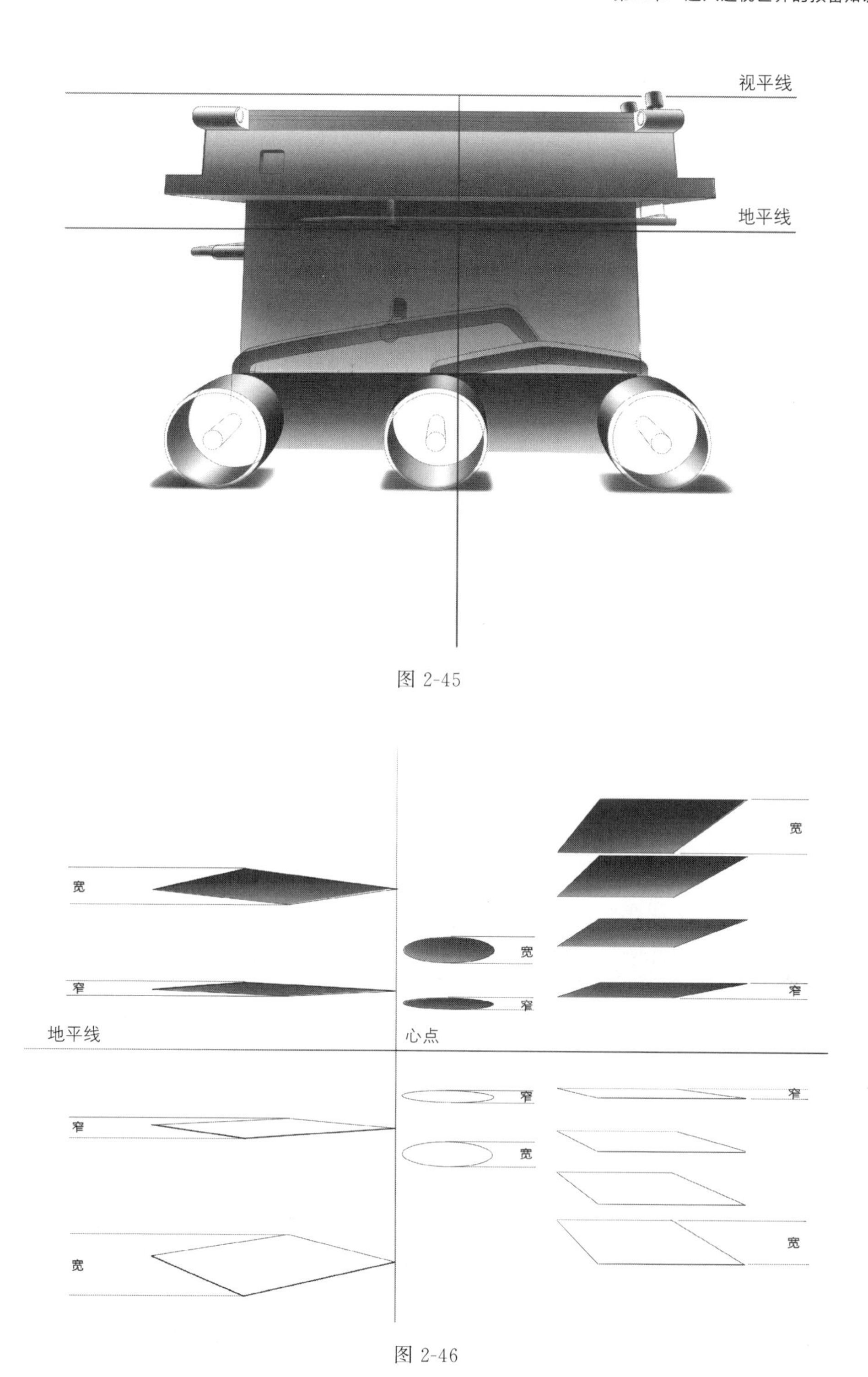

图 2-45

图 2-46

段的透视状态，包括水平直线的汇聚和水平面的可见面的确定。所有与水平面平行的直线的灭点都在地平线上。对于画面中地平线以下的水平面，我们可以看到它的顶面，对于地平线以上的水平面，我们可以看到它的底面，对于刚好处在地平线位置的平面，我们既看不到顶面也看不到底面，呈一条水平线状态。等大的水平面，在画面的垂直方向上越接近地平线，所呈现的面积越小（纵深度缩小），越远离地平线，所呈现的面积越大（纵深度增大），这一规律在我们进行产品草图表现的时候非常有用。地平线的位置可以很好地为我们划分水平物体的可见面。地平线的本质是所有水平面的灭线，分割水平面位置的原理其实和其他灭线分割相应平面的原理相一致，这一点我们在后面章节中论述灭线的时候会着重介绍。

如图 2-47 所示为竖直放置的圆柱形罐体和方形箱体。罐体内部的圆形水平隔层相互平行，在透视图中呈椭圆形。这些隔层的共同灭线是地平线。在透视图中，越接近地平线的圆形隔层椭圆的短轴看上去越短。相反，越远离地平线，则椭圆短轴看上去变长。距离画面远近相同的椭圆的长轴保持不变。右侧的方形箱体的平行隔层都是等大平行的矩形，它们共同的灭线是地平线，在透视图中，越接近地平线，方形隔层看上去越向竖直方向压缩，越远离视平线，看上去越向竖直方向舒展，当隔层与视平线等高时，矩形隔层在视觉上被压缩到了最小，呈一条线段，与视平线重合（我们将隔层都抽象成没有厚度的薄片）。

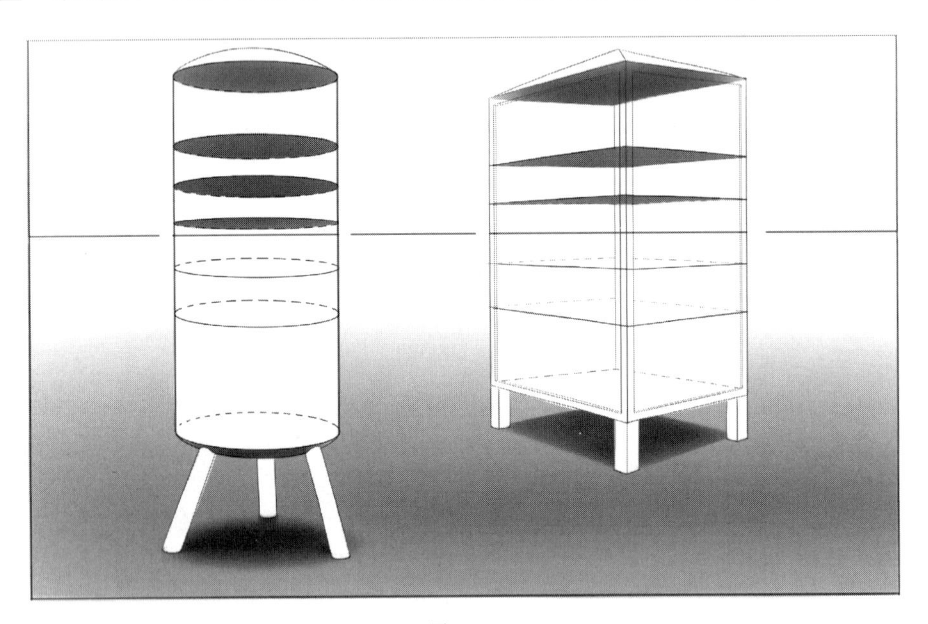

图 2-47

图 2-48 所示为不同性质的平面与地平线和视平线的位置关系。图 2-49 是该透视场景中，画者、画面、中视线、物体的位置关系示意图。所有与视平面平行的平面的灭线都是视平线。这些平面上的线段也都与视平面平行，我们称这些线为平线，它们的灭点都在视平线上，叫做余点。其中，垂直于画面的平线是过目点的中视线，灭点叫做心点。除此之外所有与视平面不平行的线叫做斜线，它们的灭点在视平线以上或以下，分别叫做升点或降点。其中与视平面垂直的线叫做竖线，因为垂直于视平面所以必然平行于画面，所以属于原线，没有灭点。作为灭线，视平线同样担当着分割平面可见面的作用，所有平行于视平面的平面中，在视平线以下的我们都能看到顶面，在视平面以上的我们都能看到底面，刚好处在视平线位置的平面我们只能看到一条线。表 2-1 将俯、仰视及平视状态下，透视画面中地平线与视平线的相对位置进行了归纳。

图 2-50 和图 2-51 分别是一组方盒子在俯视情况下的透视图和侧视演示图。场景中共有三个箱子，其中一个正常的方体箱子，平放于地面，成余角透视状态。另外两个是特意设计的倾斜的箱子，分别以平行透视状态和余角透视状态放置。

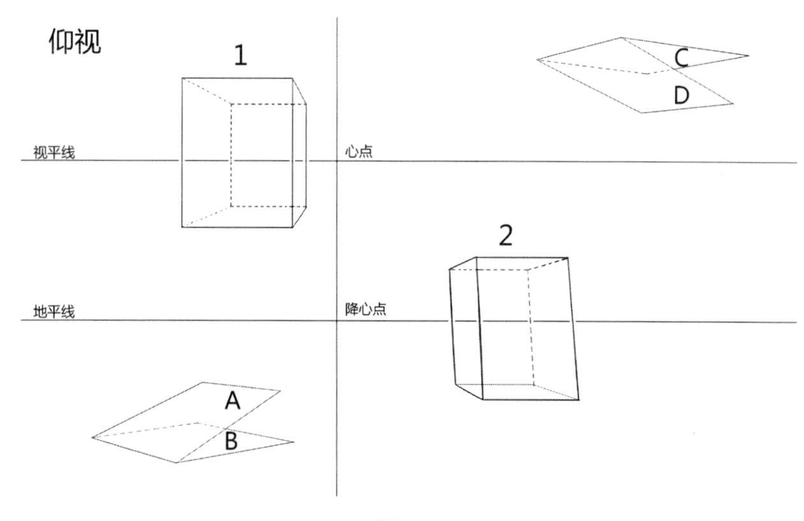

图 2-48

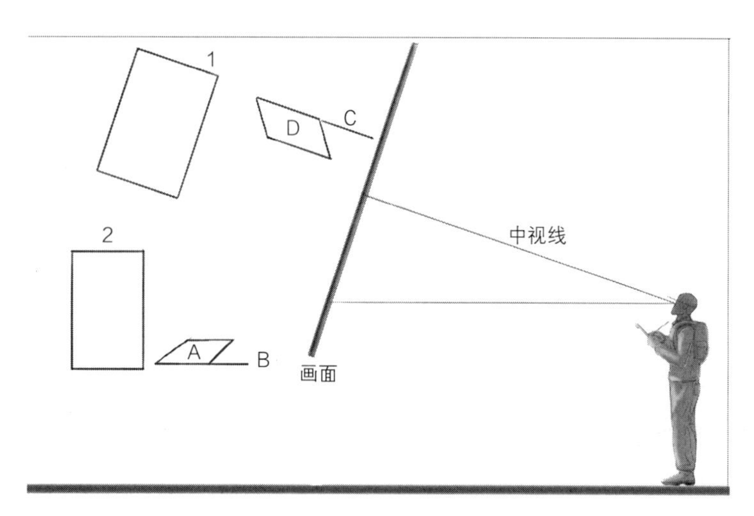

图 2-49

表 2-1

类别	平视	仰视	俯视
地平线	两线重合，是所有水平面的灭线。	位于画面下端，是所有与地面平行的平面的灭线。	位于画面上端，是所有与地面平行的平面的灭线。
视平线		位于画面上端，是所有与视平面平行的平面的灭线。	位于画面下端，是所有与视平面平行的平面的灭线。

多数情况下我们画图时的视向是水平的，视平面即水平面，地平线与视平线重合。当视向发生改变，画者改为仰视或俯视时，地平线与视平线分离，此时视平线与地平线仍然各自担当着灭线的职责，透视图中的平面和线段仍然根据各自的性质寻找各自的灭点和灭线。如图 2-52 所示的瞭望台为仰视，画者站在地面上抬头看瞭望台，视平面与地面呈一定角度。在透视图 2-53 中，视平线在上端，地平线位置不变，与平视时相同。地平线仍然是所有与地

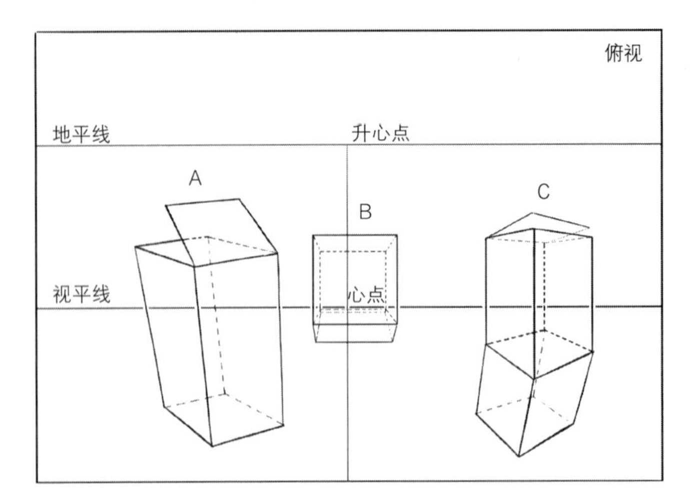

图 2-50

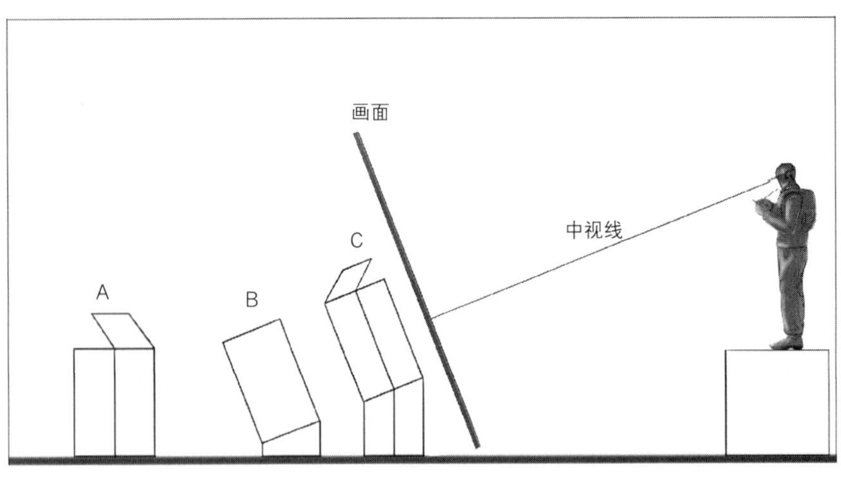

图 2-51

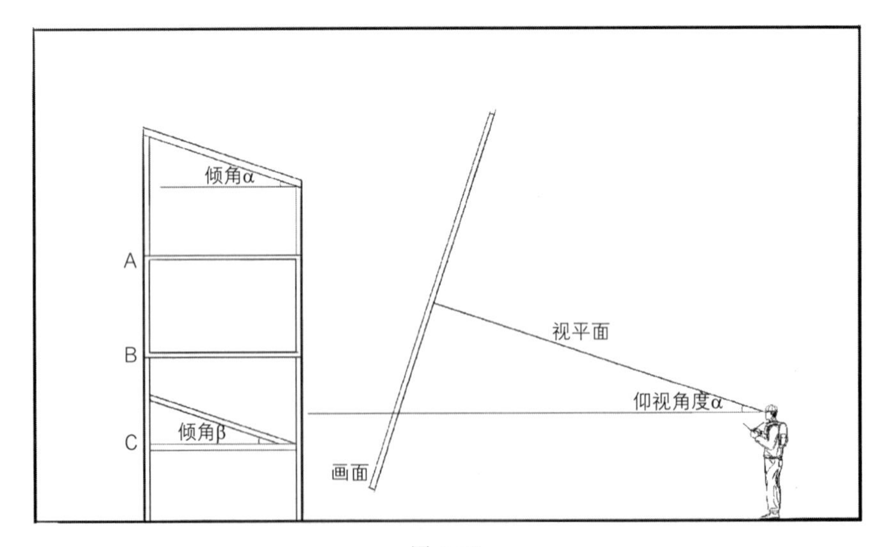

图 2-52

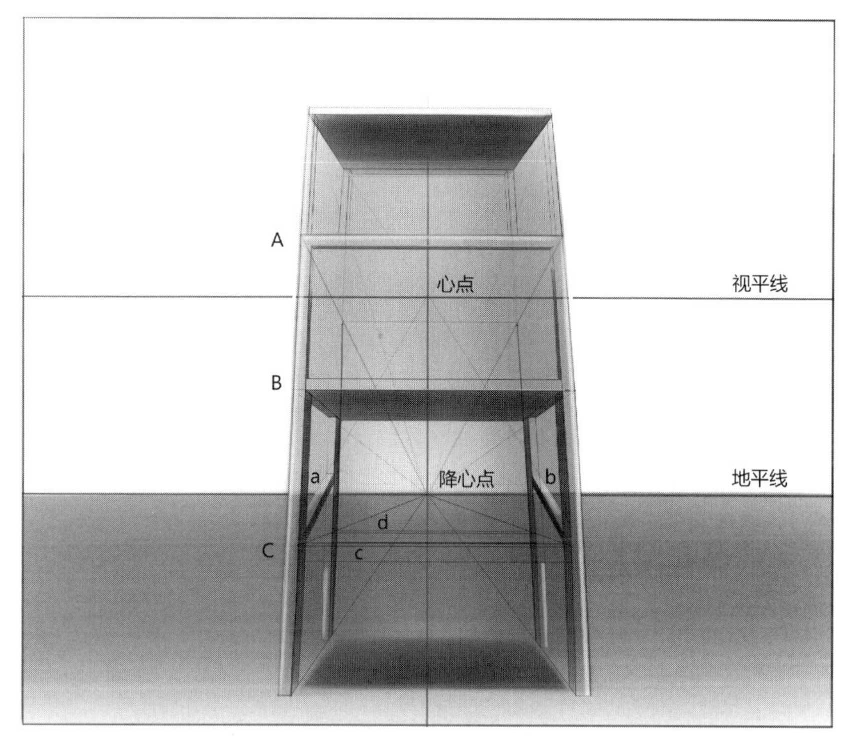

图 2-53

面平行的平面的灭线，如瞭望台的 A 和 B 两层地板就是始终平行于地面的平面，它们的灭线是地平线，瞭望台的顶棚为倾斜面，其倾斜角度刚好与画者抬头观察的角度相同，由 2-52 可以看出顶棚与视平面是平行的，它的灭线就是视平线，顶棚左右两侧的边是垂直于画面的，灭点为心点，是中视线与视平线的交点。倾斜顶棚的前后两条边为平行于画面的原线，没有灭点，仍然保持水平状态且相互平行。瞭望台左右两边支架上的两组加强条 a、b 和 c、d 分别为水平状和倾斜状，水平状的加强条与地面平行，灭点在地平线降心点上，倾斜加强杆向上倾斜，但向上倾斜的角度没有画者仰视的角度大，因此它的灭点在过心点的垂线上，在降心点与心点之间称为升点，其具体垂直高度位置取决于向上倾斜的具体角度以及画者仰视的具体角度。

图 2-54 是一个空中仰视的场景，场景左侧是我国架歼 20[1] 战斗机，即被画模特，它们各自采用不同的姿态飞行。中间的倾斜面是假想画面，右侧战斗机是假定画者的位置，即假象画者就坐在右侧战斗机上斜向上观察左侧的五架歼 20。

图 2-55 是画者看到的透视场景。为了研究方便，我们将战斗机的背部和腹部概括成两个相互平行的平面。A 和 B 都处于水平状态飞行。B 的高度高于 A，且 B 的高度高于视高，因此位于地平线以上，我们能看到飞机的腹部。A 的飞行高度低于视高，我们能看到战斗机的背部。C 和 D 都不是水平飞行，分别是机身向左侧倾斜和向右侧倾斜。E 也是倾斜飞行，

[1] 歼-20 是中航工业成都飞机工业集团公司研制的一款具备高隐身性、高态势感知、高机动性等能力的隐形第五代制空战斗机，解放军研制的最新一代（欧美旧标准为第四代，新标准以及俄罗斯标准为第五代）双发重型隐形战斗机，用于接替歼 10、歼 11 等第三代空中优势/多用途歼击机的未来重型歼击机型号，该机将担负我军未来对空、对海的主权维护任务。

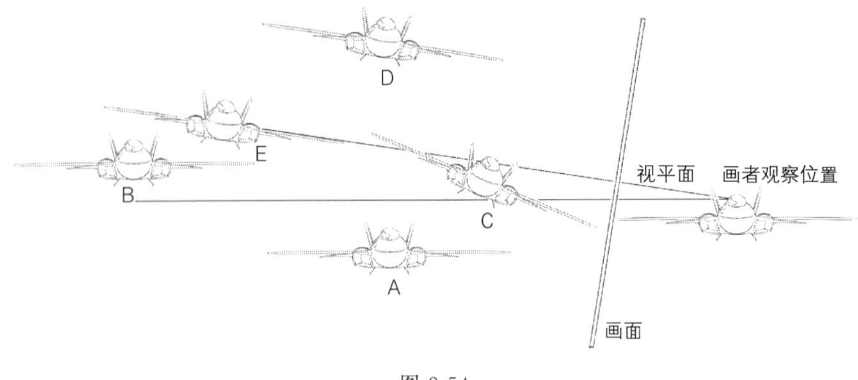

图 2-54

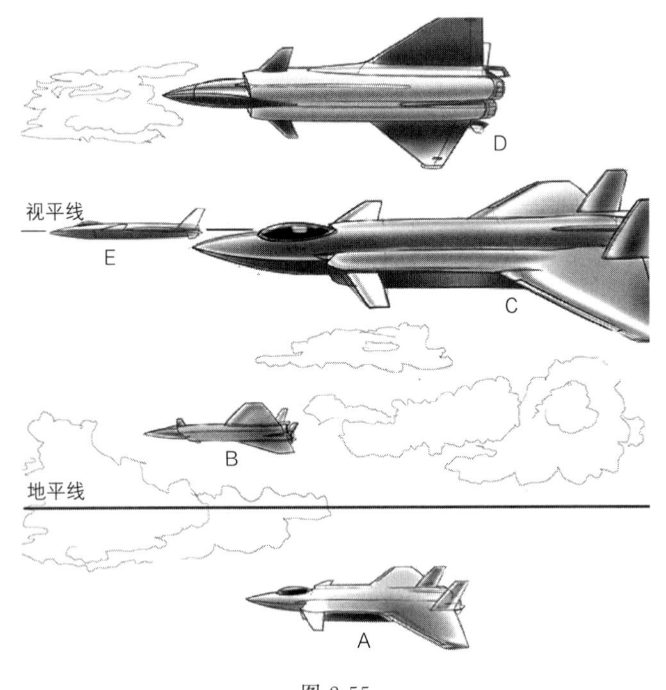

图 2-55

其倾斜角度与画者仰视角度相同，机身与视平线平齐。

4. 原线、变线和灭点

透视学研究的两大问题之一是平行线发生汇聚的规律，我们首先将画面中的线进行划分，看看哪些平行线会发生汇聚，哪些不发生汇聚。根据几何原理，所有与画面平行的线，在画面中仍然保持自己的方向并且在画面中仍然保持平行，不发生汇聚，没有灭点，称为原线。所有与画面不平行的线我们称之为变线，变线在透视图中指向灭点，相互平行的变线在画面中汇聚向同一个灭点，其中垂直于画面的变线的灭点是心点。与画面不垂直但与视平面平行的变线的灭点在视平线上，我们称之为余点。其余的既不与视平面平行，也不与画面垂直的变线称为斜线，它们的灭点是升点或降点，其中向视平线上方倾斜（近端低，远端高）的成组平行变线称为上斜线，汇聚向升点，向视平线下方倾斜（近端高，近端低）的成组平行变线称为下斜线，汇聚向降点。可以通过表 2-2 来系统理解原线、变线、平线以及斜线。

表 2-2

名称	与画面关系	与视平面关系	灭点位置	灭点名称
原线	平行	相交	无	无
		平行	无	无
变线	相交	相交	过底迹线余点垂线	升点或降点
		平行	视平线	余点
平线	相交	平行	过底迹线余点垂线	升点或降点
	平行		无	无
斜线	相交	相交	过底迹线余点垂线	升点或降点
	平行		无	无

如图 2-56 中 A 图所示的立体图形中，加粗的楞虽然朝向不同，但它们所在的平面都与画面平行，因此，它们也是与画面平行的线段，所以属于原线。这样的线段在透视画面中没有灭点，不发生透视汇聚，保持原有的朝向，线段之间的角度关系在透视图中不变，例如原来平行的两条原线线段在透视图中仍然平行，原来垂直的两条原线线段在透视图中仍然垂直，原来成 120 度夹角的两条原线线段在透视图中仍然是 120 度夹角（原线是最守规矩的线）。图 2-56 中 B 图中加粗的楞线所在的平面与画面不平行，都与画面成一定的角度，有的垂直于画面，有的倾斜于画面。所以，这些线段就不再是原线，也不具备原线的特点了。我们称它们为变线，即与画面不平行的线段。又因为这些线段与视平面平行，是平线，因此又称为“平变线”。“平变线”会发生透视汇聚，相互平行的一组平变线会汇聚向同一个灭点，与画面的夹角不同则会有不同的灭点。但所有平变线的灭点都在视平线上。图 2-56 中 C 所示的多面体加粗楞线与画面不平行，成一定角度，也与视平面不平行，成一定角度，这种线段与前两种线段相比，是“最不守规矩”的，我们称之为斜变线。它们的灭点更加特殊，根据朝向的不同，分别位于视平线上方和视平线下方，我们分别称之为升点和降点。它们的位置寻求要复杂一些，取决于斜变线与画面和视平面的角度，在随后的斜面章节中将详细讲解。

5. 灭线

灭线是和灭点相关联的概念，与画面不平行的平面，在透视图的无限远处都会消失在一条线上，这条消失线称为这个平面的灭线（就如地平面在远处消失在地平线上一样，地平线的本质就是地面的灭线）。也可以把灭线理解成灭点的集合，即这个平面上的所有直线的灭点的集合，形成了这个平面的灭线。前面提到过的地平线、视平线都是灭线。一组平行的平面它们拥有共同的灭线（平行线和灭点也有相同的性质），且此灭线对这组平面的位置分割和透视宽度起到判断作用。处在灭线两侧的平行平面分别可以看到平面两个不同的面，恰好处在灭线上的面呈直线状，看不到面。拥有共同灭线的等大平行平面，离灭线近的看上去窄，似乎被压缩了，离灭线远的看上去宽，似乎被拉伸了。这种性质和我们前面讲过的地平线和视平线原理是一样的。从本质上讲，地平线和视平线也是灭线。地平线是所有与地面平行的平面的灭线，视平线是所有与视平面平行的平面的灭线。

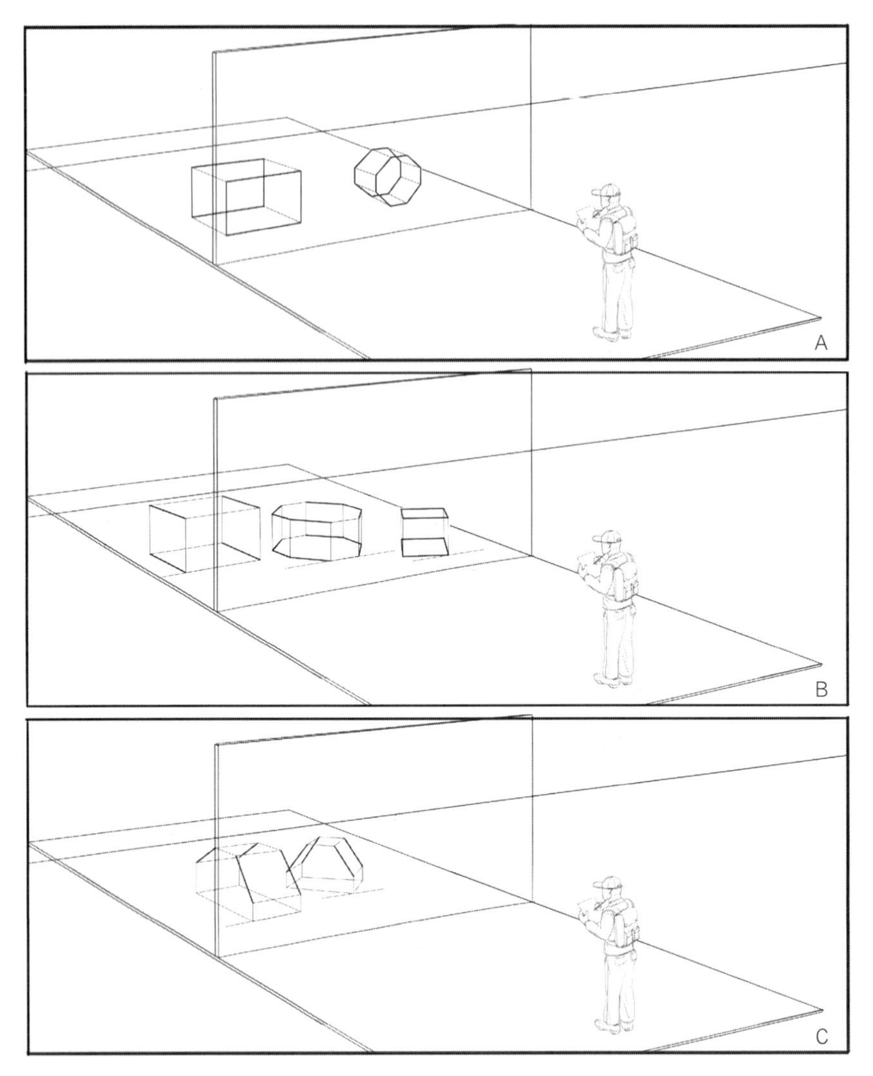

图 2-56

灭线位置的寻求：要寻找一个平面的灭线，最根本的方法是过画者眼睛做一个平行于该物面的平面，这个平面与画面的交线就是该物面的灭线，这是根据灭线产生的根本原理得出的方法。如图 2-57 所示，想要找到方体 A 面的灭线，就过目点做 A 面的平行平面 A′，A′与画面的交线就是 A 面在透视图中的灭线，我们发现 A′就是视平面，视平面与画面的交线就是视平线（地平线），即水平面 A 的灭线。用同样的方法，过目点做竖立面 B 的平行平面 B′，B′与画面的交线就是竖立面 B 的在透视图中的灭线，即过心点的垂线。以上方法是根据平面灭线的本质来确定灭线位置的方法，但不具备可操作性，遇到不规则朝向的平面，我们很难在作图法中确定过目点平面与画面的交线的位置。

在绘制透视图时，用作图法寻找某一个面的灭线是通过找到平面上两条不平行的线的灭点，并连接这两个灭点而得到面的灭线。

透视图中出现的面往往以矩形的形态出现，因此寻找矩形长宽两组边的灭点，再进行连接就可以得到面的灭线。如图 2-58 所示的两个切角方体分别呈平行透视状态和余角透视状

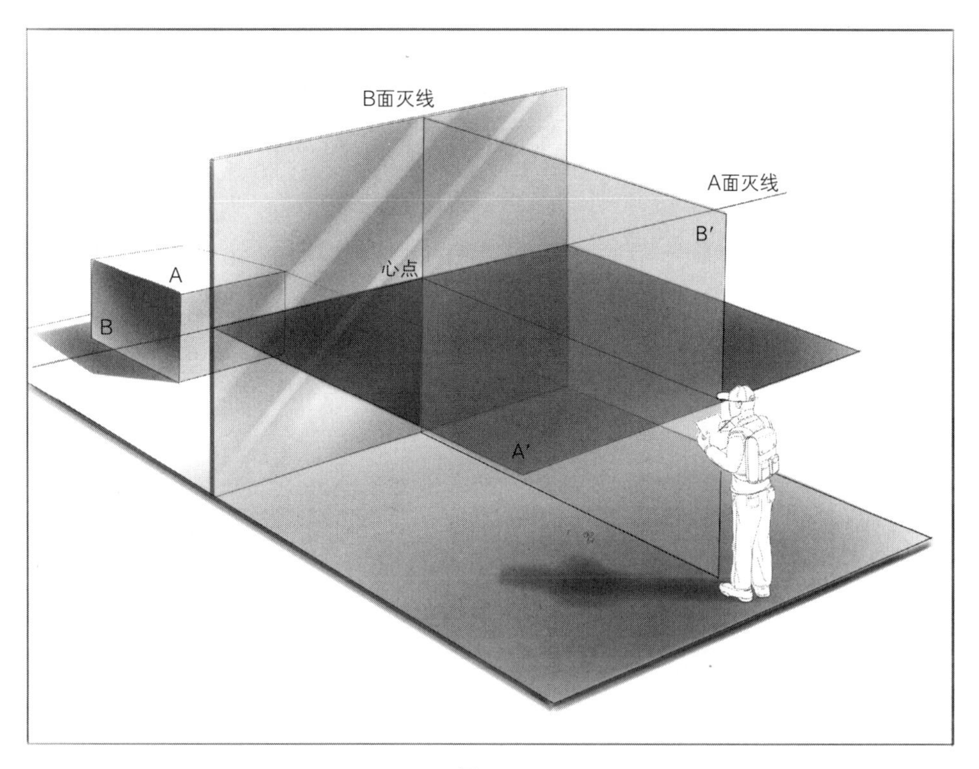
B面灭线
A面灭线
B′
心点
A
B
A′

图 2-57

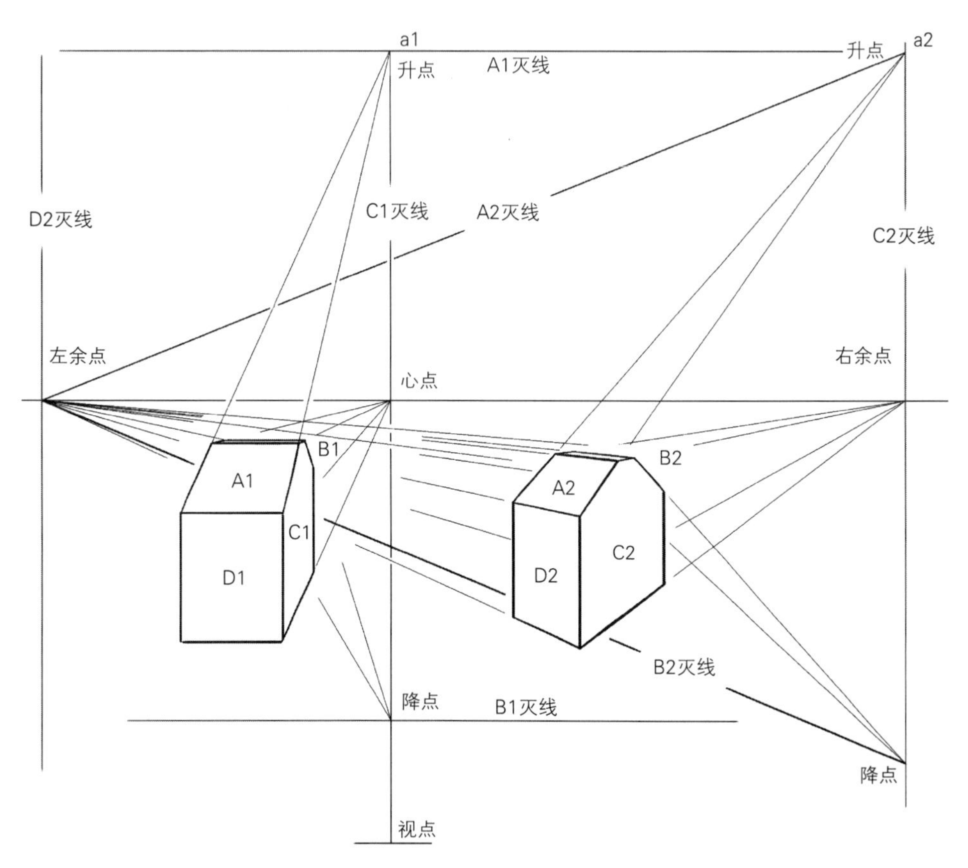
a1
升点
A1灭线
升点
a2
D2灭线
C1灭线
A2灭线
C2灭线
左余点
心点
右余点
B1
A1
C1
D1
B2
A2
C2
D2
B2灭线
降点
B1灭线
降点
视点

图 2-58

态。斜面 A1 有一组边是水平原线，没有灭点。另一组边为上斜线，灭点是过心点垂线上的升点 a1，这种情况平面的两组边有一组边是原线，没有灭点，就过另一组边的灭点做原线边的平行线即可得到平面的灭线。即斜面 A1 的灭线是过 A1 面的一组边的灭点 a1 做另一组边的平行线得到的，即过 a1 点的水平线就是 A1 的灭线。斜面 A2 是余角透视下的上斜面。构成它的两组边的灭点分别是余点 1 和过余点 2 垂线上的升点 a2。因此它的灭线就是连接这两个点的直线。同样原理，图中标注了 B1、D1、C1、D2、B2、C2 等不同性质的面的灭线的位置，大家可以根据相应原理去寻找。

课后思考题及练习：

1. 默画透视系统图。
2. 以产品草图为例，画原线和变线及斜线的灭点。
3. 用作图法寻求斜面的灭线。

第三章

透视空间中的产品大小问题

在上一章，我们主要讨论了线性透视中的一些基础问题，主要围绕“平行汇聚”问题展开，如灭点、灭线等。本章主要来讨论线性透视中的另一个重要问题——物体的透视缩减，即物体在透视空间中的大小问题。很多对透视认识不深的人认为，透视无非就是“近大远小”。但仅仅知道这四个字是远远不够的。试问，如图 3-1 所示，一个高大的篮球运动员和一个小学生同时出现在画面里，篮球运动员在远处，小学生在近处，仅仅凭“近大远小”四个字，我们要如何来确定他们在画面中的大小呢？

图 3-1

下面引入的透视视高法和透视缩尺法就可以很好地解决透视空间中的物体的大小问题。这两种方法能帮助我们在没有实际场景及照片参考的情况下，准确地画出空间中不同位置的物体的准确尺寸。这对产品设计图及草图的绘制是十分有价值的。

第一节 透视视高法

1. 视高法基本原理

透视视高法，顾名思义是通过透视视高来确定透视画面中不同位置物体的高度的方法。我们在前面的透视系统中认识了视高，它是指在透视画面中，被画物体所在的基面（地面、台面或桌面等放置物体的平面）与基面的灭线之间的竖直高度。如果是平视地面上的物体，视高就是地面到达地平线的竖直距离。如图 3-2 所示的透视场景中，几根尺寸相同位置不同的直立黑白杆分别置于地面、台面以及坑底，画者平视。那么地面、台面和坑底就是不同的基面，每个基面对应不同的视高。

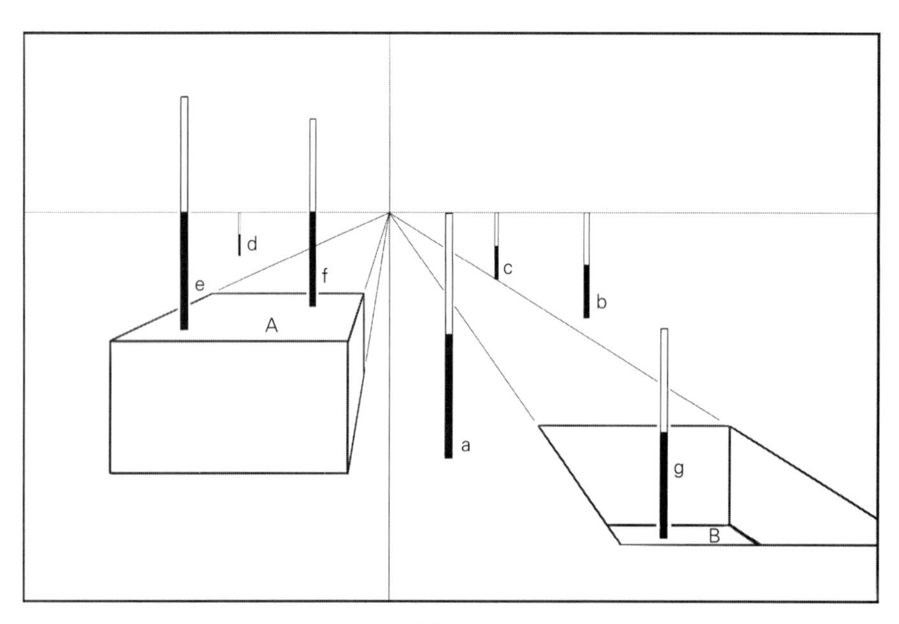

图 3-2

视高法的空间几何原理可以理解为平行的两个平面之间截得的平行线相等。透视图中所画的地面上任意一点到视平线的竖直距离，其实就是实际空间中地平面和视平面之间的竖直距离。这些竖直线段是在两个平行平面间截得的平行线段，因此它们都是相等的，都是画者的视高，即画者作画时眼睛位置距离地面的竖直距离。如图 3-3 所示，平台顶面 A 与视平面是一组平行平面，放在 A 面上的直立黑白杆相当于 A 面与视平面之间所截的平行线段，无论 A 面面积多大，黑白杆只要直立放置在 A 面上，被视平面截得的长度永远是 1/2 杆长。在透视图中的表现就是杆子的 1/2 长度位置与视平线平齐。

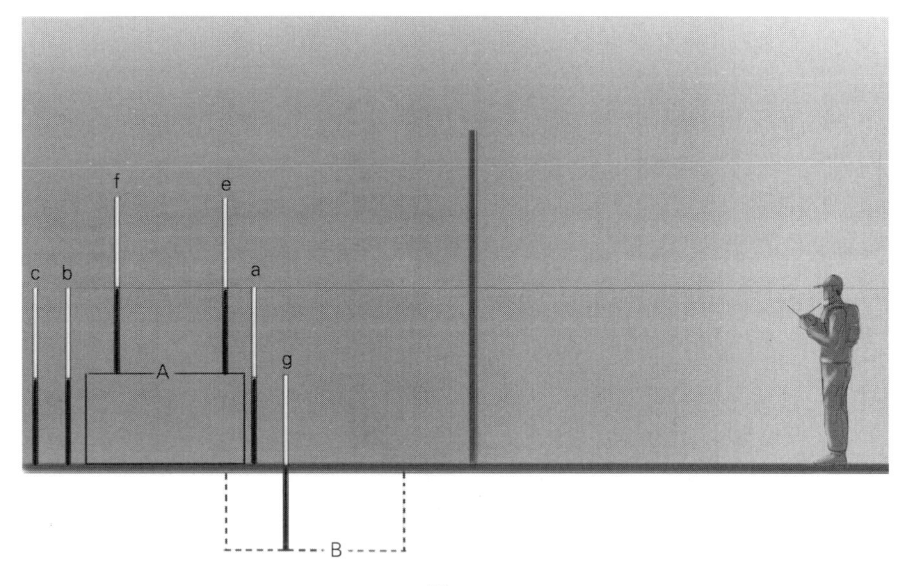

图 3-3

如图 3-2 所示，当被画物体处于不同高度的平台时，每个平台有各自不同的视高，在不同平台上的物体同样遵循各自平台上的视高法。地面视高为 1 人高（地面视高由画者所在位置决定，一般成人画者站在地面上时，地面的透视视高就是一人高）。当然，“1 人高”并不是严谨的说法，视高是可以用精确的数值来表示的。例如画者甲是高个子，他眼睛到地面的距离是 1.7 米，则画者甲所画的画面的地面视高就是 1.7 米，画者乙的身高相对矮小，眼睛到地面的竖直距离是 1.6 米，则画者乙所画的画面的地面视高是 1.6 米。我们在学习阶段用“1 人高”代替精确的数值，完全是为了研究的便利性，希望大家了解。在图 3-2 中，地面的视高是 1 人高，假设画面中所有黑白杆的长度相等也是 1 人高——即如果画者眼睛距离地面的竖直高度是 1.6 米，那么我们所选的黑白杆的长度也是 1.6 米，那么，地面上竖直放置的 a、b、c、d 号标杆的顶端都与视平线平齐。平台 A 的竖直高度是 1/2 人高，则从视平线向平台 A 引的竖直线段的长度都相等，都是 1/2 人高，即平台 A 的视高是 1/2 人高。可以看到，放在平台 A 上的 1 人高的棍杆 e 和 f，其 1/2 处刚好与视平线平齐，在透视图中 A 平台上的标杆无论距离画面远近，其 1/2 高度处（即棍杆黑白交界处）与视平线平齐。B 平面为方形凹坑，坑的深度是 1/2 人高，则坑底到视平面的竖直距离为 1.5 倍人高。B 平面上的标杆 g 的顶端距离视平线还有 1/2 人高的长度。在 B 平面中，无论距离画面远近，要确定标杆的透视长度就从立足点引竖直线到视平线，将这段线段平均分成 3 份，则底部的 2 份就是 B 面上 1 人高标杆应具有的透视高度。图 3-3 是该场景的侧视图，对照图 3-2 可以更好地理解视高法的原理基础。

图 3-4 是用视高法确定透视空间产品大小的实例。三台机器人与画者等高，那么机器人眼睛与画者眼睛等高，画者与机器人都站在同一个基面（地面）上，画面的透视视高就是一人高。在透视画面中，三台机器人无论远近，它们的眼睛都处在地平线上，脚立足在地面上。图 3-5 是场景侧视示意图，从图中可以观察到，机器人可以看作是视平面和地面之间等高的竖直平行线段，无论距离画面远近，无论在画者中视线的左或右，它们都立足于地面，眼与视平面等高。在透视图中表现为眼睛都与视平线平齐，落脚点的位置离画面远则在透视

图中看上去矮小，落脚点离画面近则看上去高大，但我们知道，它们的实际高度都是一致的。图 3-6 中，最左侧机器人离画面距离适中，在透视图中，它的高度也适中。中间的机器人离画面最近，其透视高度显示最高。最右侧的机器人离画面最远，其透视高度显得最短。

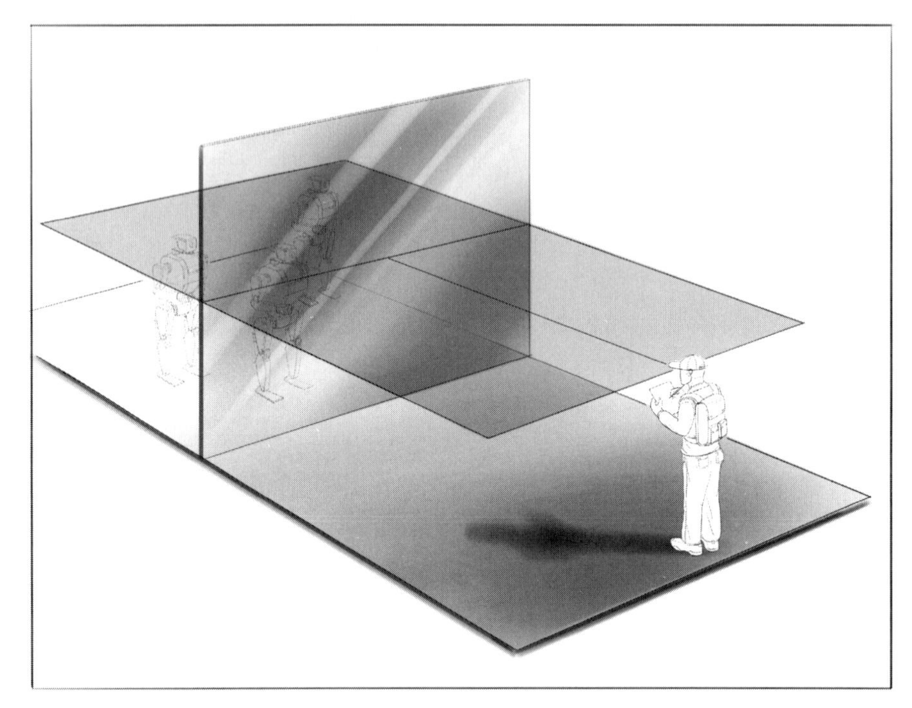

图 3-4

图 3-5

应用视高法的关键是首先确定画面中的地面视高，即画者眼睛到地面的竖直距离，再在此基础上确定其他水平基面的视高，从而确定画面中地面及不同高度水平平台上物体的竖直透视高度。

视高法以视平线为准绳，以视高为标准量进行竖直空间高度的等比例测量。在视高确定的情况下，我们就可以根据物体实际大小和视高的比例关系来确定透视空间中物体的竖直高度。如图 3-7 所示，视高为 1 人高，三根竖直放置在地面上的棍杆距离画面远近不同，高度不同。三棍杆都是垂直于地面的原线，不发生透视汇聚与缩减，竖直方向的比例是可测的。

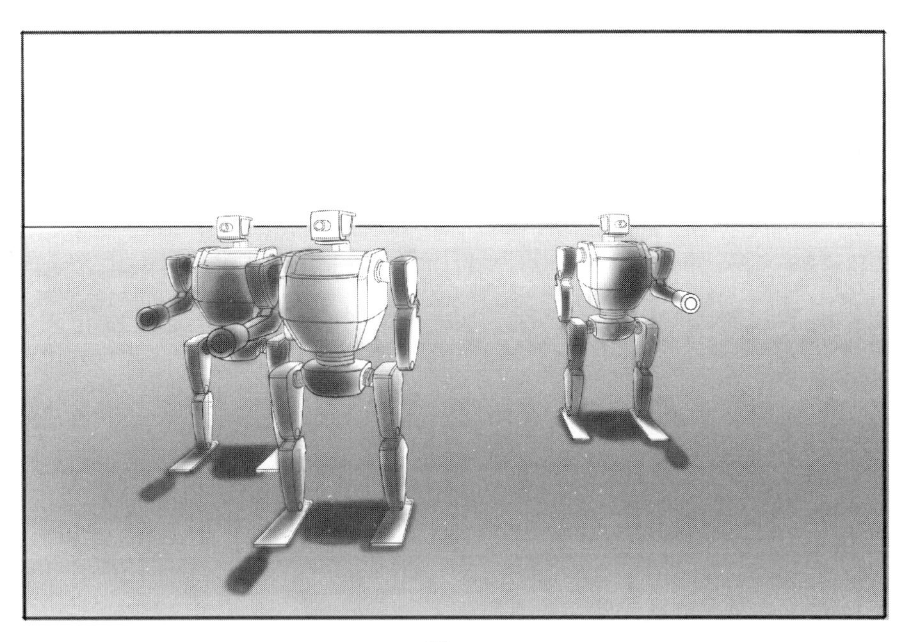

图 3-6

B 离画面最近，A 居中，C 最远。A 棍高 1 人高，顶端刚好与地平线齐平。B 棍为 1/2 人高，棍杆顶端达不到视平线位置，在棍杆立足点到视平线 1/2 高的位置。棍杆 C 为 2 倍人高，在透视空间中，视平线刚好卡在它高度的 1/2 处。由此可见，在视高法中，视高作为 1 倍量，以地面到视平线的竖直线段高度来标注，物体的透视高度根据与视高的比例相应进行计算即可。物体高度小于 1 倍视高，则物体最高点在视平线以下，大于 1 倍视高则最高点在视平线以上，刚好为 1 倍视高，则高点与视平线平齐。

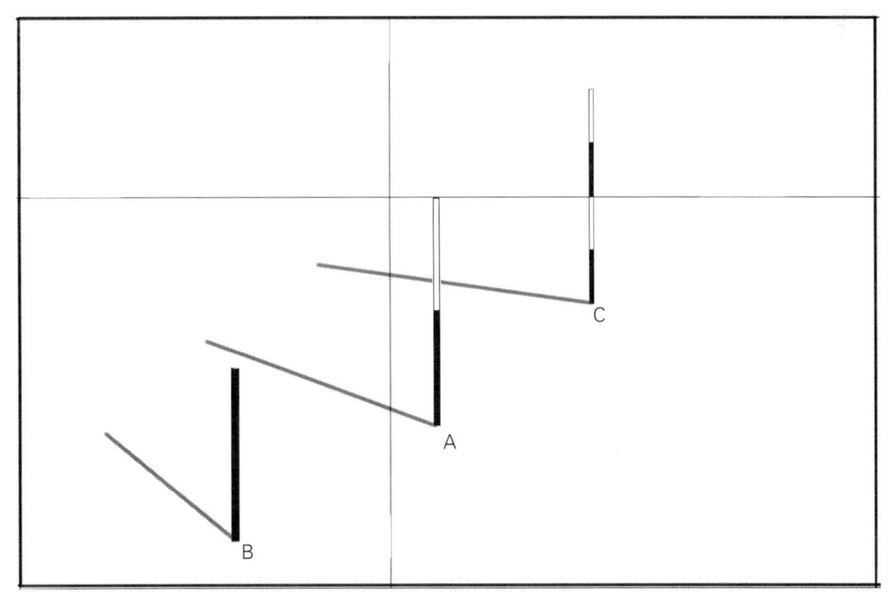

图 3-7

图 3-8 是根据视高法绘制的街景透视图，图中视高为 1 人高，假定场景中所有在地面上的成人直立时都是一人高，无论距离画面远近，眼睛的高度都在视平线上。两轮摩托的车把高度为 3/4 人高，三轮跨子车的车把高度为 2/3 人高，有轨电车的车高为 5/3 倍人高，两侧建筑的单层高度为 2 倍人高左右。画面中的物体和人物远近不同，大小体量不同，根据视高法，透视图准确画出了它们应该具有的准确透视高度。

图 3-8

2. 不同基面上物体高度的确定

视高法的核心思想是平行平面之间所截得的平行线段等长。视平线到地面的竖直高度称为视高，其本质是视平面与地平面这组平行平面间所截得的竖直线段，所以并不神秘。那么我们就可以把视高法理论扩展到任意高度的水平面。首先，所有水平面的灭线都是地平线，等高的平面上的各个点到地平线的透视高度是一样的。

如图 3-9 所示，A 平面为深 1/2 人高的水平坑面，我们可以把 A 面看做与地面平行，低于地面 1/2 人高的无限平面中的一部分，它的灭线也是地平线，A 面所在的平面与视平面间的距离是 3/2 倍人高，即 A 面的视高是 3/2 倍人高，A 面上任何一点到视平线的竖直距离都是 3/2 倍人高。立足于 A 面上所有物体的高度，都按此比例来计算，从而得出 A 面上不同高度的物体与视平线的位置关系。B 面是高度为 1/2 人高的平台的顶面，同样是与地面平行的平面，根据同样原理得出，B 面上任意点到视平线的竖直距离是 1/2 人高，因此，B 面上站立的人身高一半的位置“卡”在地平线上，我们称 B 面的视高是 1/2 倍人高。B 面上所有物体的高度都按这个比例来计算。C 面是在视平面以上的平面，仍然平行于地面，地平线同样是它的灭线。它所在的高台的高度是 1.5 倍人高，即 C 面距离地面的高度是 3/2 倍人高，因此，C 面所在的高台的 2/3 处与视平线平齐，高出视平线的部分为 1/2 人高，因此，C 面上任意一点到视平线的竖直距离是 1/2 人高。由于 C 面高于视平线，因此 C 面的视高是向下量取的。要画 C 面上任意一点的物体高度则在 C 面任意一点向地平线引竖线，交得的线段长度代表该点位置 1/2 人高的透视高度，随后在该点反向向上的延长线上按比例截取所需要的长度就可以了。通过以上三个不同高度的平面的视高应用，我们了解到同一幅画中，视高是与基面一一对应的，不同高度的基面的视高是不相同的，即同一幅画可以具有多个视高。

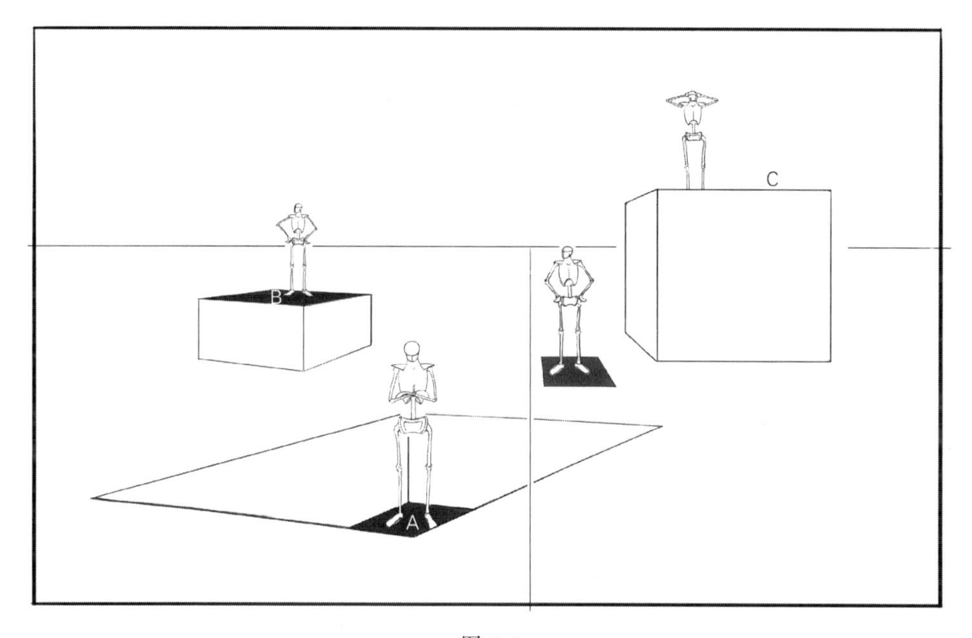

图 3-9

3. 斜面上的视高法

确定斜面上的物体高度，同样可以采用视高法。如果水平面上的视高可以理解成在透视图中，水平面上任意一点到地平线（水平面灭线）的竖直线段长度，那么套用水平面视高法的原理来分析，斜面视高就是透视图中，斜面上任意一点到斜面灭线的竖直距离。斜面上的视高法以斜面的灭线为标尺，斜面其实并没有什么神奇之处，我们可以想象眼前的地面形成了坡面，可以是上斜坡或者下斜坡，那么原来的地平线作为灭线就不适用于斜面了，因此要改为用斜面的灭线来代替。除了基面由平变斜，灭线由地平线变斜面灭线外，其他原理仍然遵从视高法原则。图 3-10 中的 A 是斜面视高研究的侧视图，a 线段的高度就是水平地面的视高，即一人高。b 线段的长度为上斜面视高，c 线段的长度为下斜面视高。通过测量我们得出，b 线段长度是 a 线段长度的 2 倍，因此上斜面的视高是 2 倍人高，c 线段长度是 a 线段的 1/3，因此下斜面的视高就是 1/3 人高。图 3-10 的 B 图是画者所看到的透视图，各个基面上的视高就是基面上任意一点到基面灭线的竖直距离。在确定了上斜面和下斜面的灭线位置后，我们得出，c 和 c′两条线段的透视高度是 1/3 倍人高，b 和 b′两条线段的透视高度是 2 倍人高。

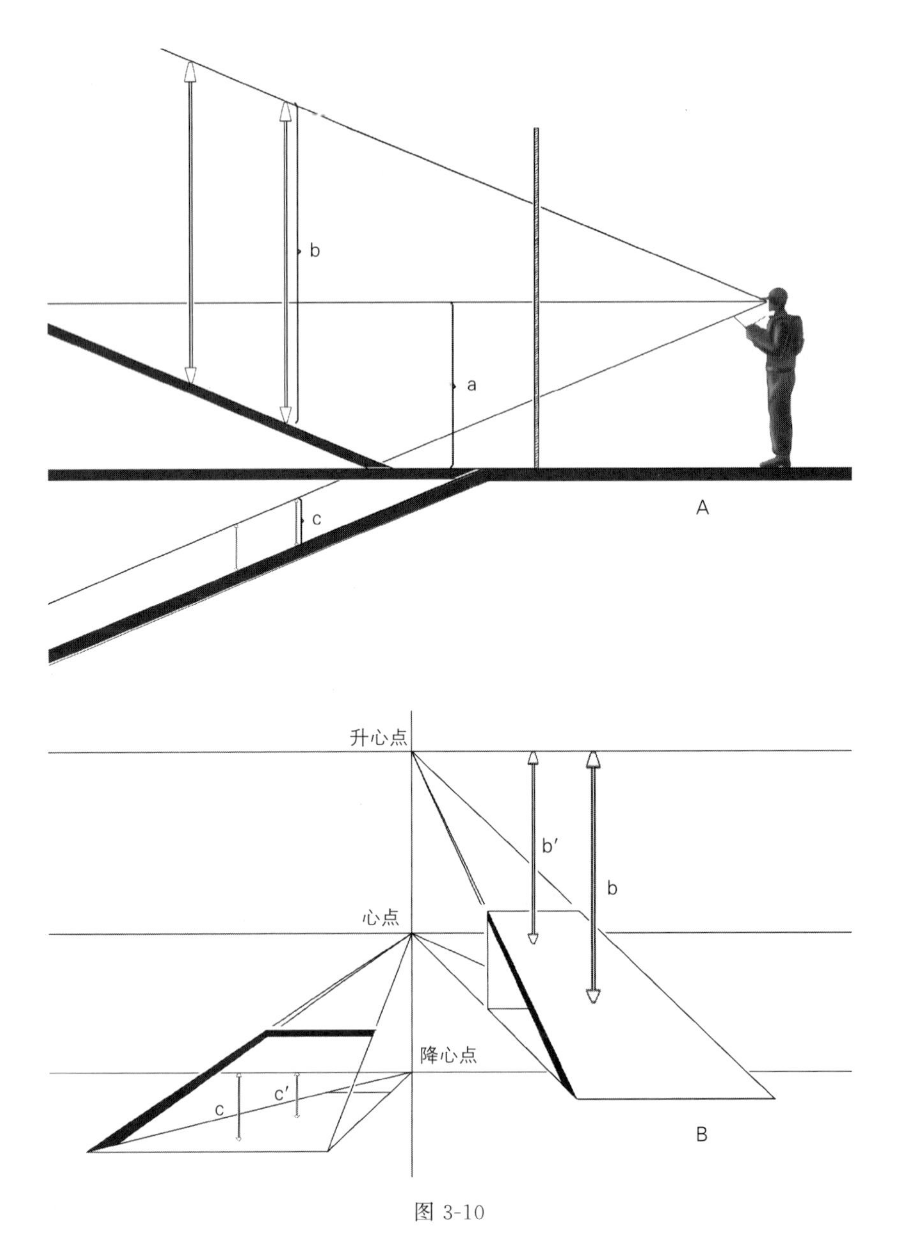

图 3-10

下面通过一张综合图例来展示如何运用视高法来确定场景中不同位置人物的透视高度。

图 3-11 是一个标准的平视透视场景，由高低不同的水平面和朝向不同的倾斜面组成，各面上都有等高的人物。通过视高法，我们来确定透视图中不同位置的人物的正确高度。A 面和 C 面为水平面，A 面低，C 面高。B 面和 D 面为倾斜面。地平线是平面 A 面和 C 面的灭线，也是它们的视高准绳。斜面 B 的灭线是过心点的直线 L，斜面 D 的灭线是过心点垂线上的升点 d，并与地平线平行的直线 P。

下面我们来逐一分析各个面的视高。首先，以 A 面为基面，给定一个基本视高，这个视高由画者根据实际作图需要来合理确定。例如我们可以将 A 面视高设定为 2 倍人高（视高可高可低，不一定总是 1 倍人高，例如，画者站在 1 人高的平台上平视，那么他所绘制的透视图的地面视高就是 2 倍人高）。则 A 面上任何一点到地平线的竖直高度为 2 倍人高，我

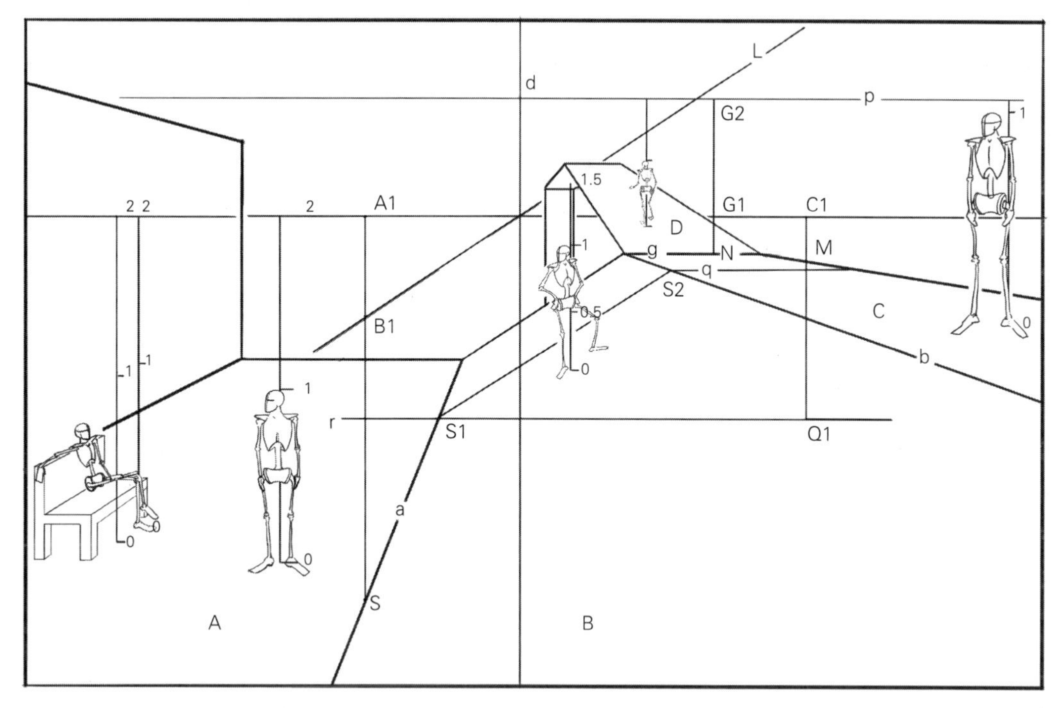

图 3-11

们要在 A 面上画 1 人高的物体或人物就应该截取 A 面到地平线竖直距离的一半就可以了，画 1/2 人高的长椅则截取这段长度的 1/4 即可。B 面为斜面，通过 A 面的辅助可以得到 B 面的视高。B 面与 A 面的交线为 a，a 既属于平面 A，也属于斜面 B，它为我们研究 B 面上的视高起到了桥梁的作用。首先将 a 仅看做平面 A 上的直线，那么取 a 上任意一点 S 向地平线引竖直线，交地平线于 A1，长度为 2 倍人高。这条线段与 B 面的灭线 L 相交于 B1 点。SB1 的长度为 SA1 的 3/4，为 1.5 倍人高。当我们把交线 a 仅仅看做斜面 B 上的直线时，SB1 则是 B 上任意一点到 B 的灭线的竖直距离，即斜面 B 的视高，我们刚刚又得出了它的高度是 1.5 倍人高，于是斜面 B 的视高就是 1.5 倍人高。B 面上任意一点引向其灭线 L 的竖直线段的高度都是 1.5 倍人高。

斜面 D 上的视高同样可以利用 D 面和 C 面的交线和 C 面的视高得出。首先要得到 C 面的视高。在 A 面任一点 r 做水平线交 a 于 S1，自 S1 做 B 面灭线 L 的平行线交 b 于 S2（b 是平面 C 与斜面 B 的交线）。自 S2 做水平线 q，则 r、S1、S2、q 在同一个竖立面上，离画面距离相等。过 q 上任意一点 M 做竖直线，向上与地平线交于 C1，向下与直线 r 交于 Q1，则 Q1、C1 为平面 A 的视高（2 人高），MC1 为平面 C 的视高，通过测量线段 MC1 与 Q1C1 的比值，我们得到 MC1 的长度是半人高，至此，得到 C 面的视高是半人高。C 面上任意一点到视平线的竖直距离是半人高。

有了 C 面的视高，就可以按求 B 面视高的方法求斜面 D 上的视高了。首先找到平面 C 与斜面 D 的交线 g，自 g 上任意点 N 向上引直线交地平线与于 G1，交斜面 D 的灭线 P 于 G2，则 NG1 为 C 面视高（1/2 倍人高），NG2 为 D 面视高，经过测量得到 NG2 的长度是 NG1 长度的 4 倍，于是斜面 D 上的视高为 2 倍人高。斜面 D 上任意一点到灭线 P 的竖直距离都是 2 倍人高，画 D 面上的人则取这段竖直距离的 1/2 即可，其他高度的物体也按此比例进行计算即可。图 3-12 是根据视高法绘制的场景，大家可以分析各平面和斜面的视高。

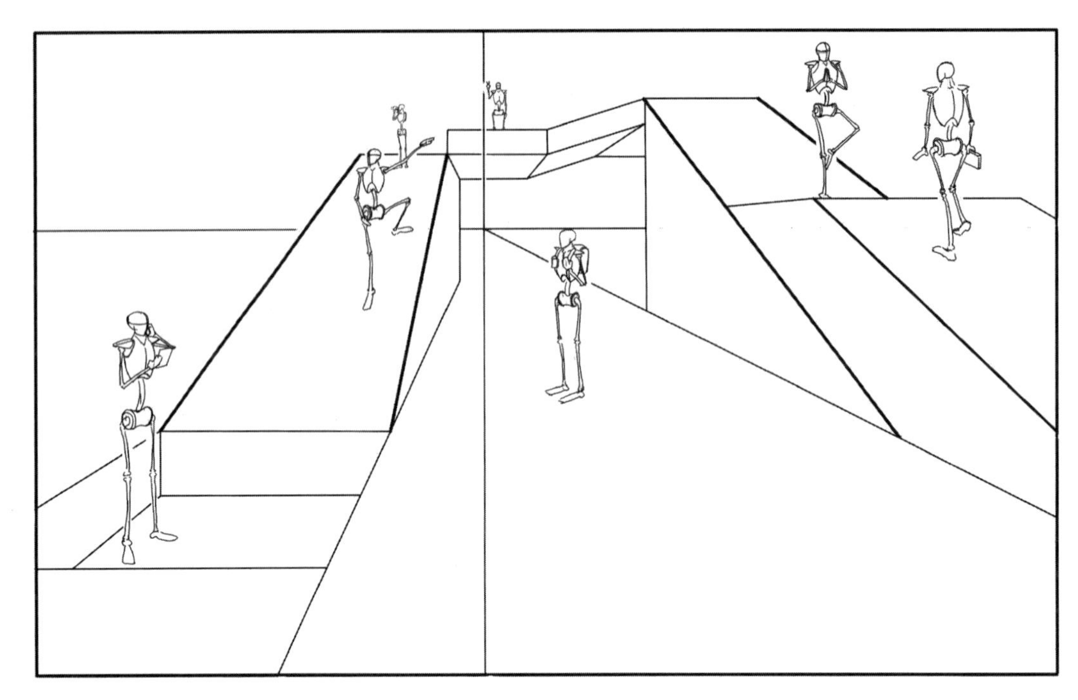

图 3-12

图 3-13 是一个典型的平行透视场景图例，展现机器人世界的火车月台景象。视高为 1 人高，场景中的设施、车辆、人物的透视高度都是通过视高法来确定的。

图 3-13

第二节　透视缩尺法

1. 透视缩尺法基本原理

透视缩尺法是另一种寻求透视空间物体远近大小的方法，同视高法在本质上具有类似的理论基础。视高法利用的是相互平行的平面间截得的平行线段等长的原理，而透视缩尺法则是利用平行线间截得的平行线段等长的原理，可见“平行等分”是它们共同的理论基础。不同的是，一个是从平行面的角度考虑，一个是从平行线的角度考虑。

如图 3-14 所示，A 图为透视图标杆 a 竖直立于画面中，自标杆的杆顶 C 和杆足 A 分别引直线到心点 O，则 OA 与 OC 为相互平行的一组直线。那么在直线 OA 上竖直放置等长的标杆 b、c、d，这些标杆的顶端都会卡在直线 OC 上，图 3-14 中 B 是图 A 的侧视图，我们可以看到 OA 与 OC 是平行关系，因此它们之间截得的竖直线段是相等的。在画成排的路灯的时候，透视缩尺法是很好的方法。

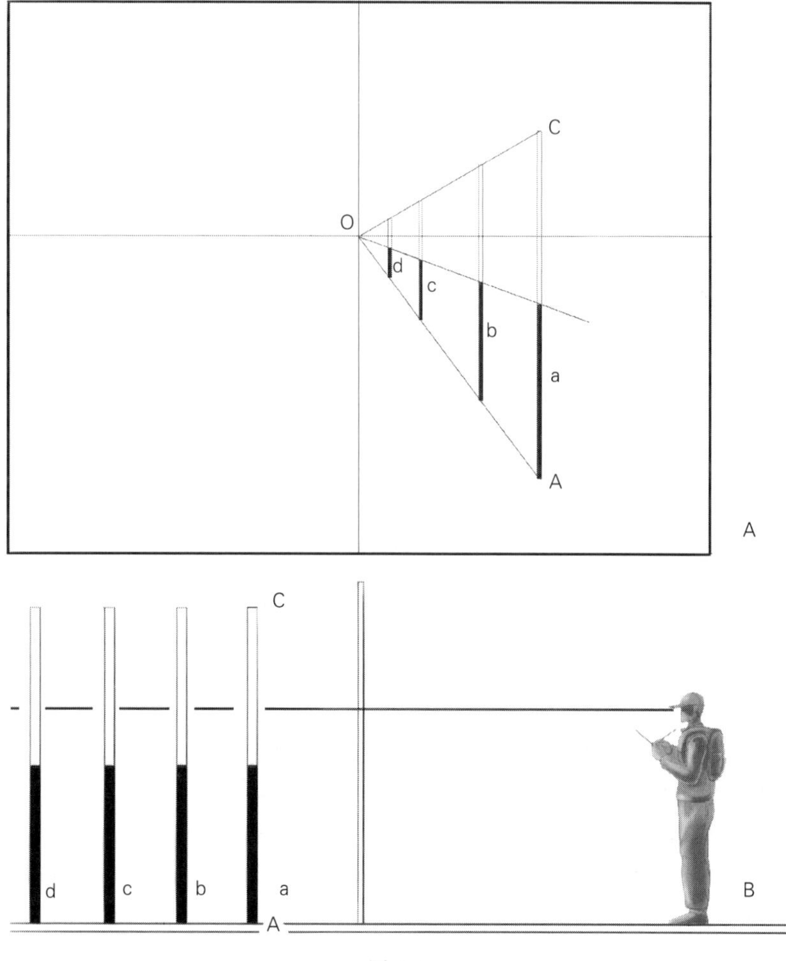

图 3-14

透视缩尺法的应用范围和方法相对灵活。在已知一个参照物的情况下，可以确定在透视空间中与其平行等大的物体的大小。如图 3-15 所示，线段 AB、CD、EF 都是平行于画面的原线，其中 EF 是放于地面上的水平原线，AB 和 CD 是悬浮于空中的倾斜原线。那么连接 OE、OF，得到两条指向心点的平行线，在 OE 和 OF 之间截得的所有平行于 EF 的线段都相等，随着距离画面越来越远，它们看上去渐渐缩短。同样原理，OA 和 OB 间所截得的平行于 AB 的线段都相等。OC 和 OD 间截得的平行于 CD 的线段都相等。既然透视缩尺法强调的是空间中的一组平行线对所截另外一组平行线段进行等分，那么这里所提的平行线就不限于汇聚向心点，而是在任何方向的平行线都适用于透视缩尺法。如线段 MN 是地面上任意放置的线段，与地面平行，但与画面不平行。自 M 点和 N 点向视平线上任意一点 P 引线，则 MP 与 NP 平行（透视空间中汇聚向同一灭点的线相互平行），那么在 MP 与 NP 之间所截得的平行线段的长度相等。MP 与 NP 间截得的所有与 MN 平行的线段都相等且和 MN 等长。此外，透视缩尺法还可以应用于以升点或降点为灭点的平行线。如图 3-16 所示，a 和 b 是放在地面上的方向不同的两根棍杆，分别从它们的端点向左右升点引线段，则汇聚向同一升点的两根线为平行关系，平行线间截得的平行杆的长度相等。棍杆 c 与 b 平行且相等，自 c 的两个端点向同一降点引线段，则两线段为平行线，它们之间的平行棍杆长度相等。

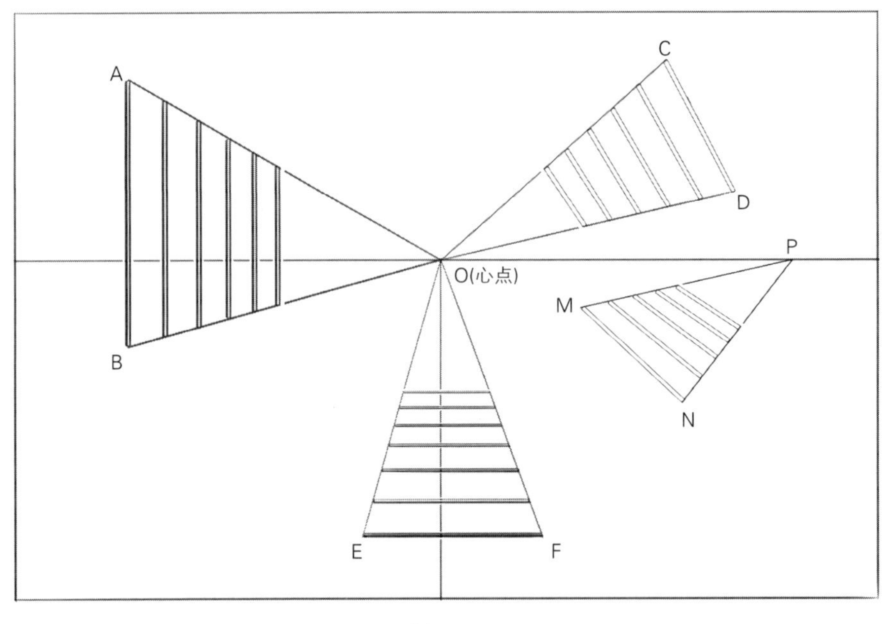

图 3-15

通过以上几种透视缩尺法的应用场景，我们可以将其具体方法的使用归纳为以下几个步骤：首先确定构建透视缩尺平行线的初始线段，它可以是原线，也可以是变线；其次，以线段的两个端点为起点，向共同的灭点引直线，灭点的位置根据作图的便利性确定，可以是心点，也可以是其他位置的灭点；最后根据需要，在两条平行线之间画初始线段的平行线，只要保证这些线段和初始线段有共同的灭点就能保证与初始线段平行（如果初始线段是原线，没有灭点，那么就直接做它的平行线就可以了）。

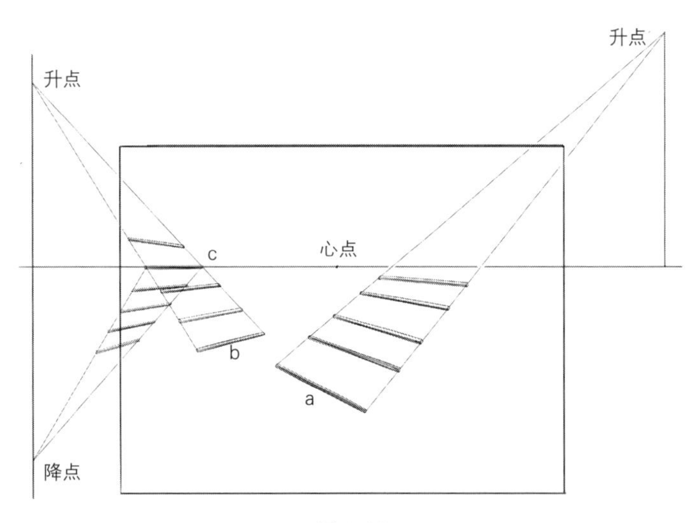

图 3-16

一段原线线段与画面的距离不发生变化，仅仅是在水平位置和竖直位置发生变化，那么它将保持原有的线段长度，不发生透视缩减。我们通常把该理论与透视缩尺法结合使用，以便确定透视空间中和画面距离相同但位置不同的物体的大小。原线的“等距等大”特点可以理解成原线处在一个与画面平行的平面上，于是这个平面上任何一点到画面的距离是相等的，即“等距”。那么这个平面上的一段原线线段无论在什么位置，无论它的朝向如何，在透视图中，都是等大的。如图 3-17 所示，线段 CD 与线段 EF 都是原线且等长，分别是竖直原线和水平原线，且与画面的距离相等，则它们的透视图 C′D′与 E′F′等长。线段 AB 与 GH 是等长原线，线段 AB 倾斜，线段 GH 竖直，它们的透视图分别是 A′B′和 G′H′，分别呈倾斜和竖直状态且等长。

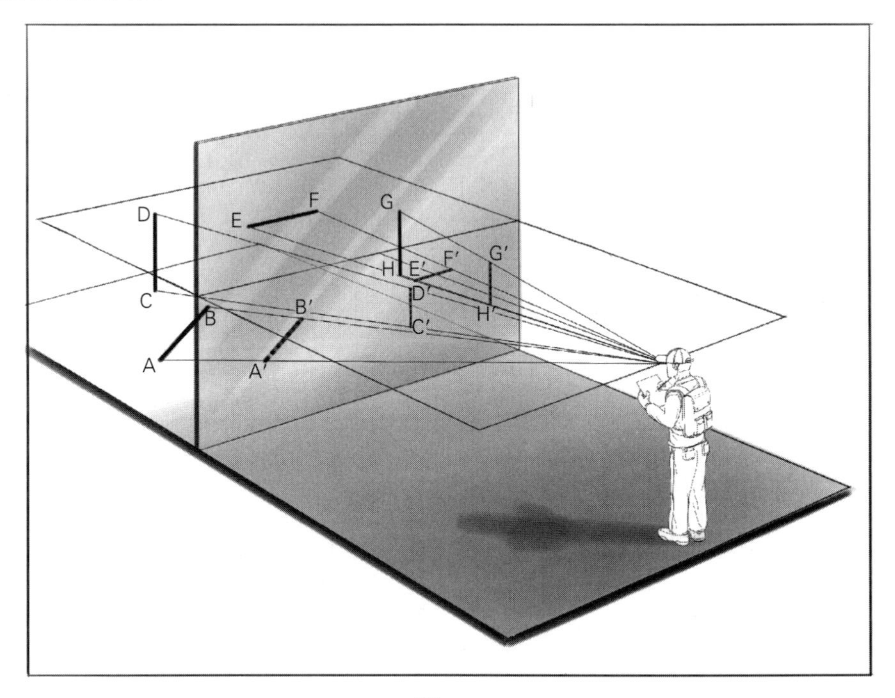

图 3-17

下面我们以图 3-18 为例，通过三角几何关系来简单证明一下原线“等距等大”原理。图 3-18 中，线段 AB 与线段 CD 等长，且是距离画面相等的原线线段。A′B′和 C′D′分别是线段 AB 和 CD 的透视长度，只要证明 A′B′等于 C′D′就能证明“等距等大”原理了。目点位置设为 P，连接 AP 和 BP 交画面于 A′和 B′点。连接 CP、DP 交画面于 C′、D′，那么，A′B′与 C′D′就分别是线段 AB 与 CD 在画面上的成像。△ABP 与△CDP 面积相等，△C′D′P 与△A′B′P 的面积相等，因此，梯形 ABA′B′与 CDC′D′面积相等，由于 AB=CD，因此，A′B′=C′D′，由此可以证明线段 AB 只要保持原线状态且距离画面的距离一定，那么无论它的朝向如何，位置如何，它在画面上的投影长度都是一致的。

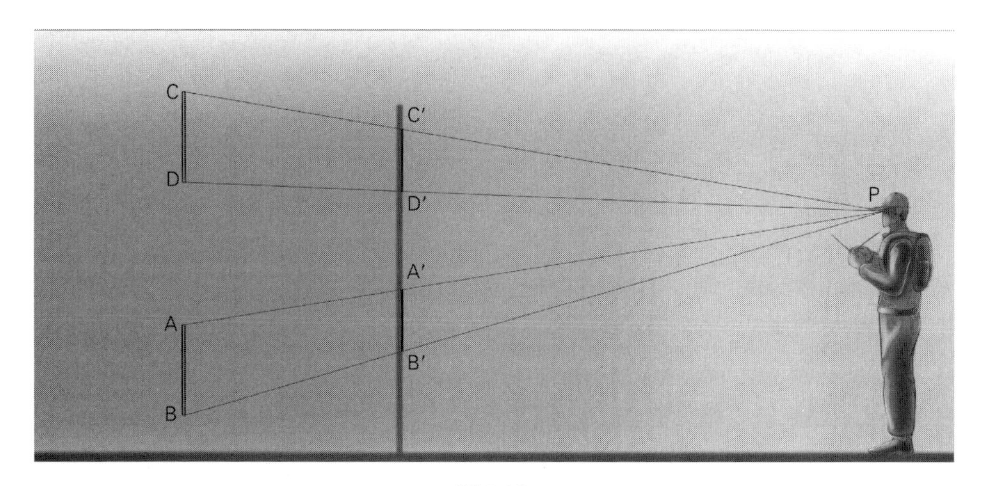

图 3-18

如图 3-19 所示的同一型号的汽车避震器，挂在垂直于地面、平行于画面的平面金属挂

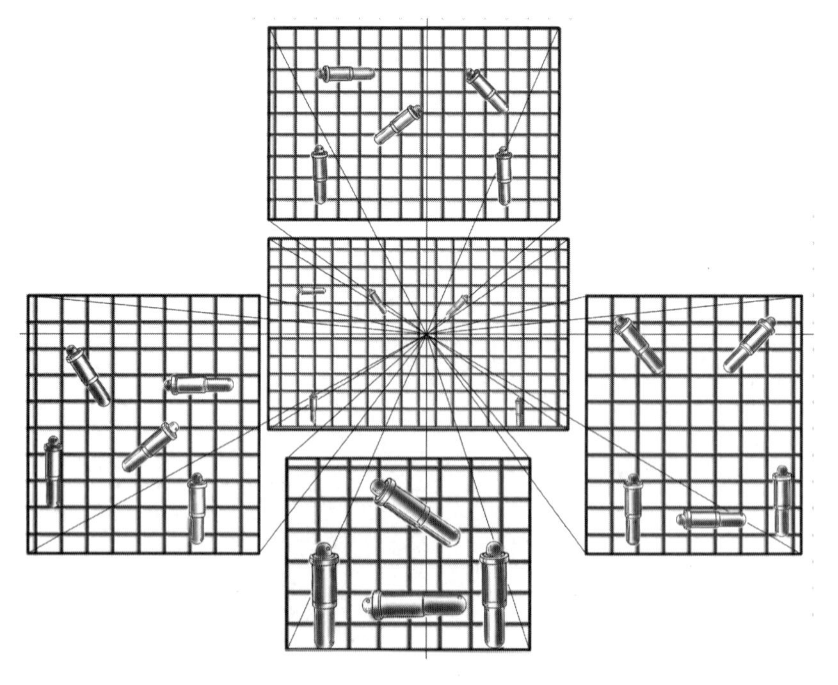

图 3-19

网上，近处网格上的避震器显得大，远处网格上的显得小。同一网格上避震器无论朝向如何，大小都是相等的。五块工具挂网都垂直于地面、平行于画面。挂网上的避震器相当于平面上的原线线段。画面中所有的避震器的型号都是一样的。由于远近不同，造成距离画面近的看上去大些，距离画面远的看上去小些。但在同一挂网上的避震器，无论其方向和姿态如何，透视长度都是相同的。

2. 透视缩尺法图例

图 3-20 是一个汽车改装间的场景，属于想象中的创作图，其中几处都用到了透视缩尺法，如 A 处的车轮大小就是通过近处车辆左前轮的高度确定的。B 处的车轮大小是通过 A 处车轮大小确定的。车辆左后轮的大小是通过左前轮 P 确定的。C 处车轮的大小是通过 P 处车轮分别在 E 处、F 处平移最终获得的。由 C 处车轮大小确定 D 处车轮大小。场景中，其他各处物体也是用同样的思路借助透视缩尺法表现出来的。

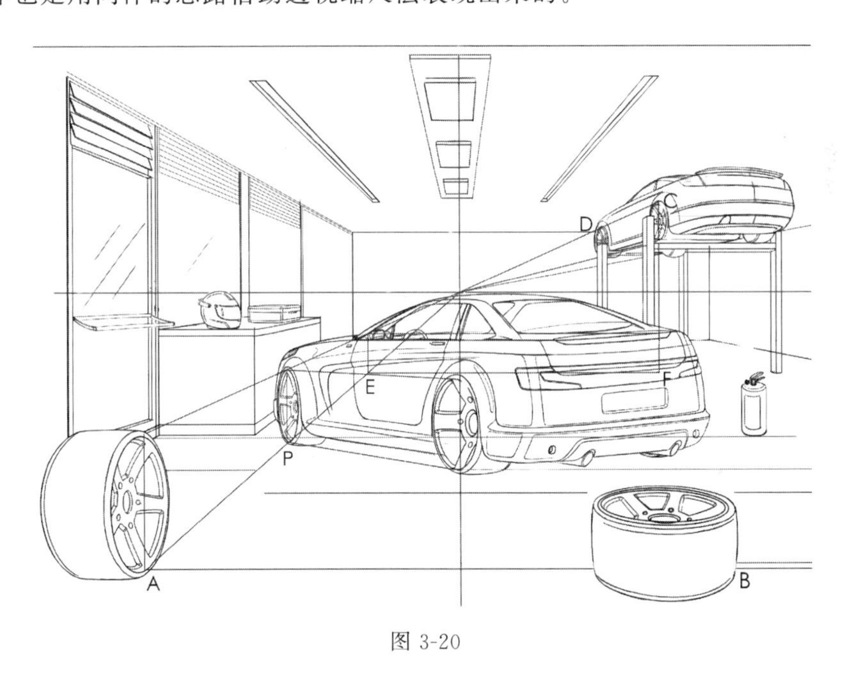

图 3-20

课后思考题及练习：

1. 思考视高法和透视缩尺法的异同点。
2. 同时运用视高法和透视缩尺法设计一个工作间场景透视图。

第四章

产品平行透视原理

第一节　什么是平行透视

1. 方体的概念

从这一章开始，我们将真正开始进入透视的世界，为了研究方便，首先引入方体的概念。我们生活中所见的物体，都是以三维形态存在的，即存在长宽高三个维度。因此，虽然不同的物体大小和形态各有不同，但都可以把它们抽象成最单纯的具有长宽高三个维度的物体——长方体（或正方体）。换句话说，可以将这个抽象的长方体理解成是刚好能够容纳下这些物体的包装盒，包装盒的长宽高刚好就是物体的长宽高，那么大千世界千姿百态的物体的透视规律都可以通过借助研究这些长方体来实现了。这将大大简化我们研究透视的过程，并且更具有代表性。在透视研究中，这些长方体统称方体，方体是研究一切物体透视的根本。

如图 4-1 所示的说唱陶俑[1]，是一个动作夸张的人物形态，在研究它的透视形态时，假定将其置于一个长宽高与其相当的方体中，通过确定方体的透视形态来确定陶俑的透视形态。同样的思路在确定 4-2 的轮胎、图 4-3 的车身和图 4-4 儿童安全座椅等不规则物体的透视时，也同样适用。假设将它们置于与自身长宽高尺寸相同的方体中，可以通过方体透视的确定间接确定产品的透视。在随后的学习中，我们还将根据产品细节的比例关系，将相应方体进行比例划分，从而画出细节比例正确的产品透视图。

2. 方体的属性

我们知道长方体有 12 条棱、6 个面，其中 12 条棱按不同朝向被分成三组，每组 4 条平

[1] 是中国古代表演滑稽戏的俳优造型。它的特点是诙谐、幽默，多为一人说唱，以小鼓击节伴奏。击鼓说唱俑以写实主义的手法刻画出一位正在进行说唱表演的艺人形象，反映出东汉时期塑造艺术的高度成就，具有很高的艺术价值。

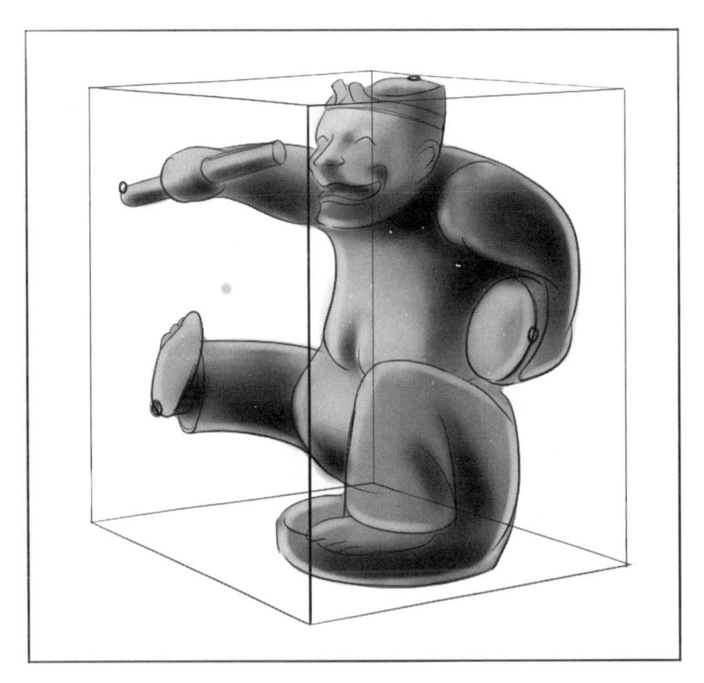

图 4-1

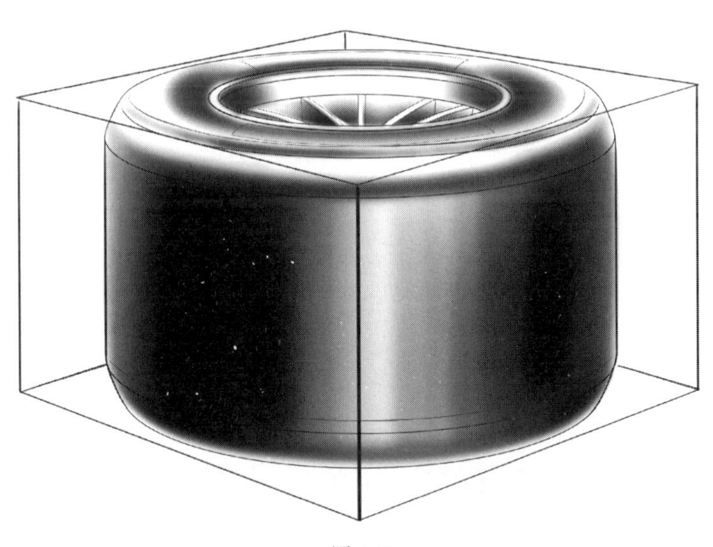

图 4-2

图 4-3

行线，面被分成三组，每组两个平行平面。如图 4-5 所示的图中，4 条实线棱是一组平行线，4 条双细线棱是一组平行线，4 条单线棱是一组平行线。图 4-6 是将方体的面与棱分解后的“爆炸图”，可以更明确地展现它们的关系。

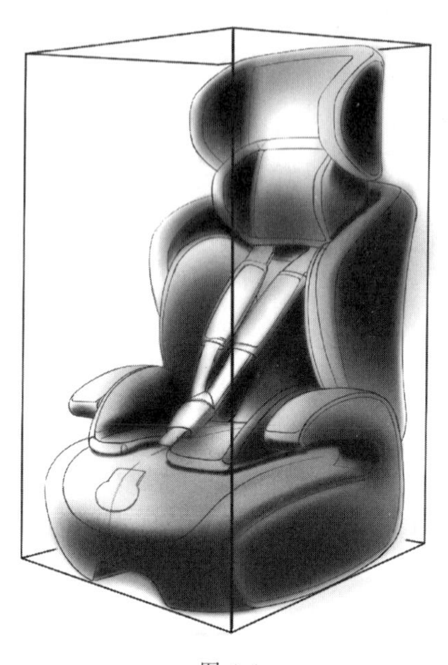

图 4-4

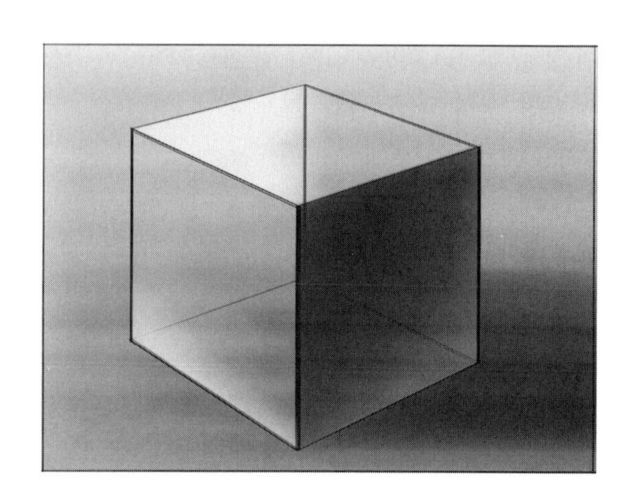

图 4-5

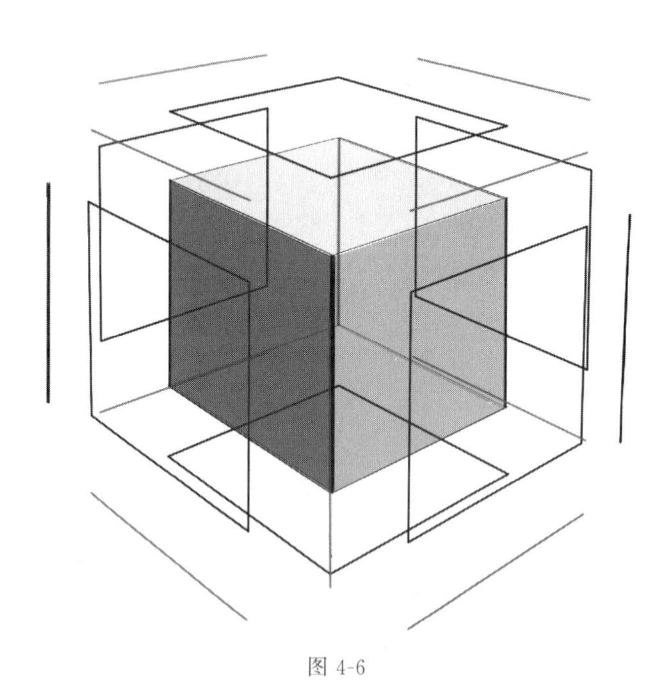

图 4-6

那么平行透视就是我们研究长方体透视时首先遇到的一种情况，也是最简单的一种透视形式。当长方体被如图 4-7 所示摆放的时候，有一组面（A 面以及和 A 面平行的面）与画面平行。三组棱中，一组棱呈水平状态，另一组棱呈垂直状态，第三组棱与画面垂直，那么我们就说这个长方体在画面中的透视状态是平行透视。平行透视的字面意思来自于方体有一组面与画面平行，透视空间中凡是满足这一特征的方体都属于平行透视状态。平行透视给人的最直观的印象是“正”。三组边中，只有垂直于画面的一组边发生透视汇聚，且灭点是心点。其余两组边各自保持自己原有方向，分别保持水平方向和垂直方向，不发生汇聚（原线）。图 4-8 是方体透视的画面。

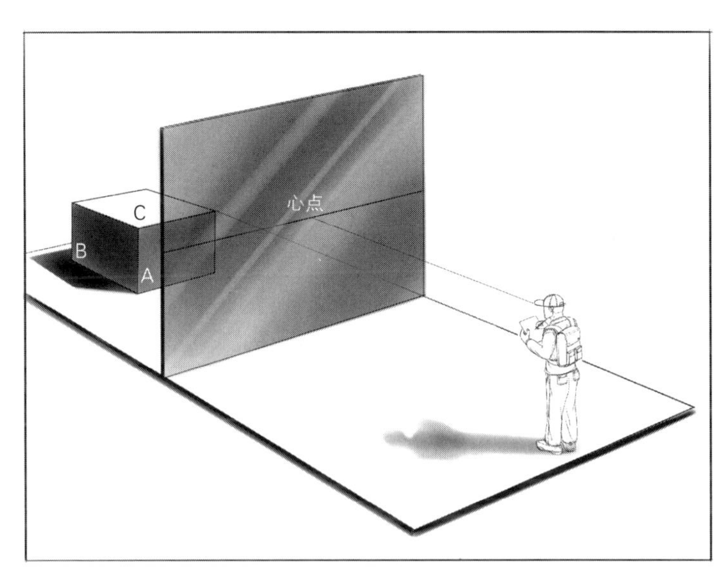

图 4-7

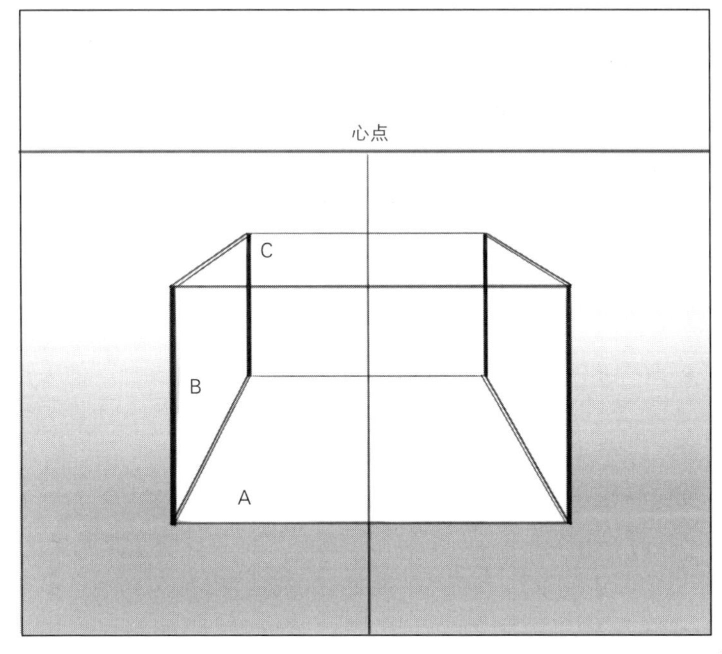

图 4-8

第二节 平行透视的属性

1. 平行透视灭点属性

处于平行透视状态的方体有两组棱分别为垂直原线和水平原线，即与画面平行的一组面的长和宽，这两组棱在画面中不发生透视变化，水平线仍然保持水平，垂直线仍然保持垂直，不发生汇聚，没有灭点。另外一组棱垂直于画面，是与画面呈 90 度的平变线，它们在画面透视中同时汇聚向共同的灭点——心点。所以心点是平行透视状态下，长方体的唯一灭点。因此，平行透视也被称作“一点透视”，即只有一个灭点的透视，和随后要学习的“两点透视”和“三点透视”相对应。图 4-9 是典型的一点透视下的产品展示。赛车整体造型只有一个灭点即心点。平行透视状态下的赛车看上去端正、平稳。这也是平行透视展示物体的主要特点。

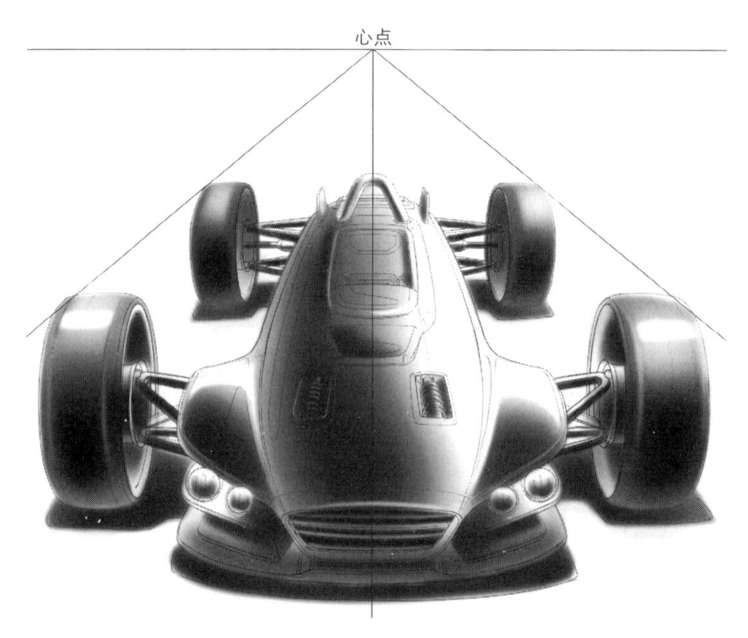

图 4-9

平行透视中，方体只有一组棱是变线，且垂直于画面，具有唯一的灭点即心点。心点在正常视域的中心，是画者中视线与画面相交的点。这个点也是观者注意力集中的点，是画面真正的“C 位”。在平行透视中，垂直画面的平变线会把我们的目光引向心点，因此在进行画面裁切的时候，尽量不要把心点裁切到画面之外，那样会使观者寻心点而不得，使画面失去平衡感。如图 4-10 的 A 图所示。卡车为平行透视，纵深方向指向心点，心点在右侧画面以外，观者会不自觉地顺着路面、车身等平变线去寻找心点以达到视觉平衡。但心点被裁切到画面以外了，整幅画看上去就不稳定且不完整。所以我们在处理平行透视图面的时候，尽量不要把心点裁切到画面以外。图 4-10 中的 B 图中，将心点留在画面中，使画面获得了平衡。

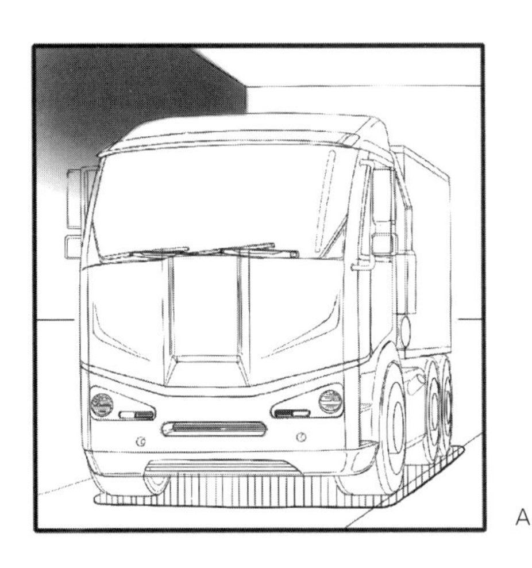

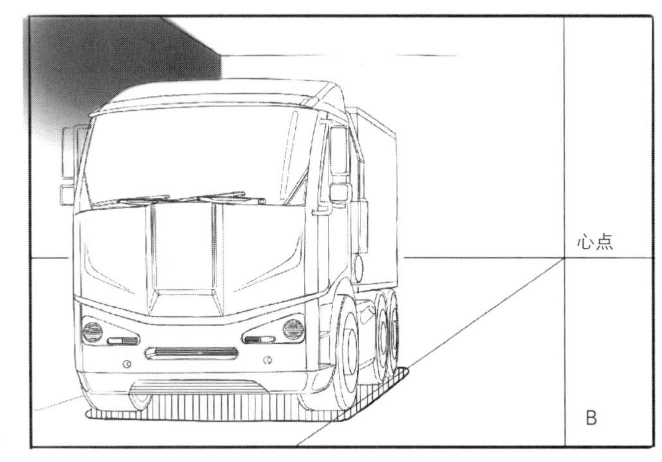

图 4-10

2. 平行透视灭线属性

平行透视长方体的三组面中，有一组是平行于画面的，没有灭线，另外一组平面平行于视平面并垂直于画面，它们的共同灭线是视平线，第三组平面是垂直于视平面并垂直于画面，它们的共同灭线是过心点的垂线，如图 4-11 所示。

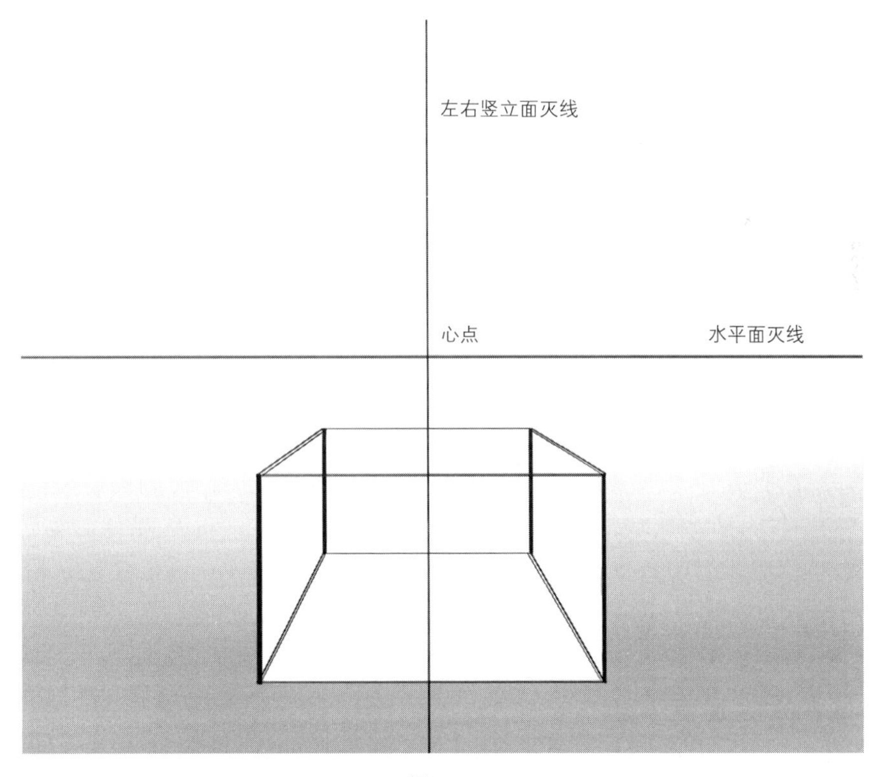

图 4-11

透视空间中灭线是划分平行平面位置关系和透视缩减的重要依据。平行透视的方体共有两条相互垂直的灭线，这两条灭线将画面分成四个区域，类似于平面坐标系中的四象限。根据前章学过的灭线分割平行平面的原理，分别位于四个象限中的平行透视方体都能看到三个面。即位于第一象限中的长方体，我们能看到它的正面、底面和左侧面；位于第二象限中的长方体，我们能看到它的正面、底面和右侧面；位于第三象限中的长方体，我们能看到它的正面、顶面和右侧面；位于第四象限中的长方体，我们能看到它的正面、顶面和左侧面；方体跨越水平灭线或垂直灭线时，仅能看到两个面，或者正面和侧面，或者正面与顶面，或者正面与底面；背面在各种情况下都不能被看到，位于两条灭线相交位置的平行透视长方体仅可以看到一个面——正面，如图 4-12 所示。

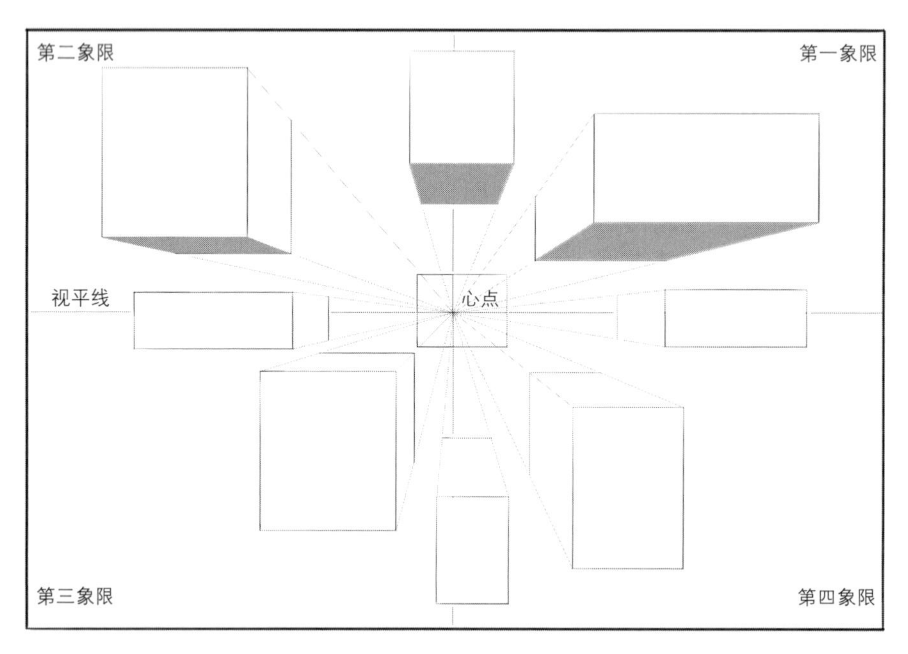

图 4-12

从平行透视方体的透视特点我们可以发现，它有很好的规整性和稳定的布局，在进行爆炸图的绘制时，选择平行透视的视图布局，可以更好地展现产品的结构及部件间的位置关系。如图 4-13 就是以平行透视绘制的充电式电动扳手的爆炸图。机身主图位于画面中心，左右对称。机壳位于机身两侧，等距放置，内部零件在相应位置左右平移出机身。机身上防滑尼龙条沿水平方向向前移动。整个画面由外到内全方位展示充电式电动扳手造型和构造及内部部件组成。在进行类似产品爆炸图展示或分解展示时，平行透视的画面布局是不错的选择。

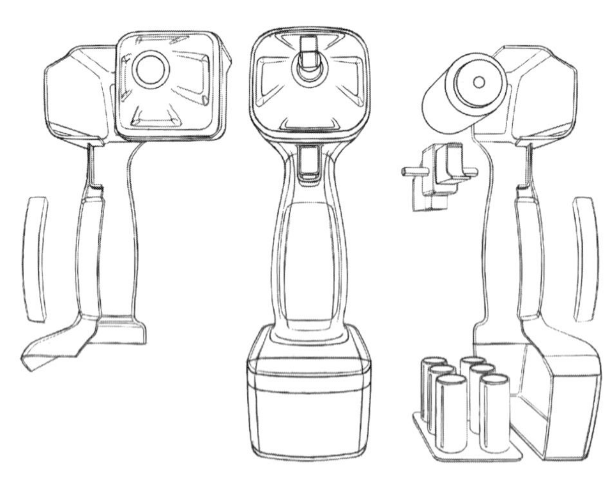

图 4-13

第三节 利用距点法确定平行透视深度

1. 距点法原理

在本书的开头，我们就讲过，透视要解决的两个核心问题分别是平行汇聚和透视缩减。平行透视也不例外，包括随后要学习的余角透视、斜面透视、俯视和仰视等都会围绕这两个核心问题进行研究。平行透视方体的灭点与灭线就是在研究线与面的平行汇聚问题。本节我们开始研究平行透视的透视缩减问题，即如何确定发生透视汇聚的线段的透视深度。

在平行透视方体中，与画面垂直的一组棱在透视图中发生了透视缩减现象，这时，在透视图中就不能用直接量取的方式来确定其透视长度。而要通过间接的方式来测得。于是“距点”的概念应运而生。图 4-14 是方体在平行透视情况下的场景演示图，图中标注了两个距点的位置。可以看到，距点是视平线上两个特殊位置的点，它位于心点两侧，左右各一个。两个距点离心点的距离相等，是心点到目点的距离。目点、心点和左右两个距点形成左右两个等腰直角三角形。图 4-15 是在透视视平面旋转 90 度后的图面中进行的距点位置的确定。此视图是顶视图与正面视图的叠加，可以帮助我们完成所需的数据测量和标注（前面章节有介绍过具体原理和方法）。图 4-16 是方体平行透视场景的顶视图，从该图中可以清楚地看到目点、心点、距点形成的等腰直角三角形。

那么，距点如何帮助我们测量平行透视方体的透视纵深长度呢？

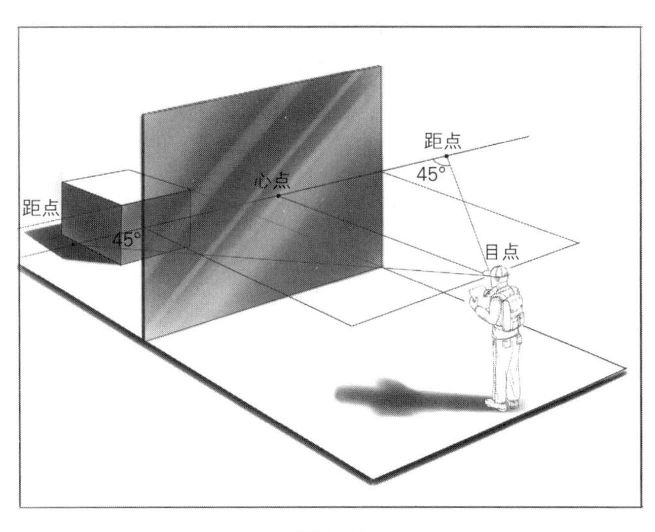

图 4-14

首先，距点是从视平线上提取的点，它必是视平面上的线的灭点，即与地面平行并与画面成一定角度的平变线的灭点。在确定直线的灭点时，在前面章节学习过，从目点做该线的平行线，线与画面的交点就是该线在画面中的灭点。如图 4-17 所示，目点和距点的连线可以理解成某条平变线的灭点寻求线，距点就是它与画面的交点，也就是所有与它平行的直线

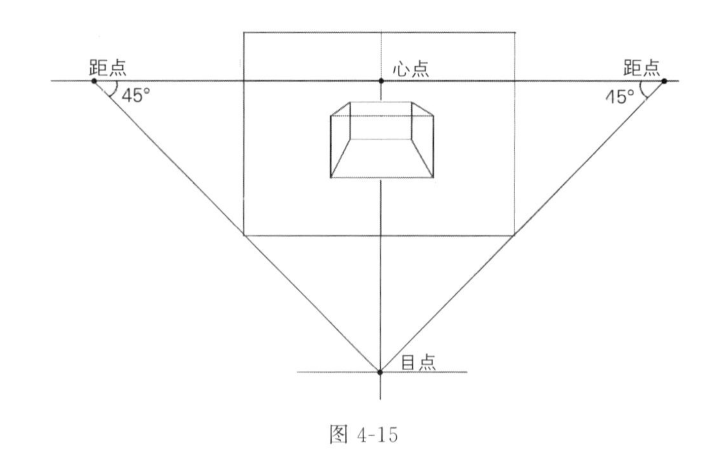

图 4-15

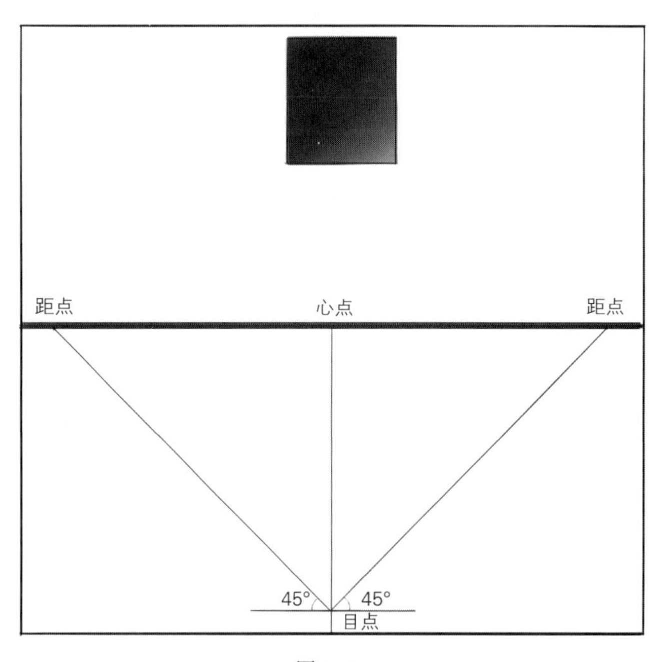

图 4-16

的灭点。这条寻求线与画面成 45 度角，与地面平行。因此，在透视画面中，所有汇聚向距点的直线，都是与画面成 45 度的平变线。在图 4-15 中向左与画面成 45 度的平变线的灭点是左距点，它们相互平行，延伸后最终在透视图中汇聚于左距点；向右与画面成 45 度角的平变线的灭点是右距点，它们也相互平行，延伸后最终在透视图中汇聚于右距点。与画面成 45 度的平变线与视平线及中视线构成等腰直角三角形，所截得的水平方向线和垂直画面方向线等长。

图 4-18 是图 4-17 所示透视图场景的顶视图，可以观察到左右两组棍杆分别是两组平行线，且与画面夹角为 45 度。我们可以利用等腰直角三角形的这一性质，在已知水平线段长度的情况下，求得纵深方向即垂直画面方向线的长度。图 4-19 是平行方体透视纵深深度测量的原理图。该图为平行透视方体系统的顶视图。OD′ 为平行透视方体与画面垂直的棱，OD 为水平标尺。自 OD 的刻度 A、B、C、D 分别引射线与水平标尺夹角是 45 度，交 OD′

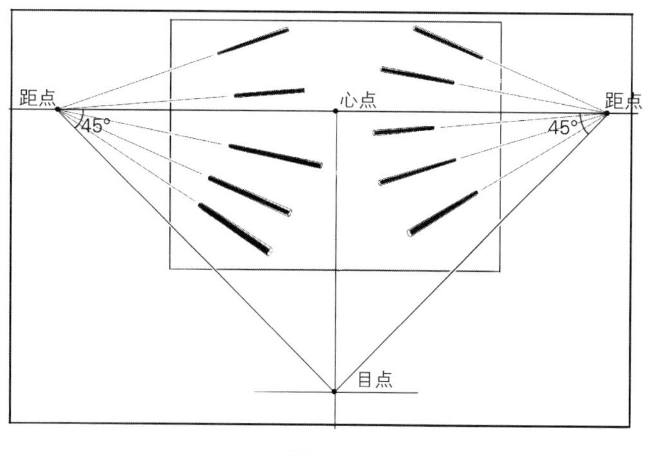

图 4-17

线段于 A′、B′、C′、D′。则 OA′、OB′、OC′、OD′的长度分别为 4、3、2、1 单位长。利用等腰直角三角形两条直角边等长的特性，我们将垂直画面的变线长度透视测量转化成了水平原线的测量，从而实现了平行透视深度的确定。距点位置的确定实际就是等腰直角三角形斜边在透视图中方向的确定。

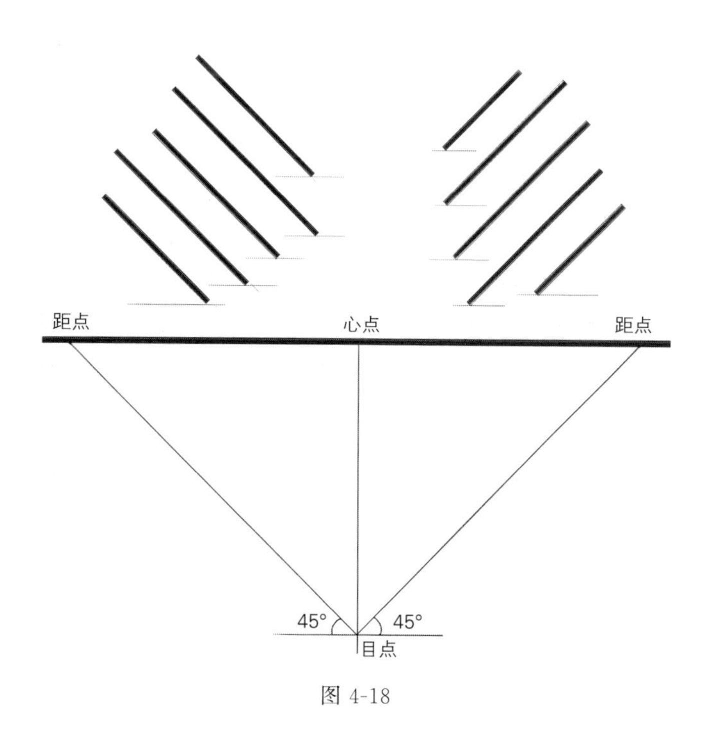

图 4-18

我们以水平线段为标尺，以水平线段和垂直画面线段的端点为坐标原点，那么在水平线上任一点连接距点都会与垂直于画面的直线相交，这条连接距点的线与水平线段呈 45 度角，那么截得的水平线段和垂直画面的线段就分别是等腰直角三角形的两条直角边，它们是相等的关系，于是用此方法就可以确定平行透视方体的纵深方向透视长度了。

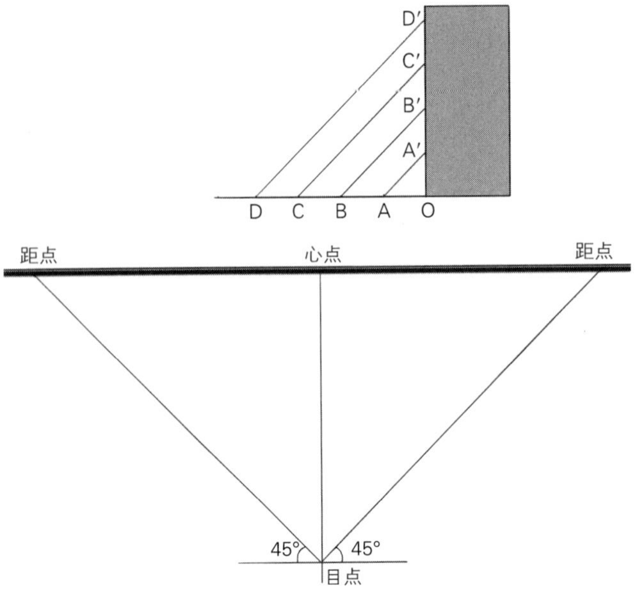

D′
C′
B′
A′
D C B A O
距点
心点
距点
45°
45°
目点

图 4-19

2. 距点法图例

下面我们通过两个产品平行透视图的例子来巩固一下用距点法求平行透视方体纵深的方法。

图 4-20 是以东风卡车为例的平行透视图。东风卡车作为方体的比例是，长 16 个单位，宽 4 个单位，高 4 个单位。图 4-21 是用距点法进行卡车纵深透视测量的示意图。以卡车左前端为标尺原点，在标尺上截取 16 个单位，则在刻度 16 处引 45 度线与卡车车尾刚好相交。标尺上刻度 4，8，12 等处的 45 度线同样与车身相交在车身的 4，8，12 长度处。图 4-20 展示了在透视画面中实施距点法的过程。由水平标尺的刻度 16 处向左距点引线，则线与卡车车身纵深方向线的交点就是卡车的车身透视长度端点，即车尾所在的位置。用同样方法可以确定卡车纵深方向其他关键点的位置，如前轮位置、驾驶舱长度、货厢长度等。

距点
心点
距点
0
4
8
12
16
目点

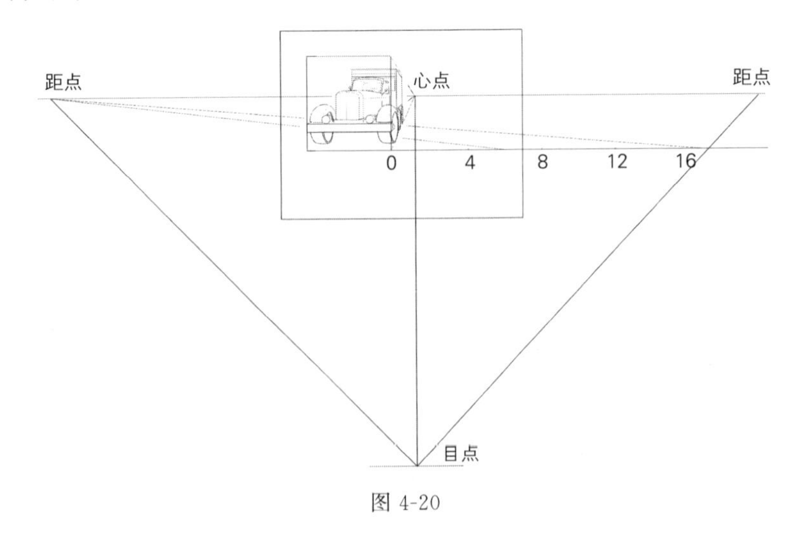

图 4-20

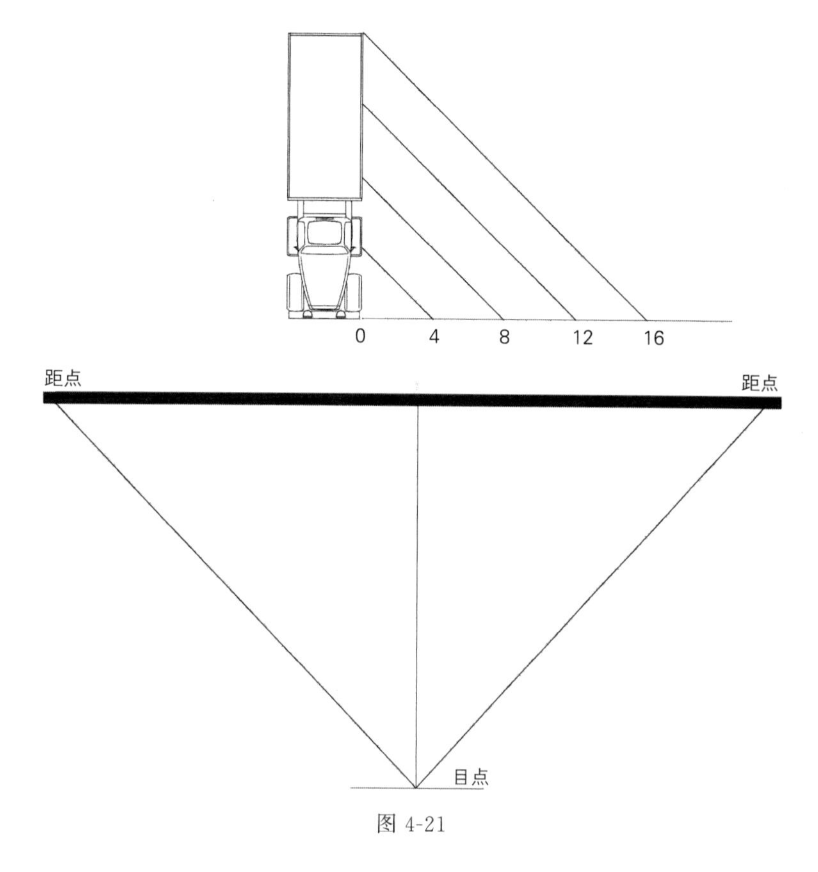

图 4-21

图 4-22 是一款西洋乐器的平行透视图例，在纵深方向排布有规则的按键和按钮，透视图中需要准确定位这些部件的透视位置，用距点法同样可以很好地解决这些问题。原理和方法与绘制东风卡车的图例一致，不再赘述。图 4-23 是乐器透视场景的顶视图，可以看出乐器与画面是标准的平行透视关系，图 4-23 是乐器透视图的简化分析图，以方体的形式概括乐器，并通过距点法确定乐器的透视长度。图 4-24 是最终的乐器平行透视图，乐器上的各种部件按距点法准确地确定了在透视图中的纵深位置。

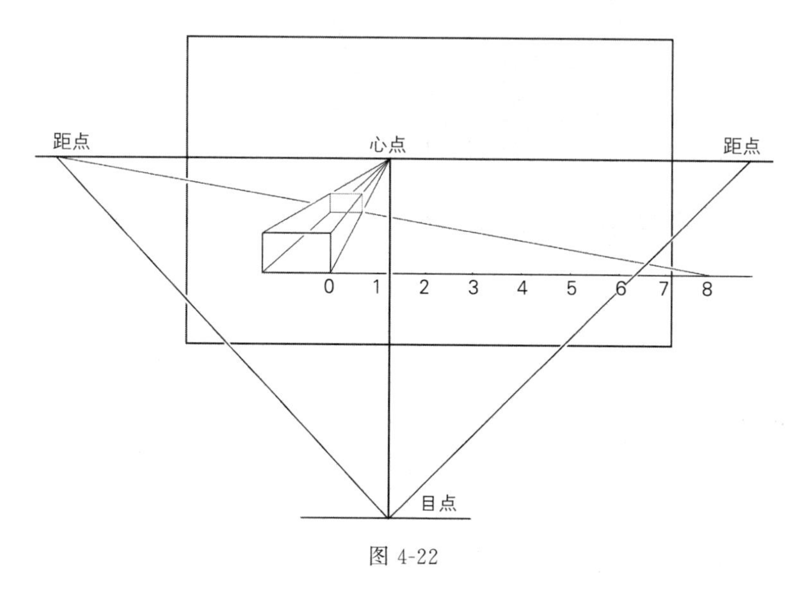

图 4-22

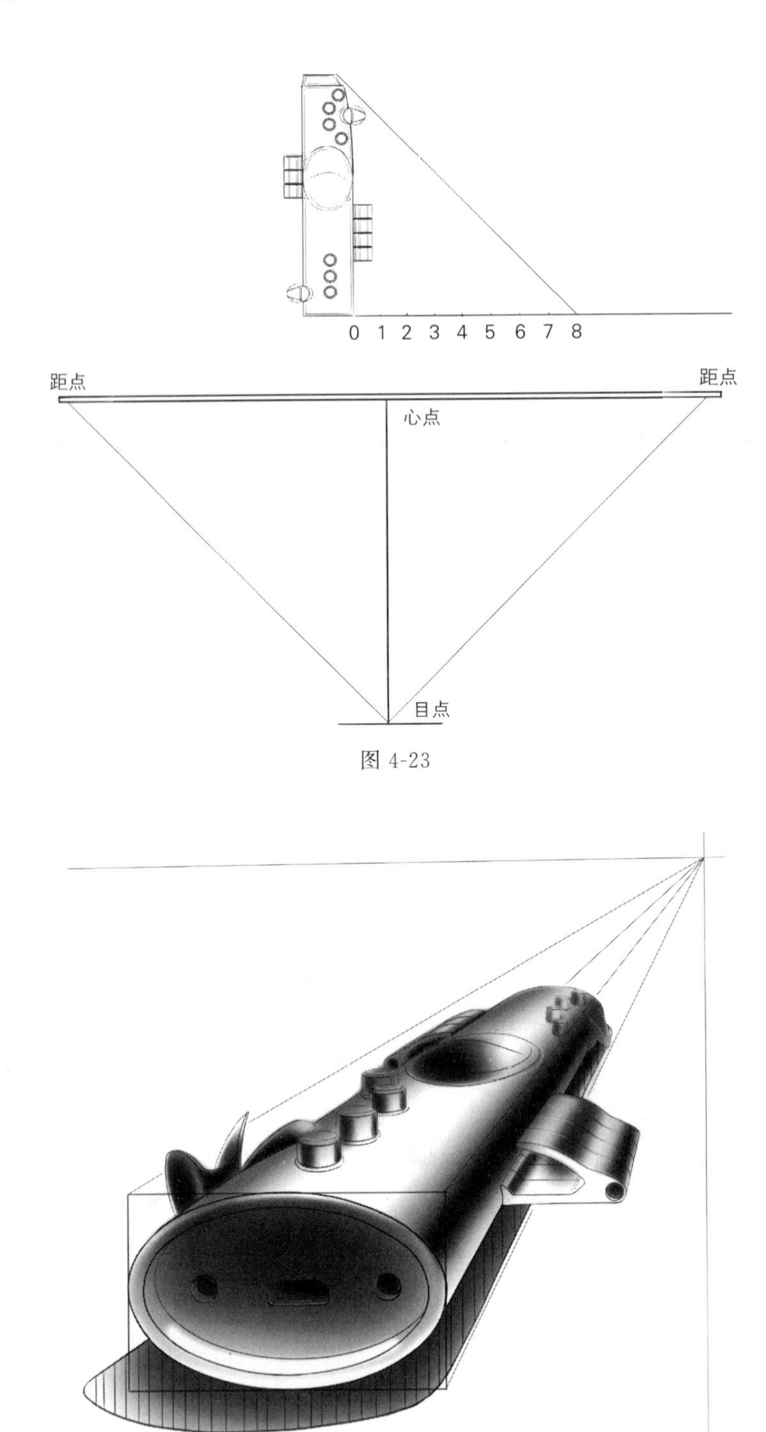

图 4-23

图 4-24

3. 距点对透视的影响

距点的位置直接决定了用距点法求平行透视长方体深度的透视效果。我们在前面的学习中了解到，距点的位置其实是和视距直接相关的。视距近，目点离心点就近，距点离目点就近；视距远，目点离心点就远，距点离目点就远。在取景框一定的情况下，当视距近到一定程度后，视锥顶角开始大于 60 度正常视域的范围，这时取景框外围的物体开始发生透视形变，我们可以运用简单的方法判断视距的远近。在前面的学习中我们知道，以心点至取景框最远角为半径画圆时，这个圆就是画者视锥和画面的交线，那么当视距至少是这个圆半径两倍以上时，才能保证视锥在正常视域以内，因此，我们定目点位置的时候应该自心点起，取两倍圆半径以上的位置，目点位置确定后，距点位置也就相应确定了。

平行透视的物体视距越近透视拉伸得剧烈，从而造成形态失真。如图 4-25 所示两幅摩托车平行透视图就表现得很明显，两幅图的摩托车位置和图面视高都保持不变，A 图视距大，纵深透视拉伸不剧烈，透视缓和。B 图视距近，距点离心点更近，造成纵深方向拉伸剧烈，特别是车头部分，靠近画面边缘的前轮部分已经出现了轻微歪斜的情况，这是平行透视的特点造成的必然结果。为了避免近视距造成的物体形态的畸变，我们尽量选择远视距来绘制平行透视的物体。

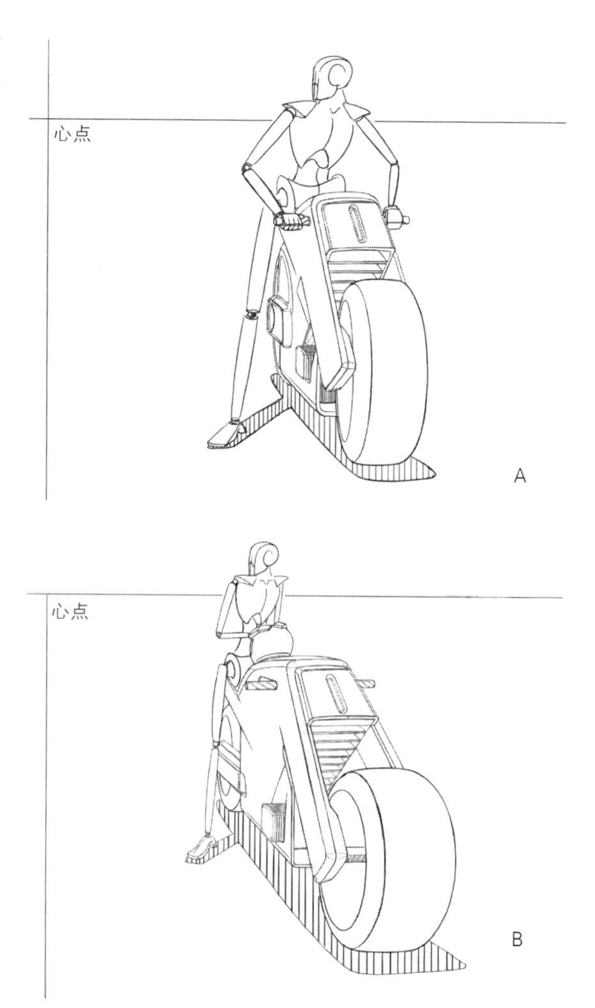

图 4-25

大家可以做个实验，文具盒放桌上，正常距离观看不会发生剧烈的透视拉伸和变形，但如果你把它拿到眼前，甚至贴到鼻子前观看时，就会发现文具盒被拉长了，看上去发生了很大的变形。这就是视距远近不同造成的物体透视差别。

4. 分距点求平行透视深度

当视距较大时，距点离心点的距离也会增大，多数情况下距点会在画面以外，由于纸张的幅面有限，从水平标尺向距点引线并不容易。为了作图方便，根据几何原理，我们引入分距点的概念。如演示图 4-26 以平行透视方体为例，通过距点法做相应的标尺，从标尺上单位 1 刻度处向距点引线，截得的方体纵深长度是 1 个单位长。距点在纸张以外，我们取 1/2 距点，落在纸张内，从标尺上 1/2 单位处向 1/2 距点引线，同样截方体纵深长度于 1 个单位长处。同理，在标尺 1/4 处向 1/4 距点引线，与方体的纵深方向同样交于 1 个单位长处。通过相似三角形几何关系我们知道以分距点作为测点，对标尺的刻度具有放大作用，分距点距离是距点距离的几分之一，就将水平标尺放大几倍。例如，标尺单位 1 刻度引向距点所截得的方体纵深透视长度也是单位 1，标尺单位 1 刻度引向 1/2 距点，所截得的方体纵深方向透视长度是 2。所以在运用分距点求平行透视纵深长度时，要根据分距点的比例同步降倍，例如要在纵深方向截取单位 1 的长度，就从 1/2 单位标尺长度引向 1/2 距点，或者从 1/4 单位标尺长度引向 1/4 距点即可，以此类推。分距点的方法主要是为了作图方便，并没有新的透视原理，是单纯的三角几何原理。图 4-27 是透视场景的顶视图，O′C 是水平标尺上截取的方

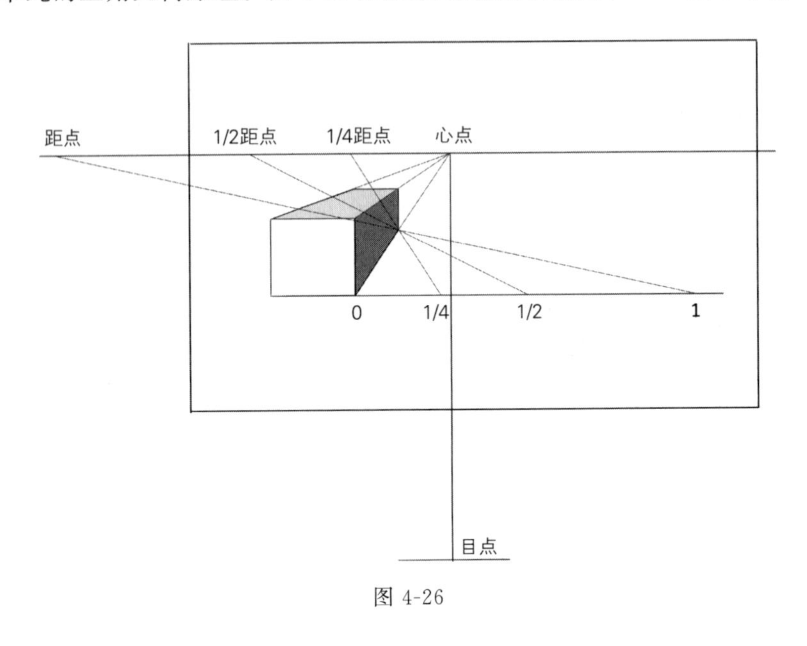

图 4-26

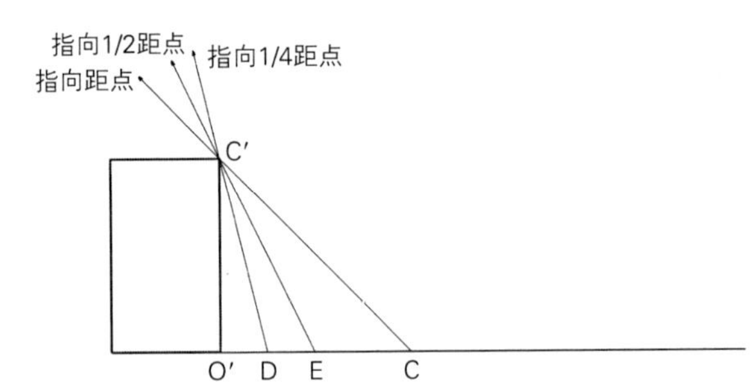

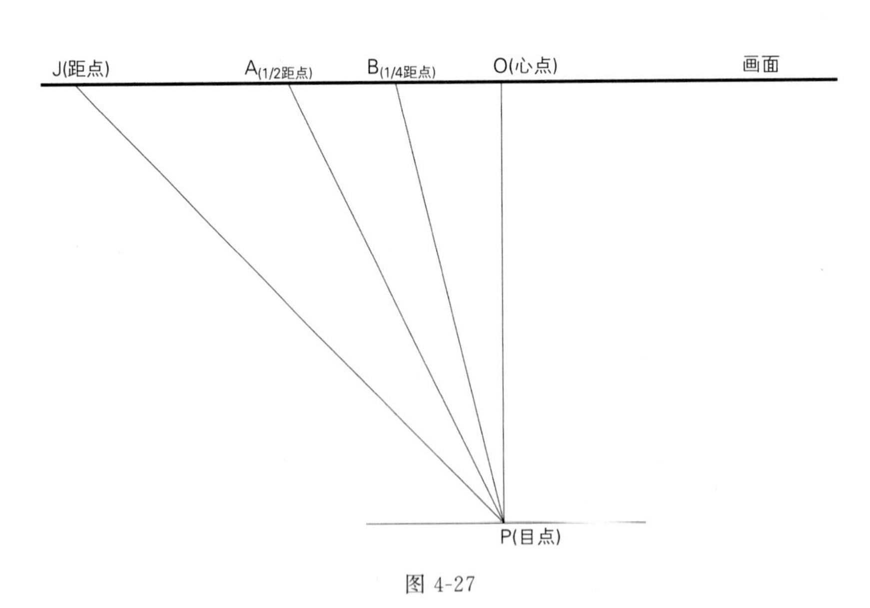

图 4-27

体的真实长度，CC′是透视图中指向距点的射线，它与水平标尺成45度角，与目点到距点的直线（JP）平行。因此三角形OCC′与心点、目点、距点形成的三角形（OPJ）是相似三角形。E点是O′C长度的1/2等分点，连接EC′得到新的三角形O′EC′，截取心点，距点线段的中点A，连接A与目点，得到以心点、A点及目点为顶点的新的三角形OPA。由于三角形O′CC′与OPJ相似，根据相似三角形特点，三角形O′EC′与三角形OAP相似，因此，EC′平行于PA，由于A是距点到心点距离的1/2即1/2距点，因此EC′在透视图中是指向1/2距点的。同理可以证明在透视图中，从D点（1/4O′C点）向1/4分距点的引线同样与方体长边交于C′。

第四节　透视矩形的分割与延伸

1. 矩形对角线等分原理

在确定平行透视方体的透视深度时，我们除了用距点法以外，还可以利用矩形的几何特点以及空间中平行线分割线段成比例的特点，准确绘制平行透视方体的透视深度。在进行产品草图绘制的时候，常常需要做一些矩形面积分割处理（等分、不等分的情况都有），比如音响功放的侧面按钮排布、卡车多个车轮的成组排布、多士炉的按键分布等，这些问题都可以归结为矩形透视的分割和等大矩形复制问题。首先来看一下矩形的基本特点，矩形对角线相交的点为矩形的中心，从这个点分别引水平线和竖直线，可以将矩形在水平和竖直方向进行等分，这是非常好理解的几何特点，如图4-28所示。那么在透视图中，即使矩形发生了透视变形，这个性质仍然不会改变，利用这个原理可以很轻松地确定透视空间中的矩形中点。如果将矩形再进行细分，我们还可以得到1/4分割点、3/4分割点以及1/8分割点……如图4-29所示的平行透视矩形位于画面中不同位置，都处于平行透视状态，我们可以通过矩形的对角线等分原理对其进行相应的分割。图4-30是透视空间中方体的矩形平分图例。

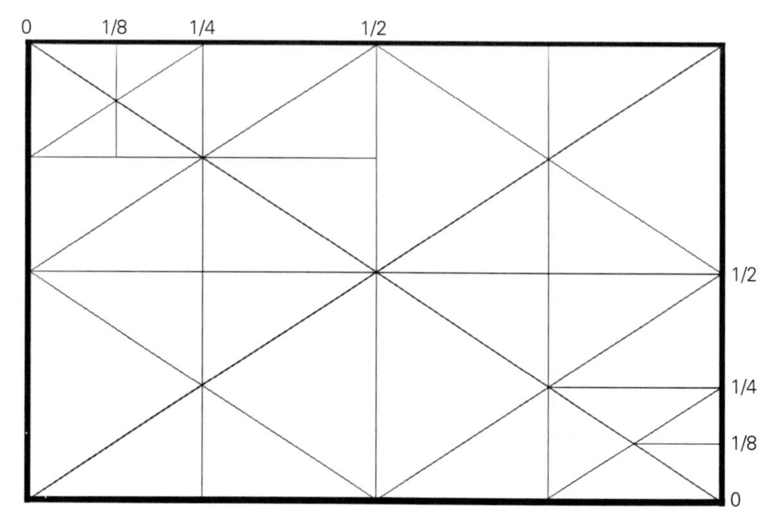

图4-28

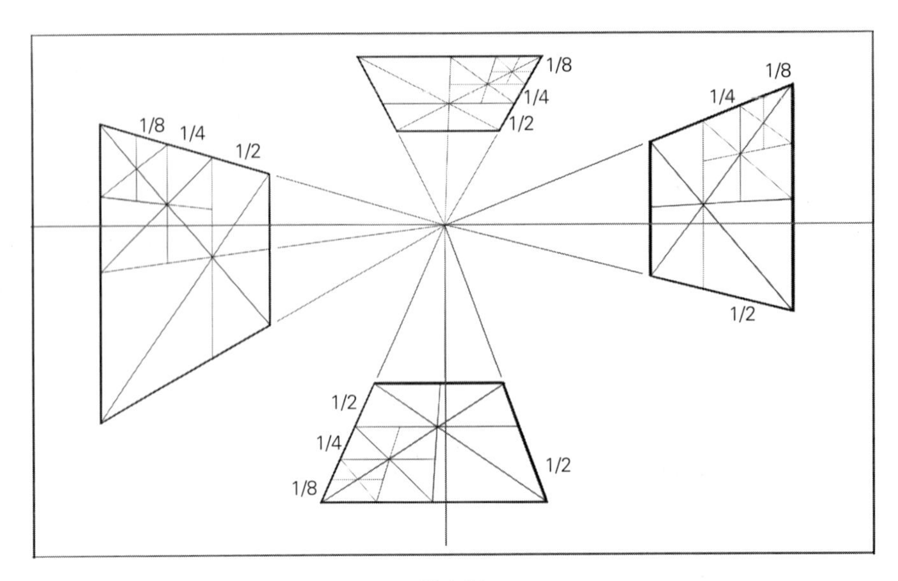

图 4-29

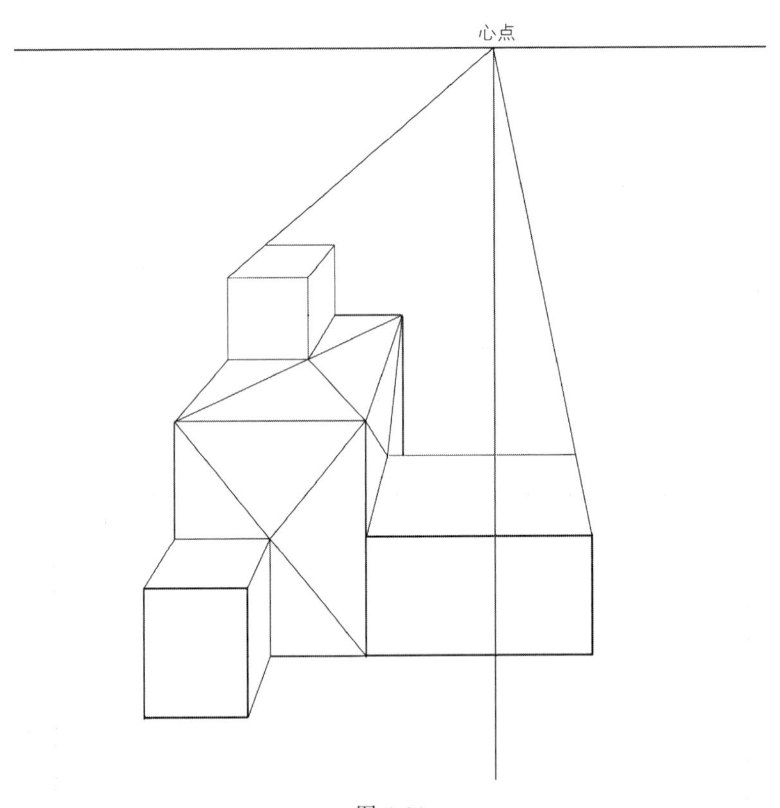

图 4-30

从图 4-31 所示的多士炉图例，可以看到通过矩形的对角线等分原理确定的透视图中，多士炉的主开关和调温旋钮都处在面板的中央，通过矩形对角线交于中点的方法，可以确定多士炉在透视图中面板的竖直中线，从而按比例排布开关和旋钮。

除了对角线等分原理外，矩形还可以借助对角线对矩形进行复制。如图 4-32 示，通过

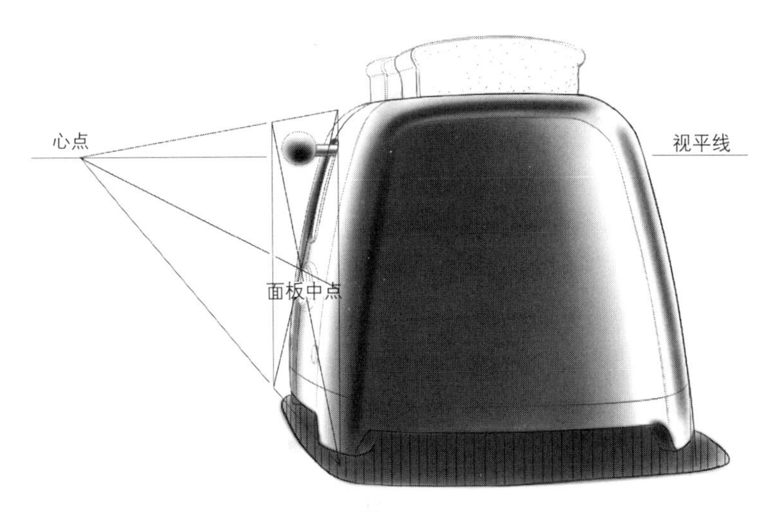

图 4-31

连接矩形横边和竖边的中点并延长，可以继续将矩形进行 1/2 倍复制或成倍复制。这种方法在处理多排车轮的平行透视表现中很常见也很有效，这要比我们通过距点法来测算快捷很多。

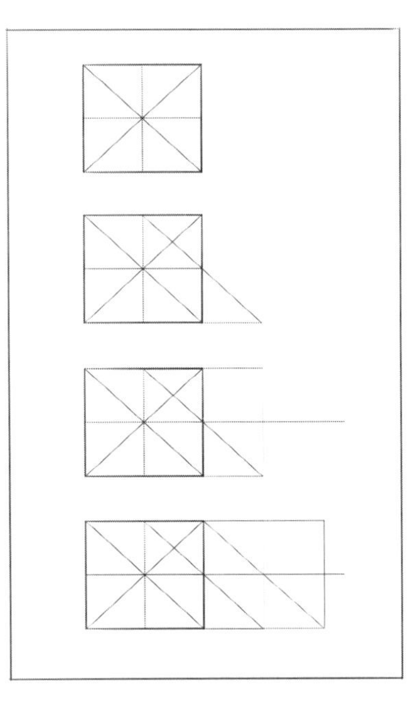

图 4-32

2. 矩形透视等分图例

图 4-33 是我们通过平行透视绘制的一个古董通讯装置，并通过辅助灭点的方法确定了面板上布置的旋钮和部件的位置。图中隔板位置的比例划分和旋钮位置的比例划分都通过辅助灭点的方法求得，如图 4-34 所示。

此外，我们还可以利用平行线分直线成比例的原理对平行透视纵深进行非等比例分割。这里要引入“辅助灭点”的概念。我们通过图 4-35 来了解什么是辅助灭点以及它在平行透视纵深长度非等比例分割时如何运用。如图 4-35 所示是我们要研究的平行透视状态的方体，想要在透视图中把它的纵深边进行任意比例分割，例如 4∶3。以方体的顶点 O 为起点，方体的纵深长度为 OA_1，要将 OA_1 进行 4∶3 分割，关键是找到分割点。以 O 为起点做水平量线，截取适当长度 OB_1（OB_1 不一定和 OA_1 相等），将 OB_1 进行 4∶3 分割，分割点为 B_2，则 $OB_2:B_2B_1=4:3$。连接 B_1A_1，过 B_2 做直线平行于 B_1A_1，该直线交 OA_1 于 A_2 点，则 A_2 点就是 OA_1 的 4∶3 分割点，即 $OA_2:A_2A_1=4:3$。从 A 图可以看出，平行线 A_1B_1 和 A_2B_2 同时与直线 OA_1 和 OB_1 相交，那么图中的三角形 OA_2B_2 和三角形 OA_1B_1 就是两个相似三角形，从而得出 $OB_2:OB_1=OA_2:OA_1$。B 图是在透视图中具体使用辅助灭点进行透视纵深非等比例分割的方法，首先，连接 B_1A_1，并延长它，使它与视平线相交于一点，这个点就是直线 B_1A_1 的灭点，也就是我们所说的辅助灭点，即图中的 D 点。透视空间中，所有相互平行的直线汇聚向同一个灭点，因此，从 B_2 引线向 D 点，则 B_2D 是 B_1A_1 的平行线，因此，B_2D

与 OA_1 的交点就是我们所求的分割点 A_2。

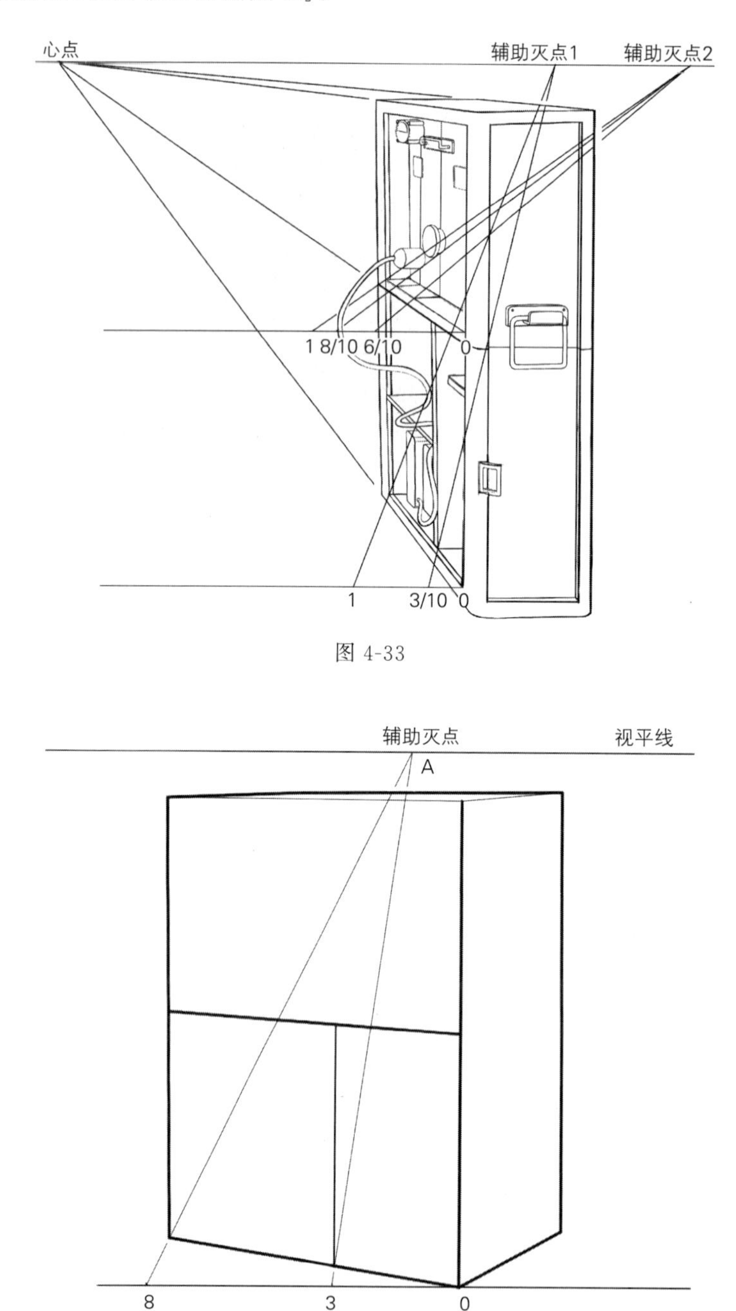

图 4-33

图 4-34

图 4-36 是平行透视状态下的德国战车图例，战车置于高架上，底盘高于视平线。因此，我们可以看到底盘上的结构和细节，车辆在纵深方向的车轮间距通过地面上的矩形分割获得，并通过前章学习的“等距等大”原理平移到车轮所在的高架上，从而确定纵深方向车轮的间距。

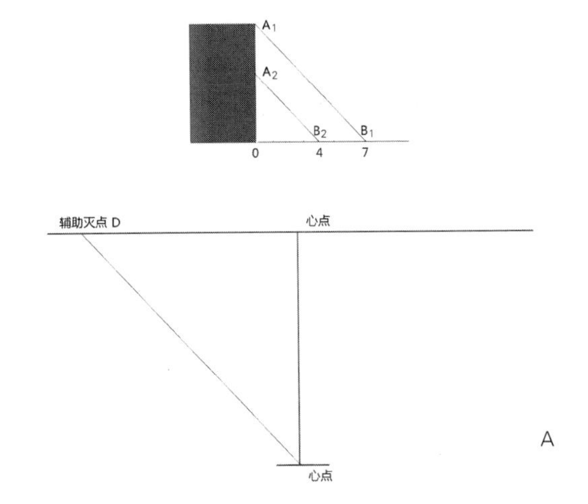

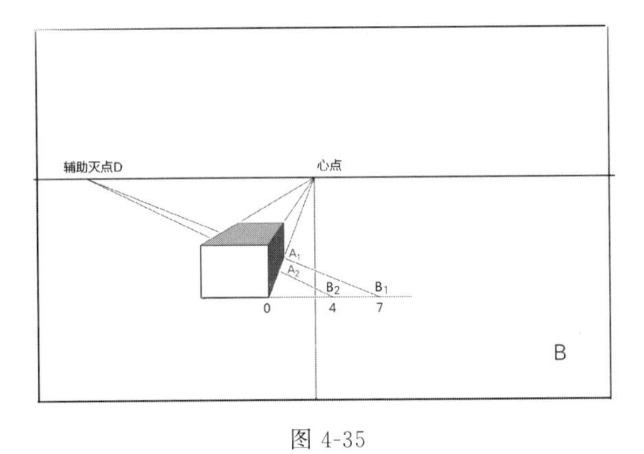

图 4-35

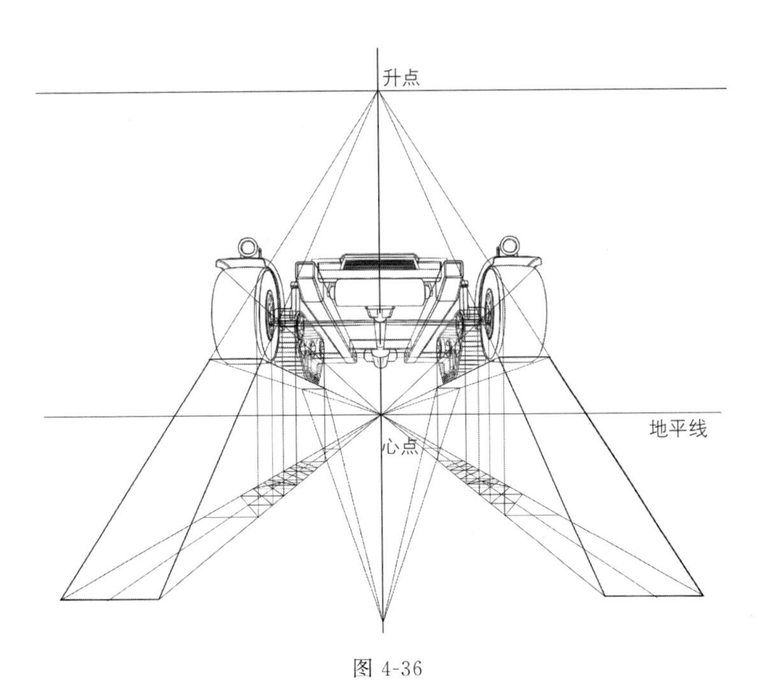

图 4-36

第五节　平行透视图例

图 4-37 是红旗 CA770 轿车❶平行透视图例，图 4-38 所示解放卡车❷平行透视图例，图 4-39 是嫦娥三号探测器❸平行透视图例。

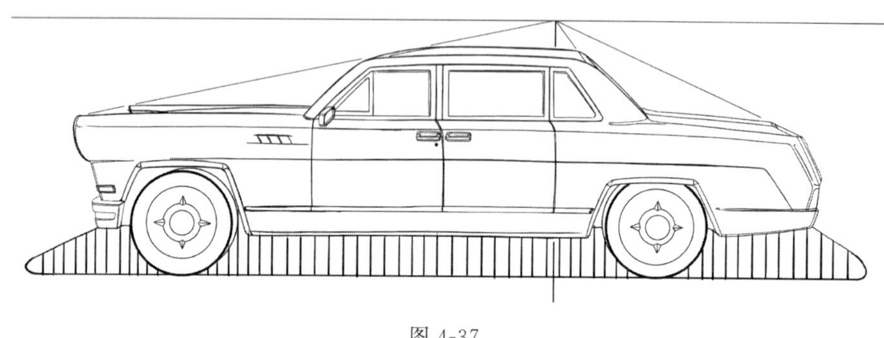

图 4-37

图 4-38

❶ 1965 年底由中国长春第一汽车制造厂研制成功，红旗 CA770 三排座高级轿车正式定型，车身长 5.98 米，宽 1.99 米，高 1.64 米。在 1966 年正式投入生产，首批 20 辆。在工艺装备逐渐完善的同时，以手工加胎具的办法投入生产，首批的生产任务于 1966 年 4 月底完成。

❷ 解放牌汽车于 1956 年 7 月 13 日，在长春第一汽车制造厂试制成功。它的问世结束了我国不能生产汽车的历史。

❸ 嫦娥三号探测器不采取嫦娥一号使用的多次变轨法，而是直接飞往月球。"嫦娥三号"拾探测器在月球着陆，实现月面巡视、月夜生存等重大突破，开展月表地形地貌与地质构造、矿物组成和化学成分等探测活动。嫦娥三号着陆器上携带了近此外月基天文望远镜、极紫外相机、测距测速雷达和激光测距仪。

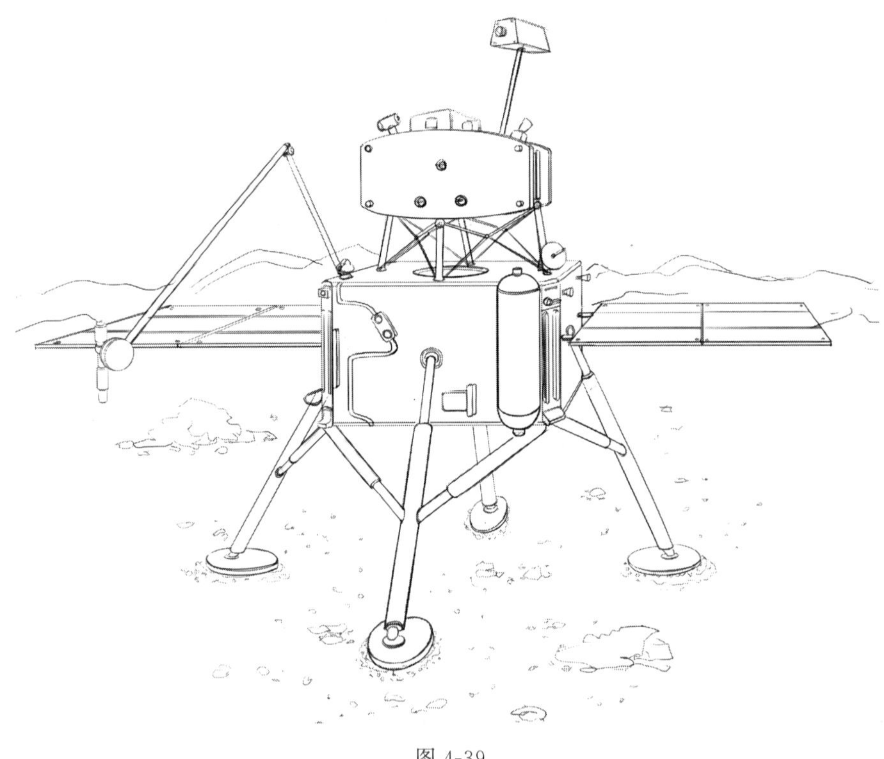

图 4-39

课后思考题及练习：

1. 说说平行透视的优缺点，及画图时应该注意的问题。
2. 用平行透视原理画一把靠背椅，分别采用近视距和远视距。

第五章

产品余角透视原理

第一节　认识余角透视

1. 什么是余角透视

我们研究余角透视同样以方体为模特，图 5-1 是典型的余角透视方体场景示意图。和之前学过的平行透视相比，余角透视的难度要大一些。组成长方体的三组棱线中，竖直方向的

图 5-1

一组棱线与画面平行且与视平面垂直，这四条竖直棱线保持相互平行，没有灭点，也不发生透视缩减。另外两组棱线都是平变线，且与画面不垂直，分别汇聚向心点两侧的灭点，称之为余点 1 和余点 2，由于这两组棱与画面的夹角互为余角，在画面纵深方向形成缩减的趋势，因此称这种状态的方体透视为余角透视。因为透视图中有两个灭点，所以也叫两点透视。图 5-2 中 A 图是从顶视图方向观察到的余角透视方体的状态。B 图是相应的方体透视图。

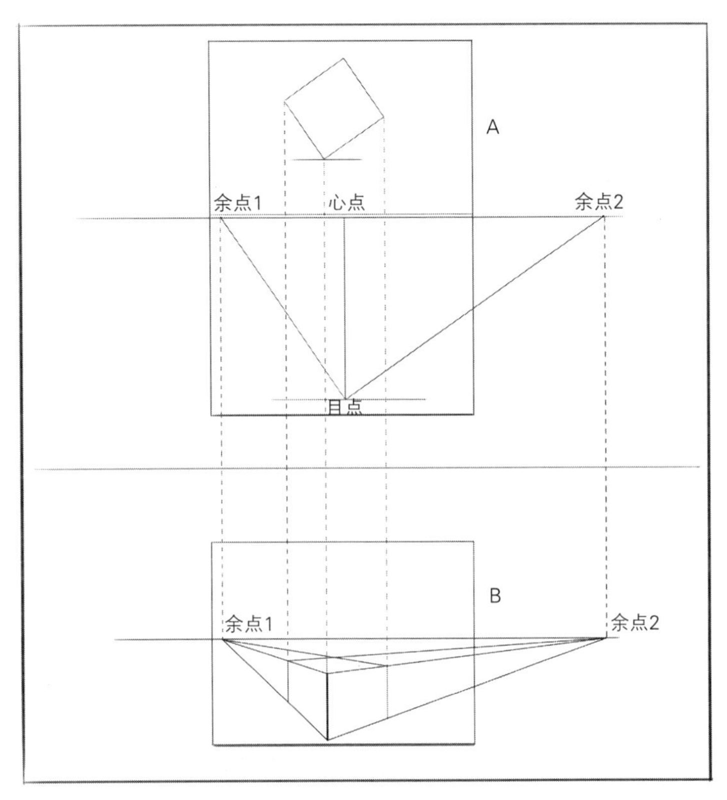

图 5-2

2. 余角透视的属性

相对于平行透视而言，余角透视的产品看上去是斜放的，相当于平行透视方体沿竖直轴线旋转了一定角度，更能展现产品多部位的特征，也使画面看上去更有动感。所以在进行产品草图绘制时，多数情况下，设计师更倾向于使用余角透视形态。

3. 余角透视图例

如图 5-3 所示的草图是余角透视状态下的叉车，叉车的长宽方向都发生透视汇聚。画面边缘部分的透视拉伸也不像平行透视那么剧烈，车体的各部分元素展示得也比较充分。图 5-4 是余角透视下绘制的复兴号高铁[1]，车头正面及车身侧面的外形特征都得到充分的展示，且画面更具动感。

---

[1] 新一代标准高速动车组“复兴号”是我国自主研发、具有完全知识产权的新一代高速列车，它集成了大量现代高新技术，牵引、制动、网络、转向架、轮轴等关键技术实现重要突破，是我国科技创新的又一重大成果。

图 5-3

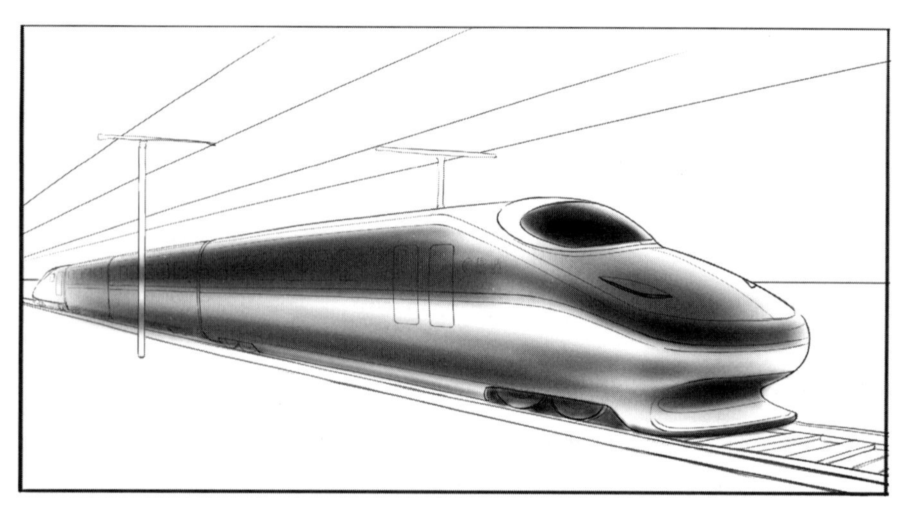

图 5-4

第二节　余点位置的确定

在现实空间寻求任何直线的空间灭点，最根本的方法就是自目点引一条与该直线平行的射线（灭点寻求线）。这条射线与画面的交点就是该直线的灭点。这个方法我们在前一章学习寻求距点的方法时已经介绍过了。若直线垂直于画面，则灭点寻求线垂直于画面指向心点，所以在平行透视中，方体的三组棱线中只有一组有灭点，即心点。当直线与画面平行时，灭点寻求线也与画面平行，与画面不相交，则没有灭点，这也是原线没有灭点的根本原因。图 5-5 场景中分别放置了平行透视与余角透视方体。图 5-6 中 A 图为该场景的顶视图，B 图为该场景的透视图。余角透视方体的两条余角边与画面的夹角分别为 α 和 β，自目点做灭点寻求线，分别与方体的两组余角边平行，交于画面的点就是左右余点。寻求线在空间中分别与两条透视缩减边平行（如图 5-6 中 A 图所示）。如图 B 所示，由于两条透视缩减边所在平面与视平面平行，灭线是视平线，所以透视缩减边的灭点一定在视平线上，两条灭点寻求线也一定会与视平线相交，交点分别是余点 1 和余点 2。

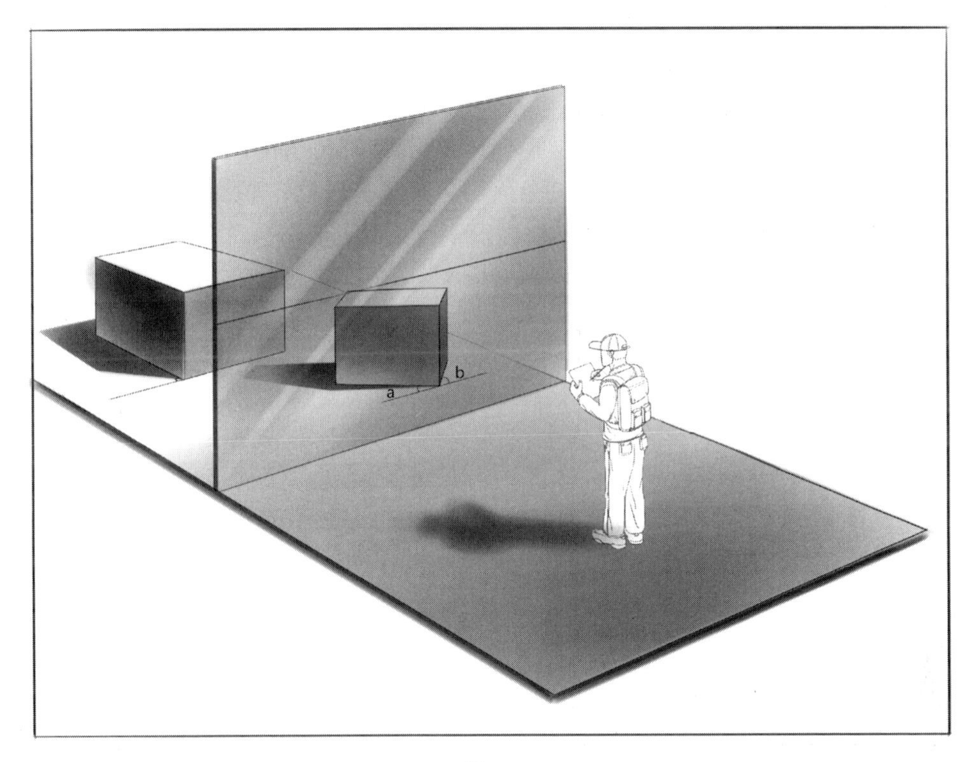

图 5-5

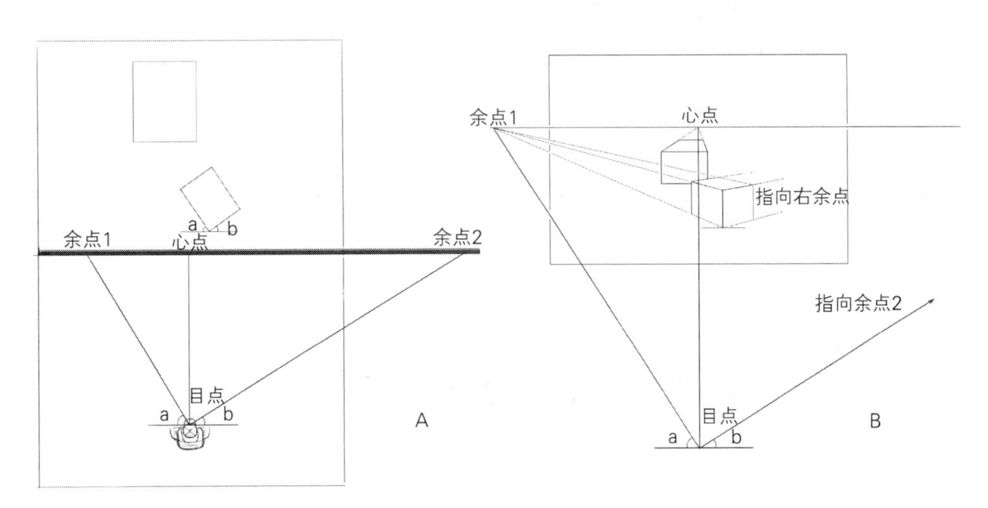

图 5-6

第三节 余角透视的灭线

余角透视状态下，组成长方体的三组面与画面都不平行，因此它们都有灭线，如图 5-7 所示。与视平面平行的那一组面还是以视平线为灭线，另外两组面的灭线分别是过左右余点（余点 1，余点 2）的垂线。通常我们确定方形所在平面的灭线是先找到方形两组边的灭点，再将两个灭点相连就是方形所在平面的灭线。如余角透视方体顶面和底面方形的灭点分别是余点 1 和余点 2，那么连接余点 1 和余点 2 的直线就是它们的灭线，即视平线。当方形一组边有灭点，另一组边为原线没有灭点时，就过灭点做另一组原线边的平行线即该方形所在平面的灭线。余角透视方体的左右两个竖立面就属于这种情况，它们的灭线分别为过余点 1 和余点 2 的垂线。因此余角透视方体共有三条灭线。相互平行的平面具有共同的灭线。如图 5-7 所示，灭线将与之对应的相互平行的平面进行了可见面的划分。如果在灭线一侧能看到对应平面的正面，那么在灭线另一侧就能看到对应平面的反面，而刚好在灭线上的对应平面只显示一条线段。图 5-7 中，与 A 面平行的面是 A1 至 A3 三个面，它们的共同灭线是过余点 1 的垂线。A1 在灭线的左侧，图中可以看到它的右侧面，A2 和 A3 在灭线的右侧，图中可以看到它的左侧面（灰色面）。同样的原理，可以看到与 B 面平行的一组面 B1 至 B5 的可见面与灭线的关系。

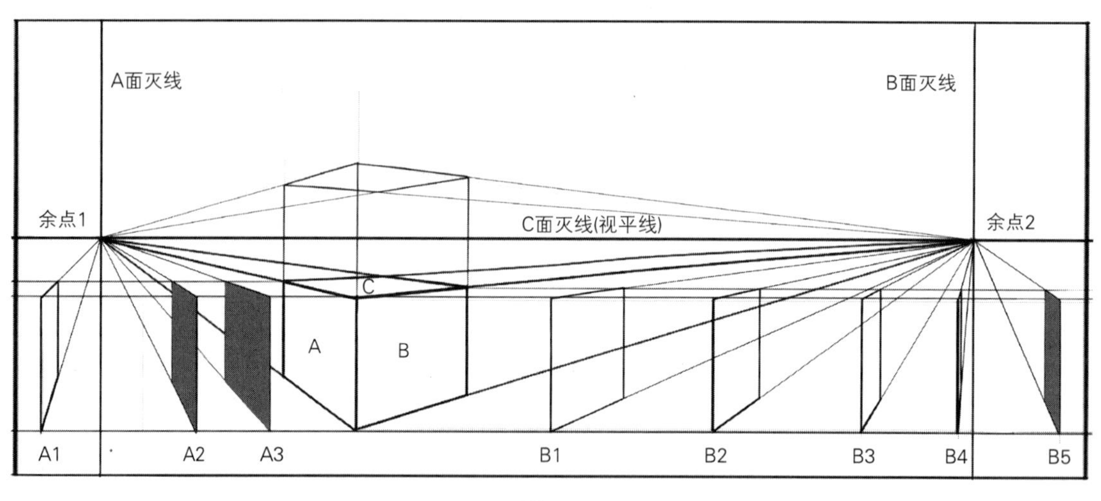

图 5-7

第四节 余角透视的三种状态

余角透视下的长方体是平行透视长方体以竖直方向为轴，旋转一定角度后的结果，造成方体的六个面都与画面不平行。可以说，在透视空间中，余角透视状态才是物体的常态，平行透视是余角透视的特殊状态。我们可以把平行透视状态理解成是特殊的余角透视状态，即方体两个竖立面和画面的成角 α 和 β 都是 0 度。在长方体沿竖直方向轴线从 0 度开始旋转到 180 度结束的过程中，余角透视的左余点从无限远处向心点靠近，右余点从心点起步，远离心点，当达到 180 度时左余点刚好与心点重合，而右余点消失在视平线右端无限远处。至此，长方体完成了从平行透视到余角透视再到平行透视的循环，如图 5-8～图 5-14 所示。

方体两个竖立面与画面的夹角是互余的关系。随着方体的旋转，α 和 β 的大小也在发生相对变化。根据两个夹角 α 和 β 的对比程度，将余角透视划分为“微动状态”、“对等状态”和“一般状态”三种具有代表性的余角位置状态。

当平行透视方体在刚刚启动旋转以及即将结束旋转，旋转角度接近 180 度的时候，我们称之为微动状态，与画面夹角在 15 度以内。

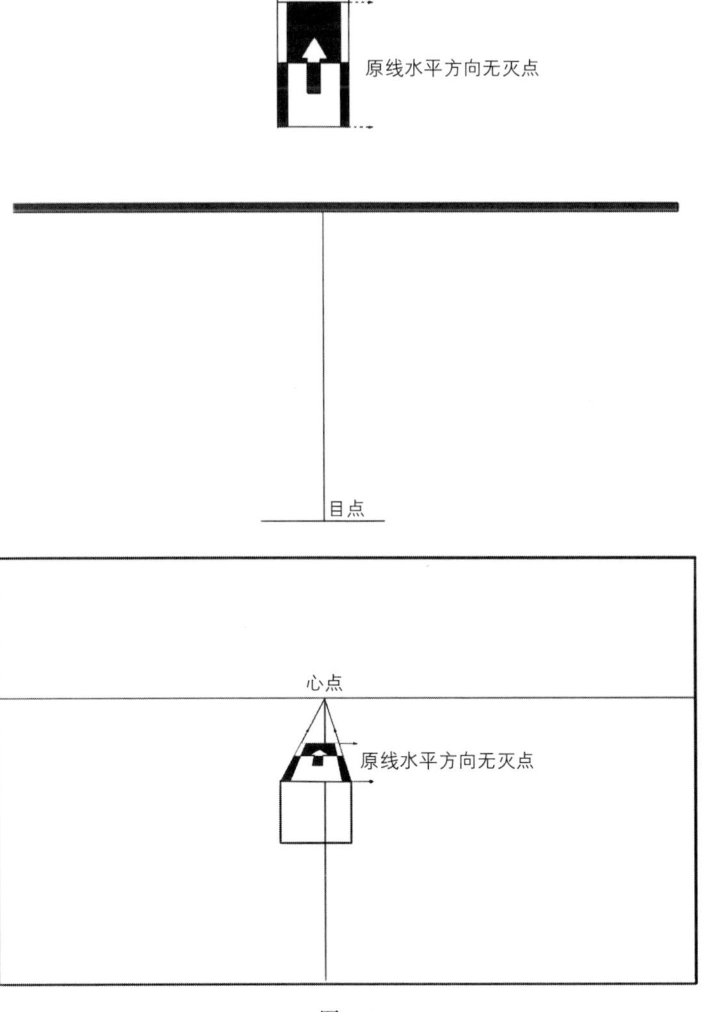

图 5-8

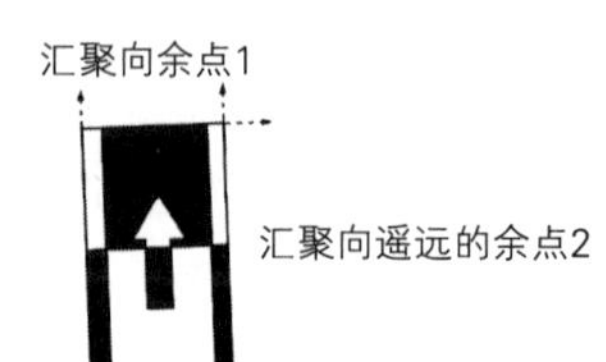

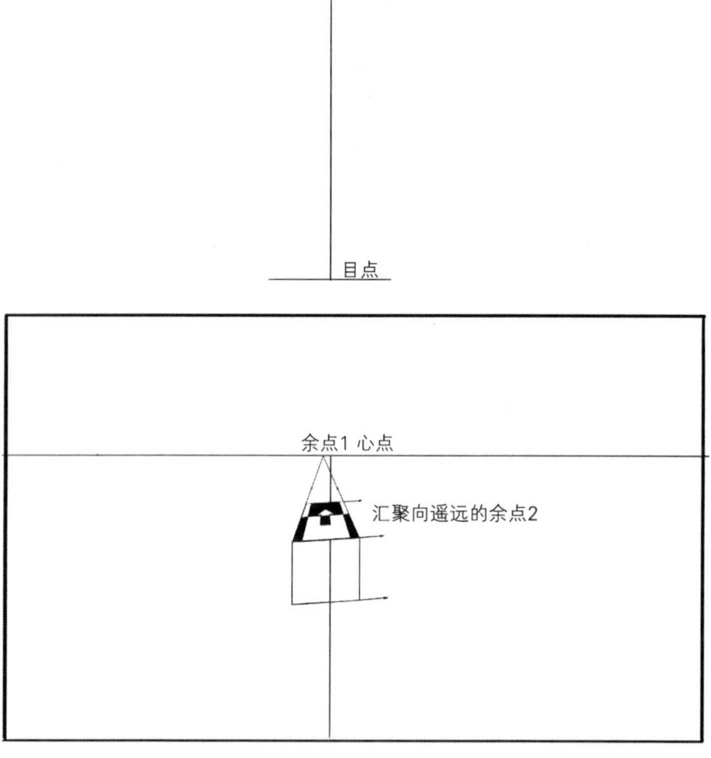

图 5-9

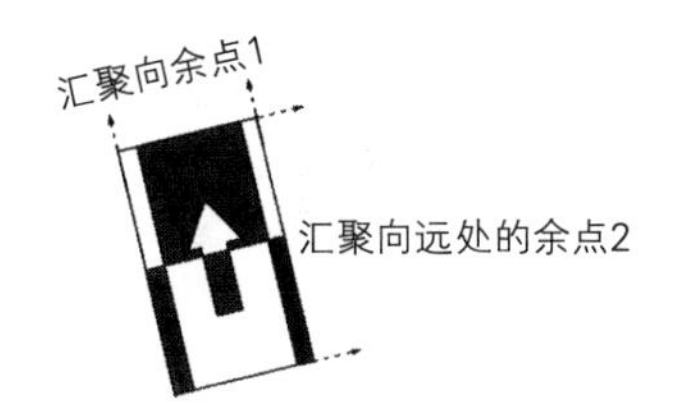

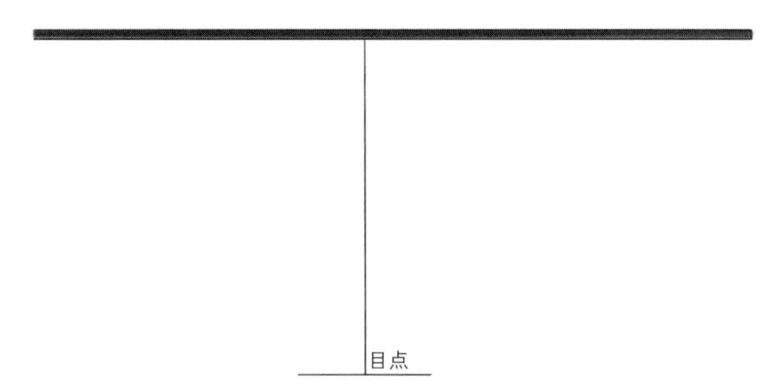

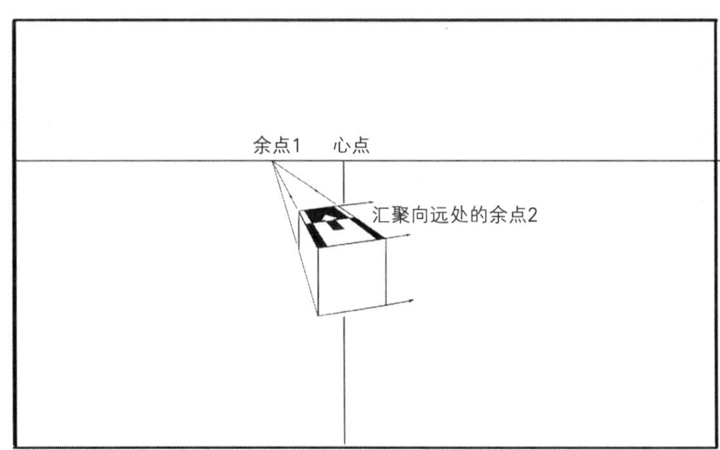

图 5-10

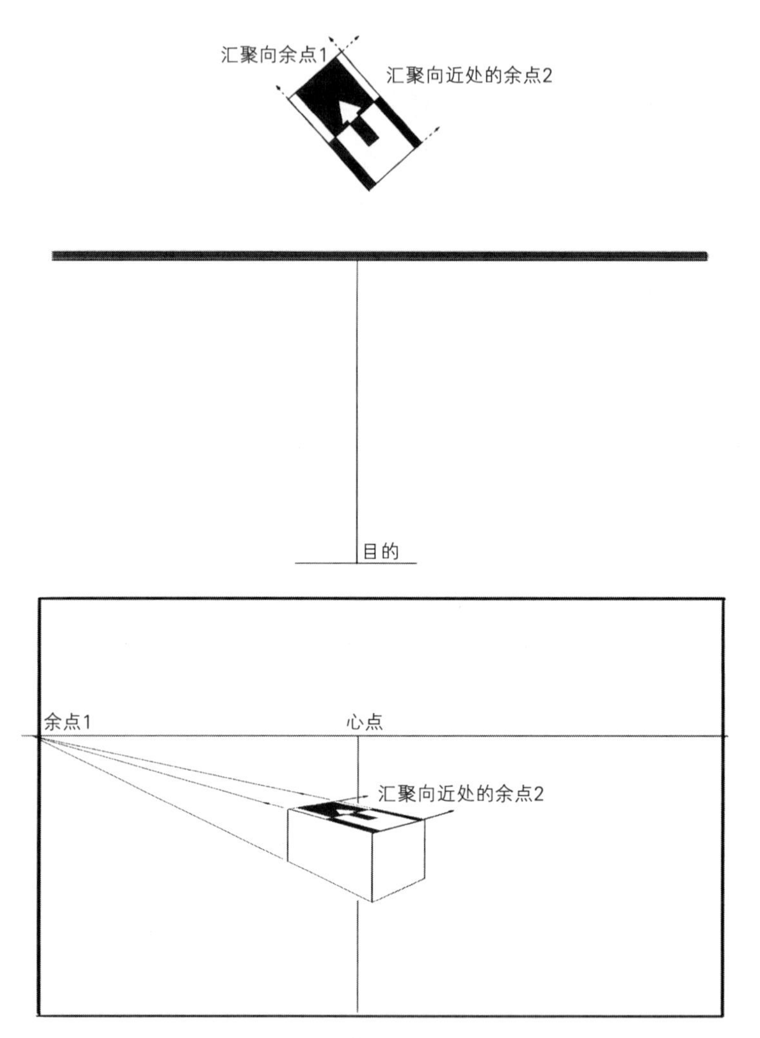

图 5-11

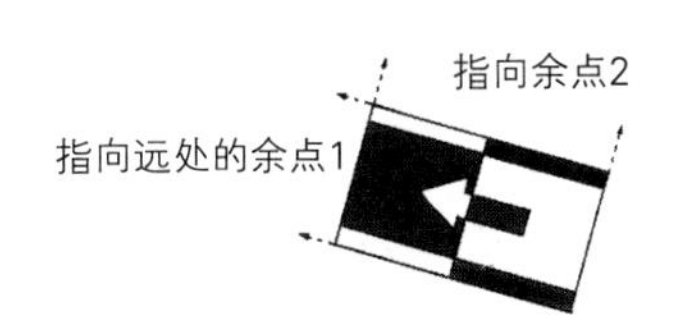

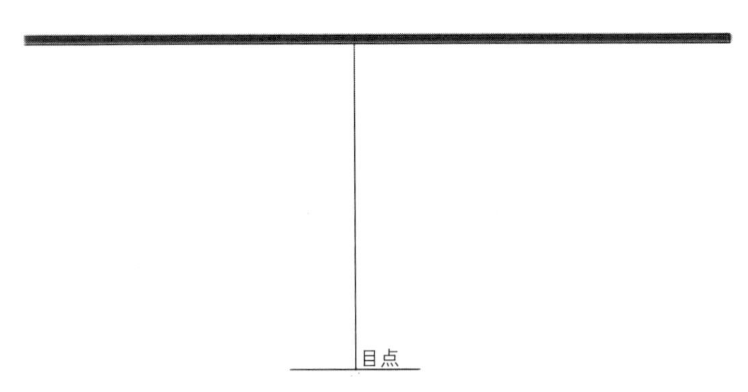

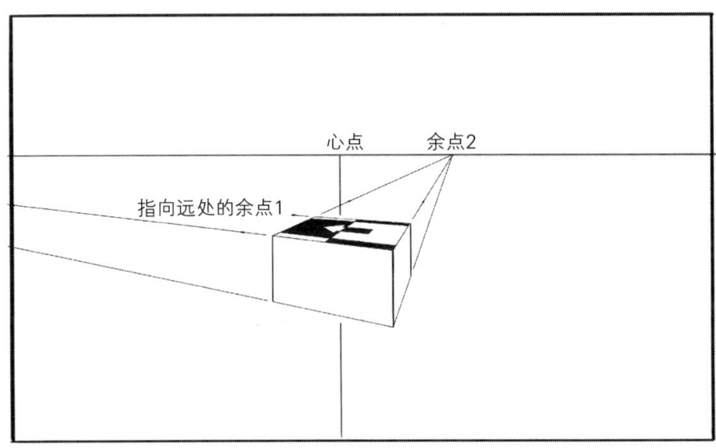

图 5-12

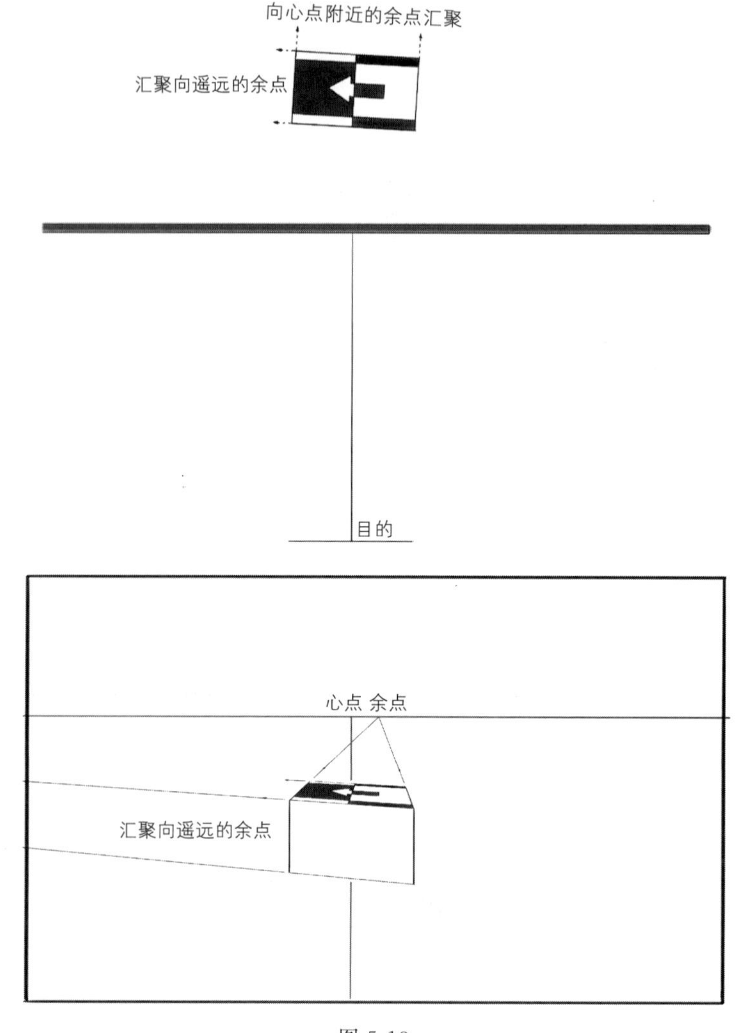

图 5-13

这种状态下，与画面成角的两个竖立面有一个面的透视变化很缓和，形态受到透视压缩的程度很小，很接近与画面平行的平面的透视效果，余点在取景框外很远的地方，接近无限远，如图 5-15 所示。

另一组边由平行透视中的垂直画面的一组边旋转而来，发生明显透视缩减余点在取景框以内，离心点很近。

当长方体继续旋转，达到两个竖立面与画面夹角都是 45 度的时候，我们称它是余角透视的对等状态，即互余的两个夹角 α 和 β 相等。这种状态下两组与画面成角的竖立面透视状态相当，它们的余点就是在求平行透视的透视深度时提到的距点，如图 5 16 所示。

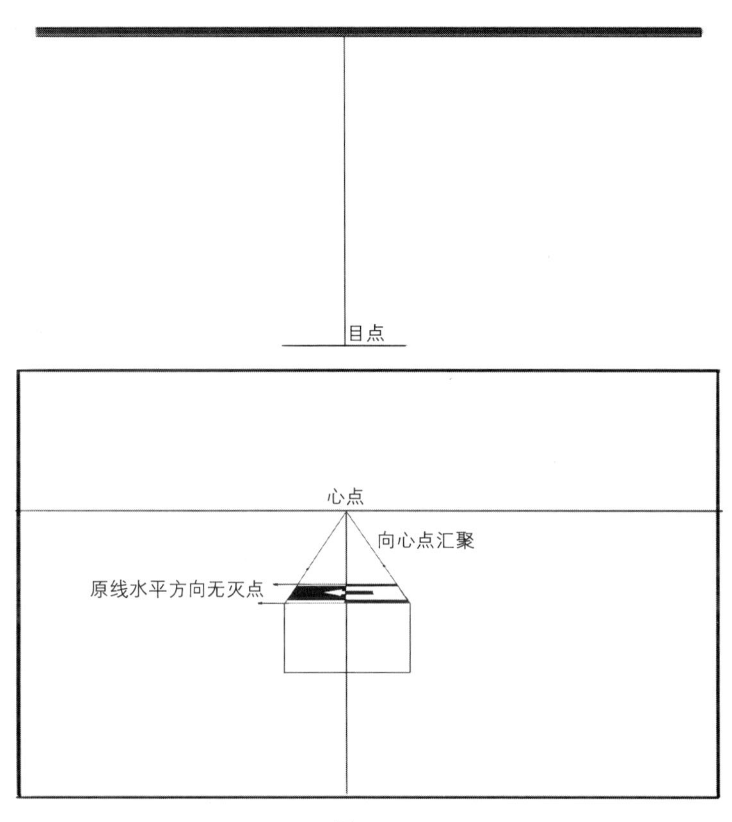

图 5-14

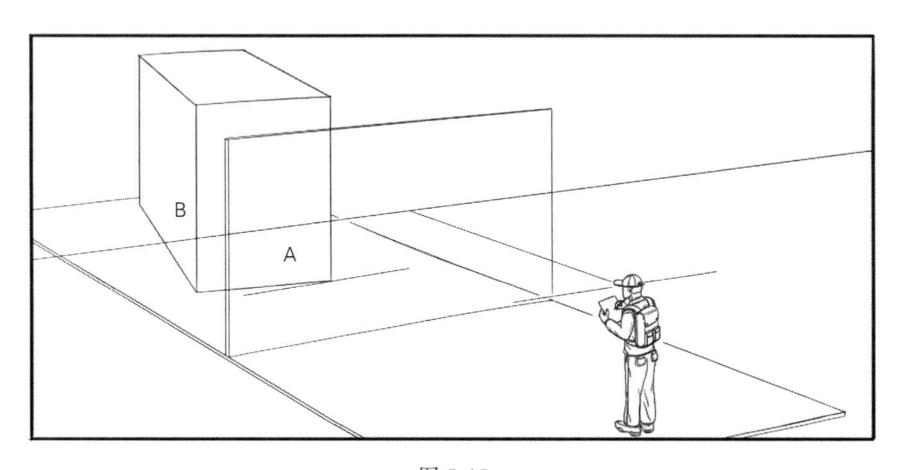

图 5-15

余角透视除了微动状态和对等状态外的其他形态称为一般状态，即方体两组竖立面与画面的夹角相差并不悬殊，两个余点与心点的距离有远有近。一般状态下的余角透视图中，余

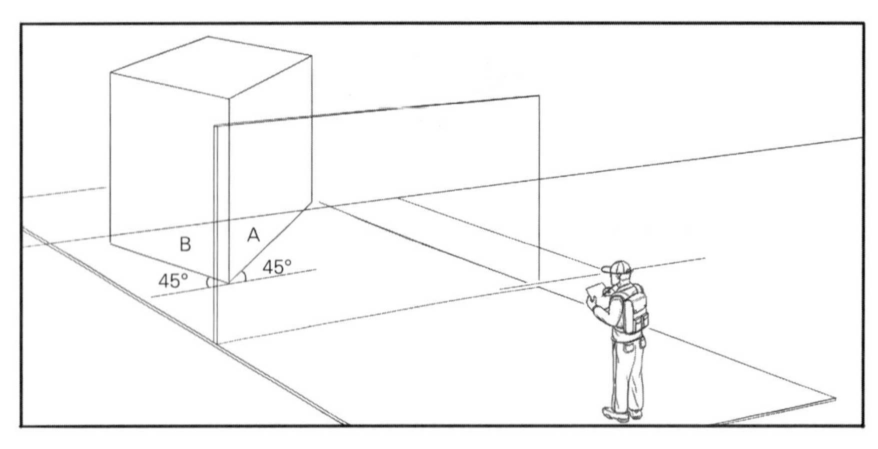

图 5-16

点远离心点的边的透视压缩相对缓和，余点靠近心点的边的透视压缩相对剧烈。图 5-17 是一般状态下的余角透视状态演示图。

在进行产品设计时，要根据所要表达的产品信息的需要选择不同状态的余角透视，充分发挥余角透视的灵活性优点。

以下图例通过一台概念皮卡的草图展示来让大家体会不同形态下的余角透视的特点。

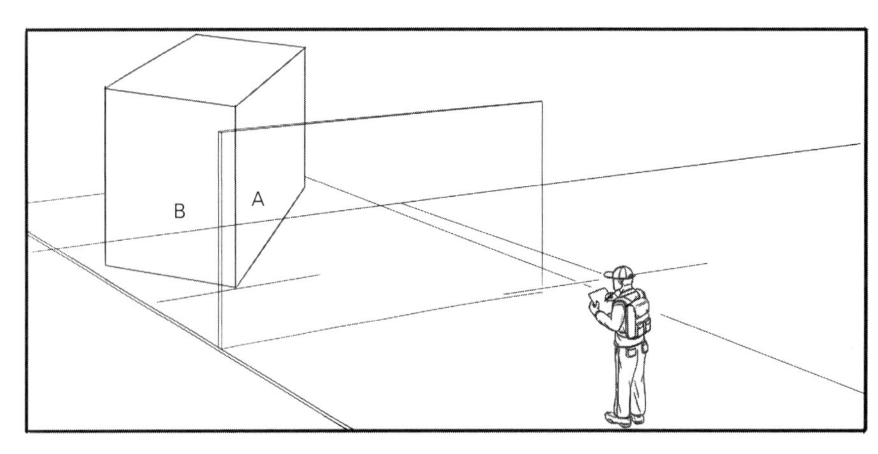

图 5-17

图 5-18 是微动状态下的车辆透视状态。这种状态下的余角透视和平行透视很像，车辆宽度方向上的直线由平行透视中的原线变成变线，由于与画面夹角很小，余点在视平线左端很遥远的地方，一般是画面以外。车身长度方向上的直线由平行透视的与画面垂直状态变成非垂直状态，余点离心点很近，在心点右侧。

图 5-19 是对等状态下的余角透视车辆，即车辆长边和宽边与画面夹角都是 45 度。看上去比较端正，车辆正面和侧面展示的信息相当，左右余点就是左右距点，距离心点的距离相等。

图 5-20 是一般角度下的透视状态下的车辆，最具有余角透视的特点，余点分别位于心点两侧，一般都在画面以外，车辆的宽面与长面和画面的夹角差别在 15 度左右，车辆信息展示丰富，整体画面自然而又动感，是产品草图表现中常用的透视类型。

图 5-18

图 5-19

图 5-20

第五节　测点法求余角透视深度

前面我们对余角透视的平行汇聚进行了研究，本节开始研究如何测量它的透视缩减，即如何确定方体余角透视状态下，发生透视的两组边的透视长度。由于发生透视缩减的两组边都与画面不垂直，平行透视中的距点法就不再适用于余角透视的深度测量了。根据余角透视的几何关系，我们引入新的透视概念——测点，通过测点来实现对余角透视纵深距离的准确测量。每个余点都有自己对应的测点，在透视图中以余点为圆心，余点至目点长度为半径画弧，弧线与视平线的交点就是该余点的测点。

图 5-21 为方体的余角透视图中，透视缩减边纵深透视长度的测量方法示意图。在透视图中，我们分别以余点 1 和余点 2 为圆心，余点至目点为半径画圆弧，圆弧与视平线的交点分别是余点 1 测点和余点 2 测点。汇聚向余点 1 的直线透视长度通过余点 1 测点测得，汇聚向余点 2 的直线透视长度通过余点 2 测点测得。在图 5-21 中，过方体距离画面最近的顶点做水平标尺，以此顶点为标尺原点，分别在标尺左右两侧进行相同的刻度标注。刻度的长度可以通过 0 刻度处的视高来确定。如视高是 1.5 米，那么透视图中，标尺原点到视平线的竖直距离是 1.5 米，以此长度为依据，在标尺上进行刻度标注。想要在汇聚向余点 2 的透视直线上截取 2 米的透视长度，则在标尺右侧 2 米刻度处引线至余点 2 测点，则引线与汇聚向余点 2 的直线的交点 S 就是透视空间中 2 米直线的端点。同样方法，在标尺左侧量取 3 米的长度，在 3 米刻度处引直线到余点 1 测点，则引线与汇聚向余点 1 的直线相交于 T 点，那么 0 刻度到 T 点的线段长度，就是汇聚向余点 1 的方体棱在透视空间中 3 米应有的长度。

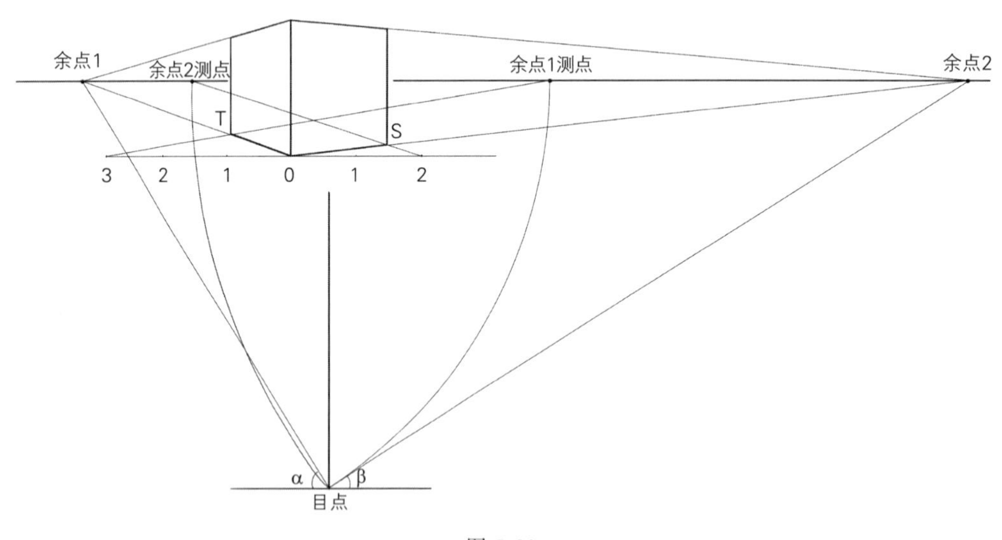

图 5-21

测点位置的确定是通过几何关系得出的。通过图 5-22 我们来分析一下用测点法求余角透视长度的几何原理。图 5-22 是典型的方体余角透视状态下场景的顶视图，属于一般余角状态，方体两个竖立面与画面成角分别为 α 与 β。自目点做两条射线分别与目线成角 α 和 β，则两射线与视平线的交点 E 和 D 分别是方体两条余角边 OB 和 OC 的灭点。以 OB 边为例，过方体顶点 O 做水平标尺，此标尺与视平线及目线平行，作为测量工具。EF 与 EE1 等长，连接 FE1 得到一个等腰三角形，顶角∠FEE1 角度为 α。射线 FE1 为自目点发出的射线，与视平线的交点是 E1，可以看作是灭点寻求线，透视图中所有与 FE1 平行的直线的灭点都是 E1，因此过 B 做 FE1 的平行线 BA 与水平标尺交于 A，则 BA 就是透视图中自水平标尺向测点（E1）的引线。如果能证明 OA 与 OB 相等，就能说明测点法是合理的。由于 AB 与 FE1 平行，∠OAB 与∠EE1F 相等，∠AOB 与∠FEE1 相等都是 α，因此，△OAB 与△FEE1 是相似三角形，那么△OAB 也是等腰三角形，则 OA 与 OB 等长，由此可见，测点法在几何意义上是可以被证明的。

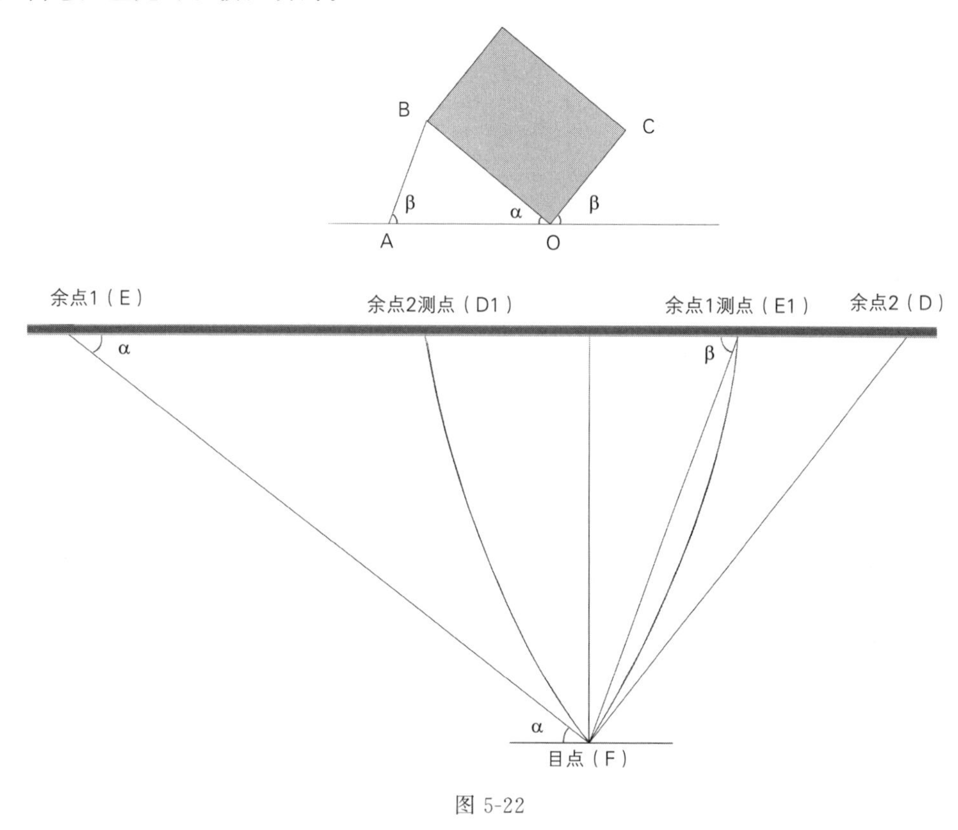

图 5-22

图 5-23 是一款概念油罐车的余角透视图例。从图中我们可以注意到油罐车车头与画面成一定角度，是典型的余角透视状态。而油罐与车头也是成角度的，该车正处于右转弯的状态，造成油罐与画面的角度和车头与画面的角度并不相同。因此，我们可以理解成画面中是两个不同角度放置的余角透视方体。于是透视图中有两组余点，分别对应车头和油罐的相关透视汇聚线条。图 5-24 是对概念油罐车的概括性透视分析，将油罐车简化成方体的形式，很容易看到两个方体在画面中的透视关系。分别对车头和油罐进行测点法测量，从而得到车头和油罐的准确透视长度。

图 5-25 是一台医疗仪器的余角透视图，图 5-26 是该图的透视分析图，该仪器的长宽比为 3∶2，在图中通过测点法确定其在透视缩减中的准确长度，随后进行产品整体细化和细节处理。

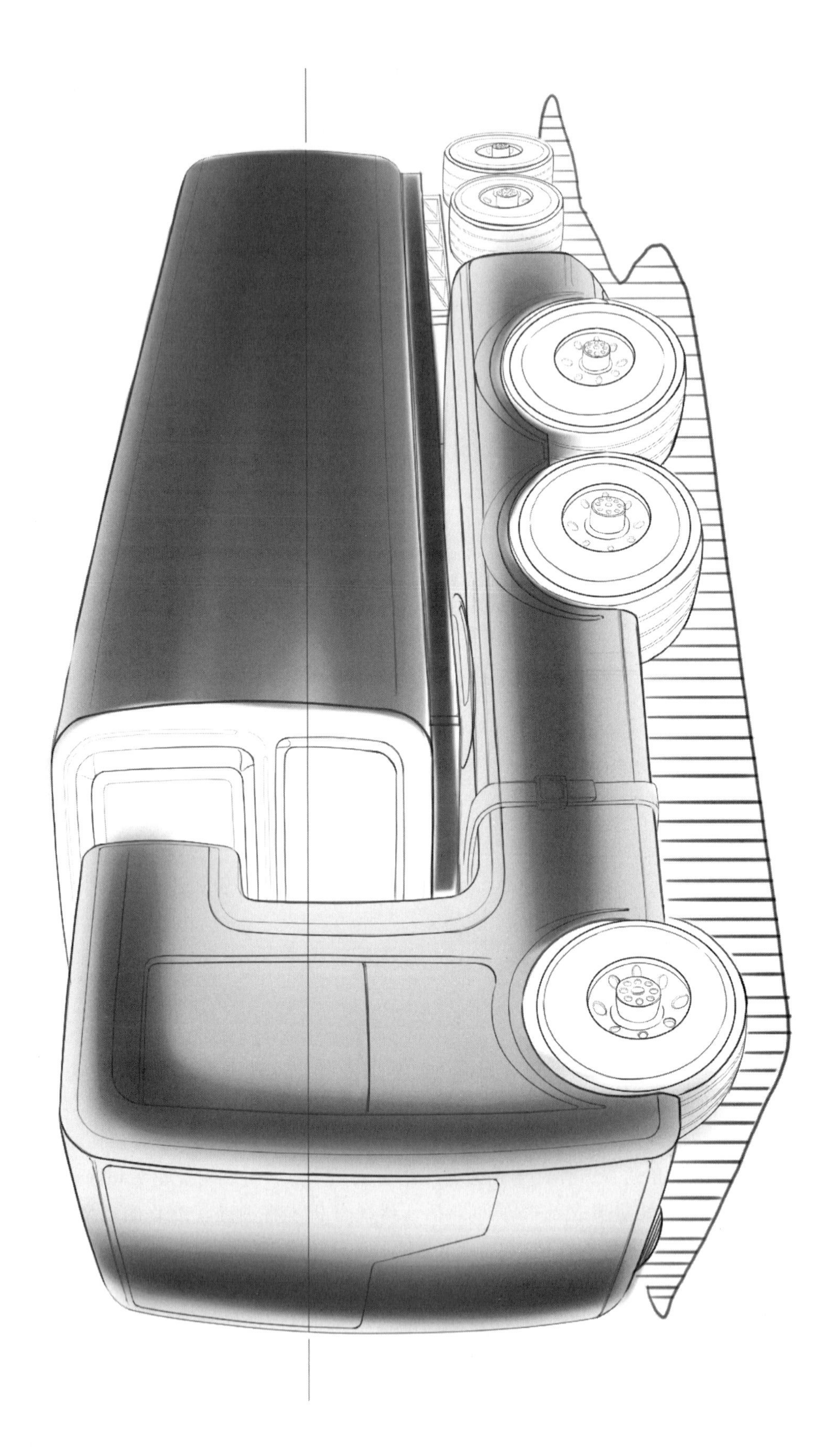

图 5-23

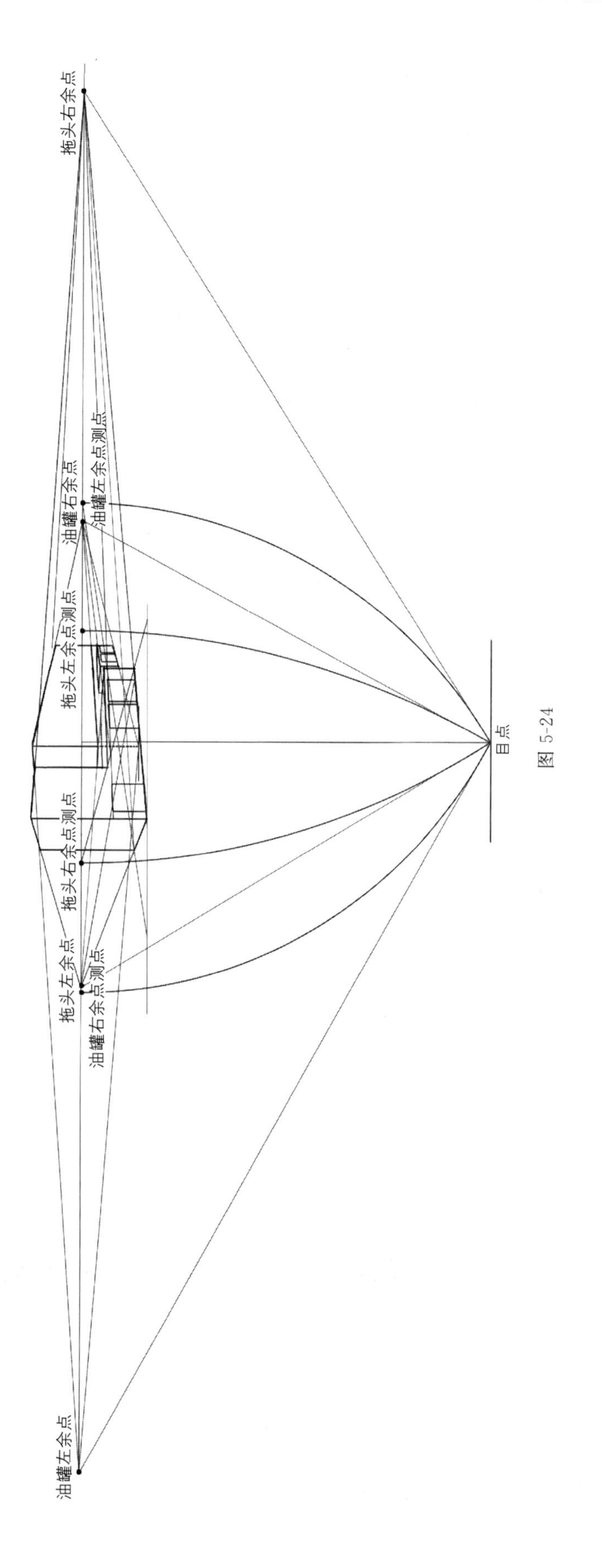
拖头右余点
油罐右余点
油罐左余点测点
拖头左余点测点
目点
拖头右余点测点
拖头左余点
油罐右余点测点
油罐左余点

图 5-24

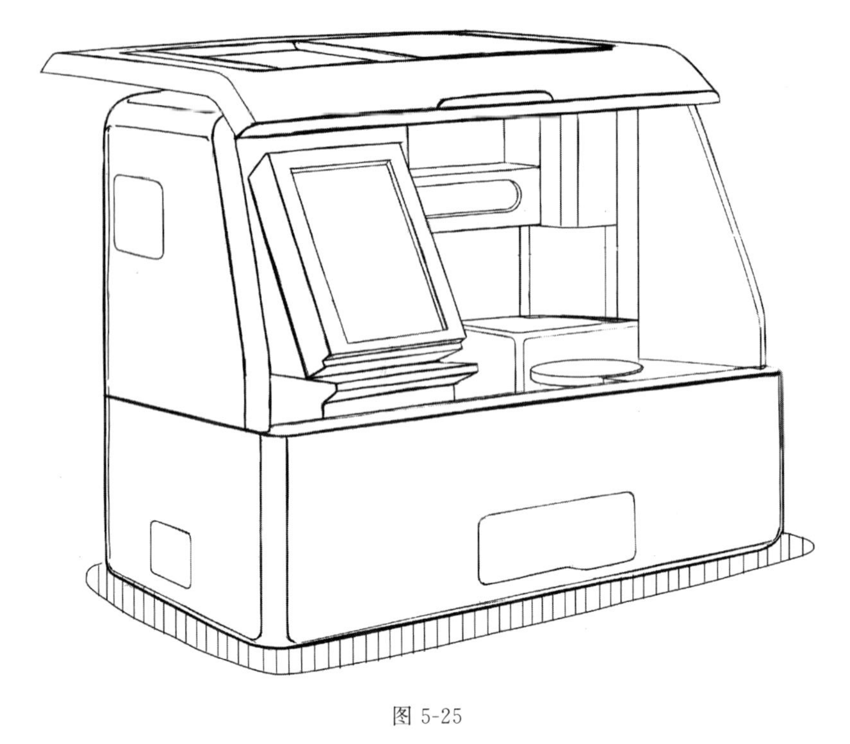

图 5-25

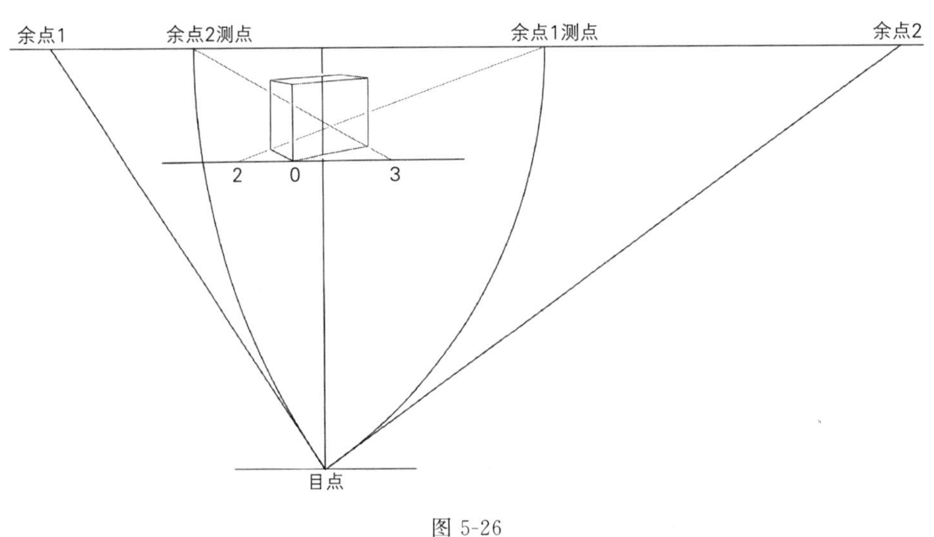

图 5-26

第六节　余角透视深度分割的两种技巧

在前章我们学习过利用辅助灭点来对平行透视的透视深度进行比例分割的方法，在对透视长度进行比例分割时，这是很好的方法，相比测点法逐一获得比例分割点的思路，辅助灭点法的效率更高，这种方法对余角透视同样适用。如图 5-27 是一台老式电台的图例，摆放角度也是余角透视一般状态，它的底部空间的长度划分是 5∶3。如果用测点法得到中间隔断的位置，就需要通过两次使用测点法分别求得中间隔断的位置和电台的整体长度。而使用辅助灭点法就相对简单了。如图 5-28 所示的作图过程，将电台抽象成方体，在透视图中以方体离画面最近的顶点为原点做水平标尺，在标尺上任意选取一段长度，将它进行 5∶3 分割，分割点分别为 B 和 C。再分别从分割点向视平线上任意点 A 引线，则 A 点就是辅助灭点。AB 与 AC 与方体长边的交点就是方体长边的比例分割点。余角透视中的辅助灭点原理同平行透视一致。

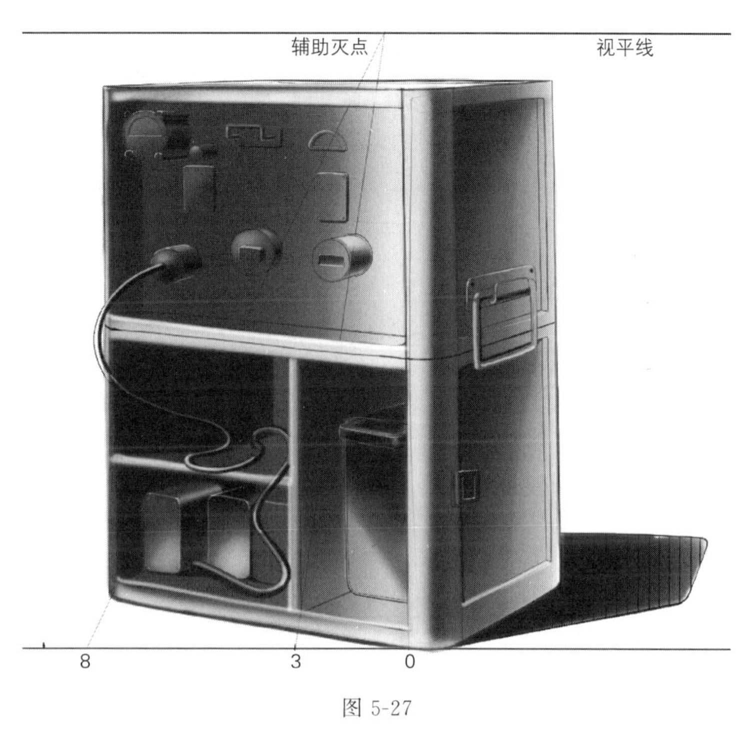

图 5-27

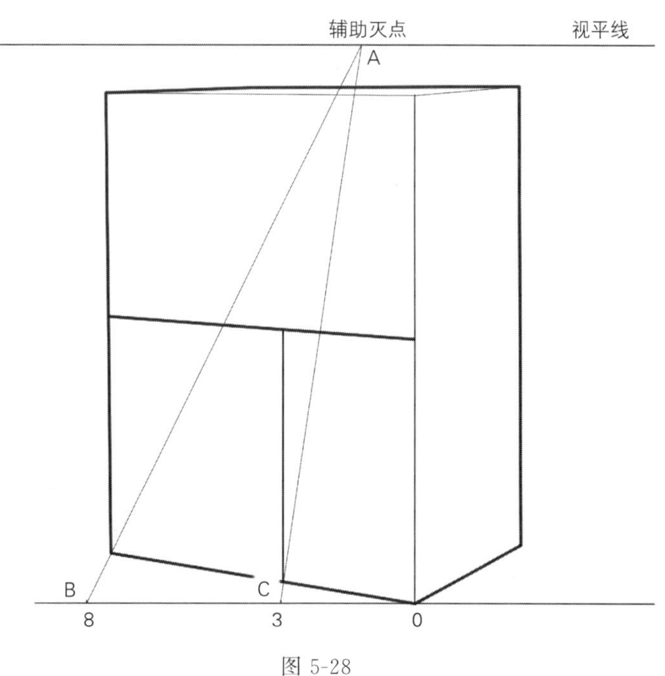

图 5-28

在平行透视的学习中，我们曾利用矩形的中心点特点进行透视空间的矩形复制，这种方法在余角透视中同样适用，即在余角透视图中，确定了一个方体的透视形态后，通过它的两组边的等分点，可以对矩形进行透视空间中的等大并列复制。如图 5-29 中的坦克车轮，不需要透视灭点的辅助，仅通过车轮外接矩形的辅助，就可以复制出并排的多个车轮外接矩形，从而复制出多个紧挨着的排列车轮。

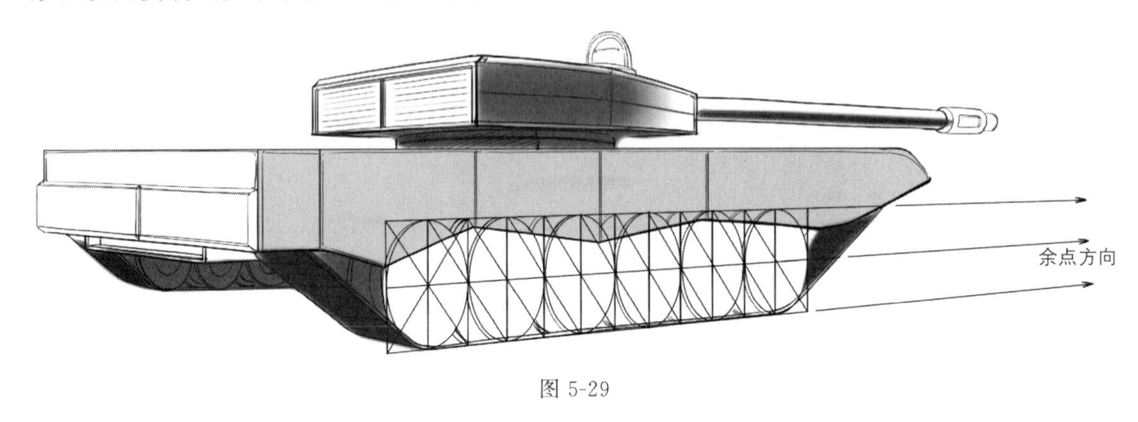

图 5-29

第七节　余角透视图例

图 5-30 是余角透视下的“毛泽东号”机车车头❶，图 5-31 是余角透视下的笔袋，图 5-32 是余角透视下的多士炉。

图 5-30

❶ “毛泽东号”机车诞生于解放战争的炮火硝烟之中。1946 年，为了支援解放战争，缓解铁路运输运力不足的困难，哈尔滨机务段的工人们在中国共产党的领导下，开展了“死车复活”活动。1946 年 10 月，在哈尔滨机务段的肇东站，经过 27 个昼夜的奋战，工人们终于抢修出了一台蒸汽机车。1946 年 10 月 30 日，经过当时的中共中央东北局批准同意，这台机车被命名为“毛泽东号”

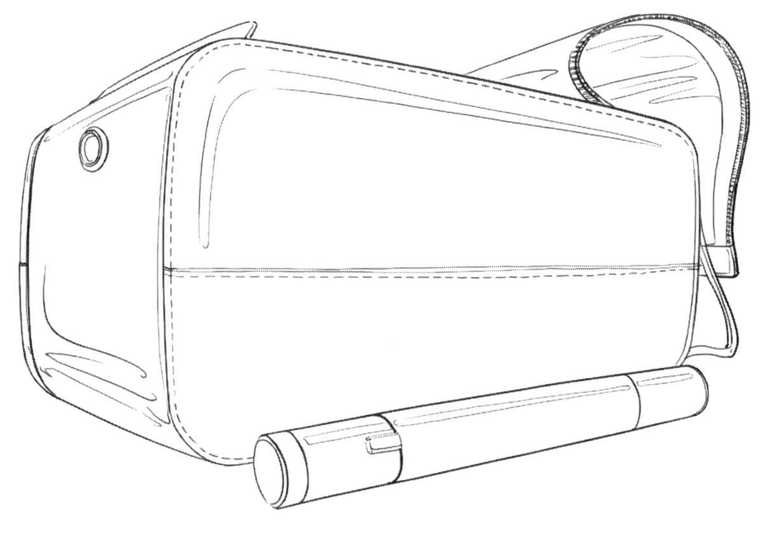

图 5-31

图 5-32

课后思考题及练习：

1. 思考余角透视两个余点的位置关系和特点。
2. 用余角透视画一件书桌上的玩具。

第六章

产品斜面透视原理

第一节　什么是斜面透视

1. 认识斜面

在产品设计和表现过程中，除了水平面和竖立面外，斜面也是会经常出现的一种形态，比如订书机的顶部（图 6-1）、电动缝纫机的控制踏板（图 6-2）、开启的工具箱盖子（图 6-3）、吊车的吊臂（图 6-4）等形态都是斜面。掌握斜面透视的规律，并能按尺寸和比例绘制斜面透视物体，这是本章需要学习的内容。

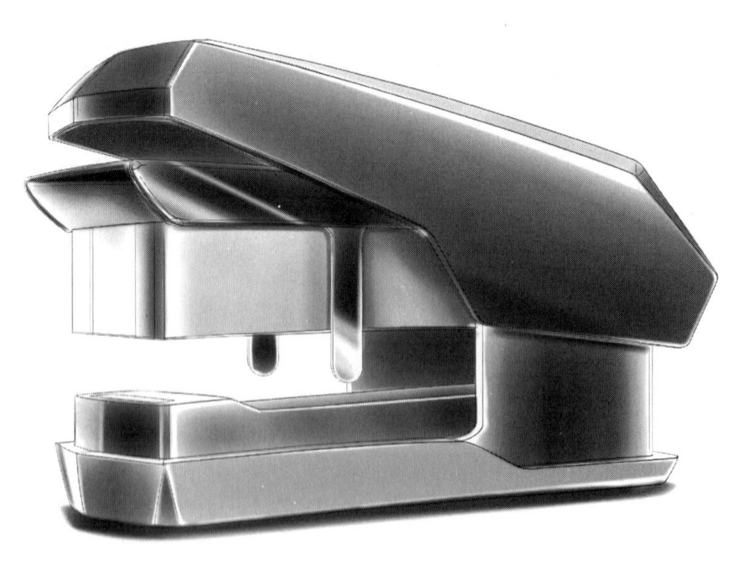

图 6-1

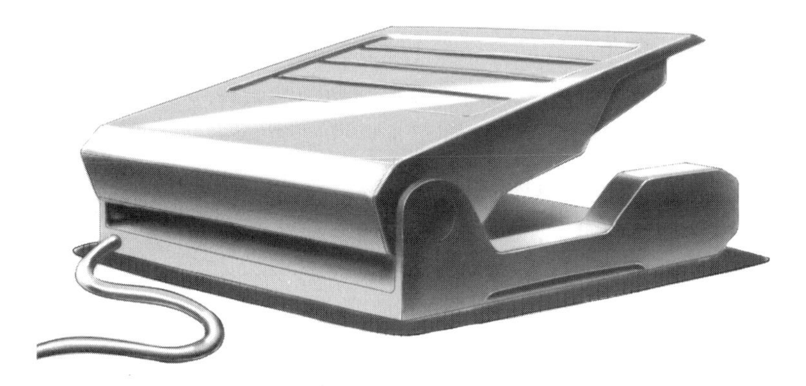

图 6-2

图 6-3

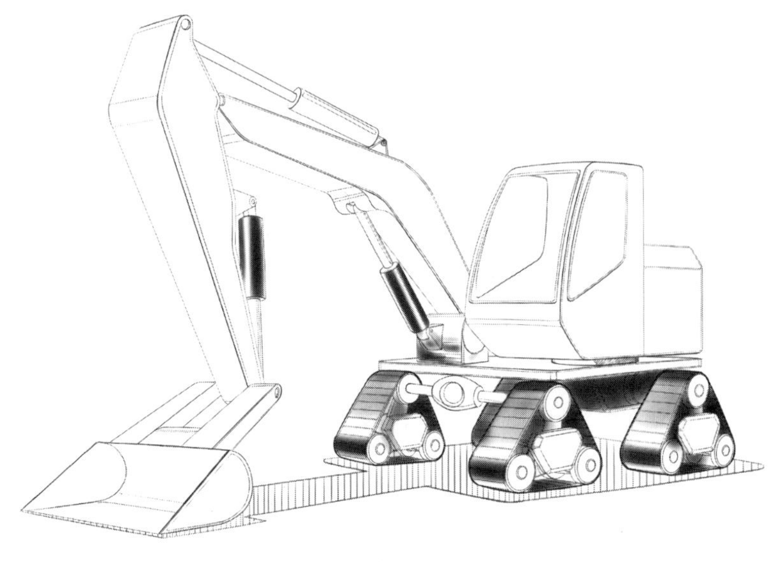

图 6-4

斜面是指那些与地面既不平行也不垂直的平面，可以把斜面理解成是水平矩形平面以自己的一条边为轴，旋转一定角度形成的。这个最初的水平矩形被称为斜面的初始面。我们通过对斜面初始面的研究，间接研究斜面的特点。当斜面的初始面是平行透视状态时，我们称这个斜面是平行斜面透视，当斜面的初始面是余角透视状态时，我们称斜面为余角斜面透视。

以实物为例，如图 6-5 所示，两个方体箱子的状态分别为平行透视和余角透视，箱子口的矩形就是箱盖斜面的初始面。左侧箱子的状态为平行透视，箱口也是平行透视状态，所以对应的斜面 A 为平行透视斜面。右侧箱子的状态为余角透视，箱口也是余角透视状态，因此对应的斜面 B 就是余角透视斜面。斜面 A 的灭点在过心点的垂线上，称为升点。斜面 B 的灭点在过余点 2 的垂线上也称为升点。

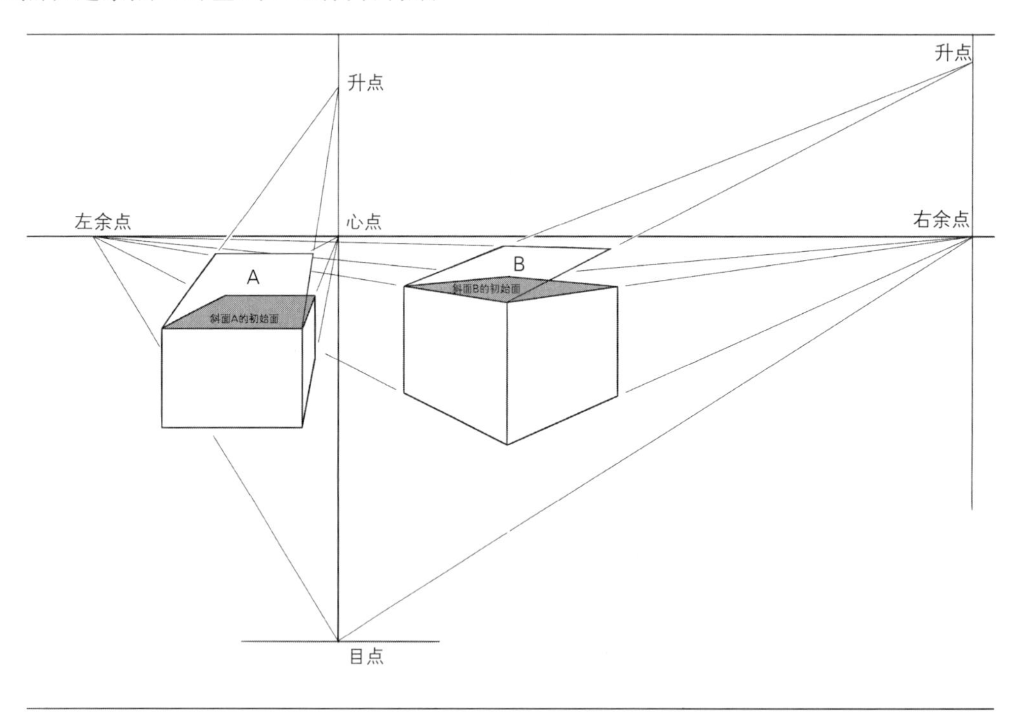

图 6-5

2. 斜面类型

根据斜面朝向，将斜面分为上斜面和下斜面，上斜面近端低、远端高，下斜面近端高、远端低。如图 6-6 所示的纸箱盖，它们属于不同的透视状态，都有各自的朝向。斜面 A、B、E 为上斜面，符合近端低、远端高的特点，而斜面 C、D 为下斜面，符合近端高、远端低的特点。斜面是上斜面还是下斜面的另一个判断依据是看斜边灭点与视平线的位置关系。上斜面的斜边灭点在视平线以上，是升点。下斜面的斜边灭点在视平线以下，是降点，具体内容我们随后的学习中会详细展开。

根据斜面朝向以及其初始面的透视状态可以将斜面分成四种基本类型，即上斜平行斜面透视，下斜平行斜面透视，上斜余角斜面透视，下斜余角斜面透视。如图 6-6 所示，左边为平行透视放置的纸箱，箱顶和箱底平行透视斜面，其中 A 面为上斜面，F 面为下斜面。X1、

X2 斜面比较特殊，它的斜边是原线，没有灭点，不发生汇聚。右边的纸箱放置方式为余角透视，箱盖和箱底都是余角斜面，其中 B、E 为上斜余角斜面，C、D 为下斜余角斜面。

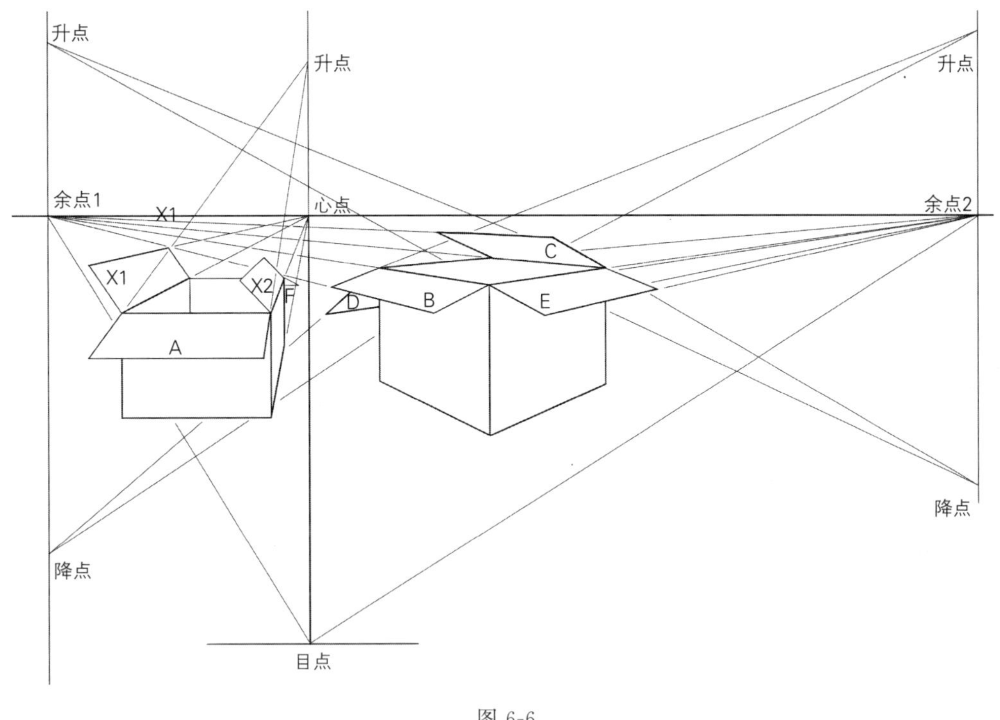

图 6-6

斜面由平边和斜边组成，斜面上与视平面成角的边称为斜边，与视平面平行的边称为平边。这两组边的透视特点决定了斜面的透视属性。斜边和平边在初始面上相对应的边分别称作斜边初始边和平变初始边。

第二节　斜面透视的属性

斜面中的平边的透视方向和其对应的初始边的透视方向一致，如图 6-7 所示的三个斜面都是平行透视状态，斜面 C 的初始面是平行透视状态，两条平边与画面垂直，在透视图中汇聚向心点，灭点就是心点。斜面 A 和斜面 B 的初始面也是平行透视状态，它们的平边 a 和 b 与画面平行，都是原线，没有灭点。斜面 C 的斜边 g 和 h 是原线，平行于画面，没有灭点。斜面 A 的斜边 c 和 d 是下斜线，在透视图中汇聚向过心点的垂线，在心点下方，是降点。斜面 B 的斜边 e 和 f 是上斜线，在透视图中汇聚向过心点垂线，在心点上方，是升点。

图 6-8 中的两个斜面是余角透视状态，它们的初始面都是余角透视状态，初始面的两组边分别在透视图中汇聚向余点 1 和余点 2。斜面 A 的 a 边是平线，在透视图中汇聚向余点 1，b 边和 c 边是斜边，在透视图中，灭点在过余点 2 的垂线上，由于它是下斜线，所以，汇聚向降点（在视平线以下）。斜面 B 的 f 边是平线，与 a 边平行，在透视图中汇聚向余点 1，斜边 d 和 e 是上斜线，在透视图中汇聚向升点（在过余点 2 的垂线上，且在视平线上方）。

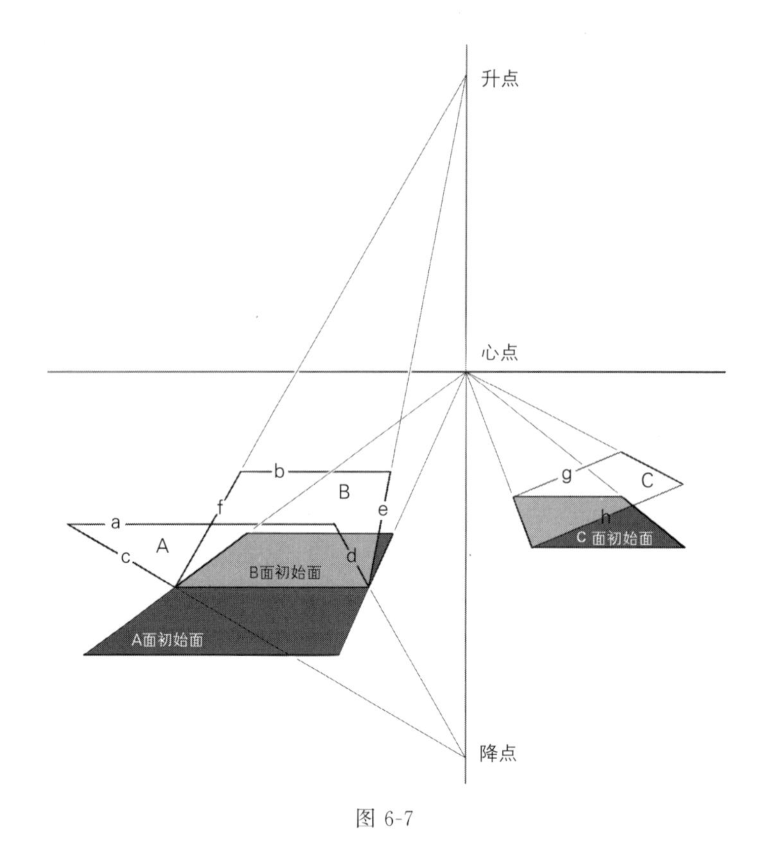

图 6-7

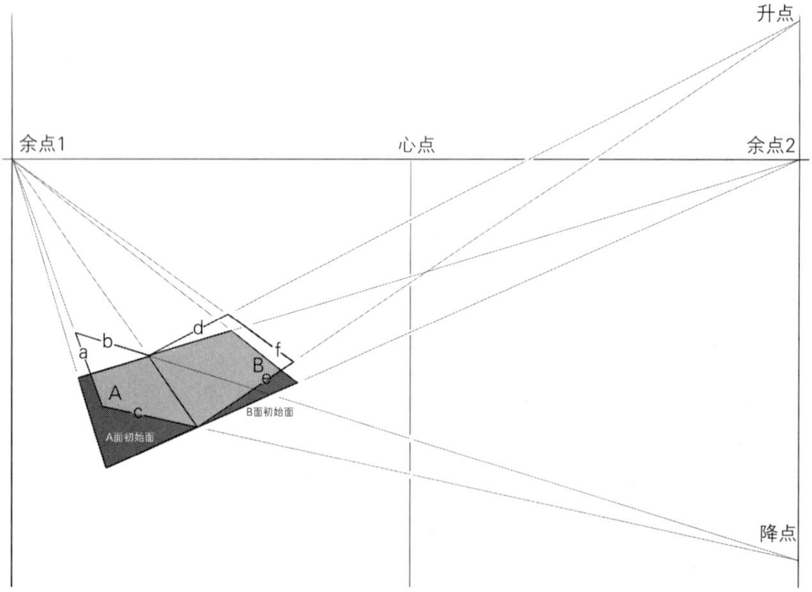

图 6-8

平行斜面透视的初始面为平行透视，平边为原线，不发生透视汇聚，保持平行状态。上斜面的斜边汇聚向升点，下斜面的斜边汇聚向降点，升点和降点都在过心点的垂线上，具体位置取决于斜面旋转抬升或降低的角度。此外，当斜边为原线时，只有平边汇聚向心点，斜边没有灭点，保持平行状态，这时斜面无论向上斜还是向下斜，都不用考虑斜边的灭点问题，画成平行状态就可以了。

余角斜面透视的平边汇聚向余点，斜边汇聚向升点或降点，升点和降点在过余点的垂线上。

如图 6-9 所示，a′的初始边为 a，则 a 汇聚向余点 2，a′为上斜线，因此汇聚在视平线的上方过余点 2 的垂线上的灭点，称为升点，升点位置的高低取决于 a 与 a′的夹角 β 的大小，β 在 0～90 度时，其值越大则升点位置越高，即离视平线越远。当 β 逼近 0 度时，a′逼近 a，升点逼近余点。当 β 逼近 90 度时，a′逼近垂直，升点在过余点 2 垂线上方无限远处，逼近消失。b′的情况与 a′相同，不同之处在于它们以 b 为初始边，灭点汇聚到过 b 边余点的垂线上，b′的朝向为下斜线，灭点在视平线以下，称为降点。

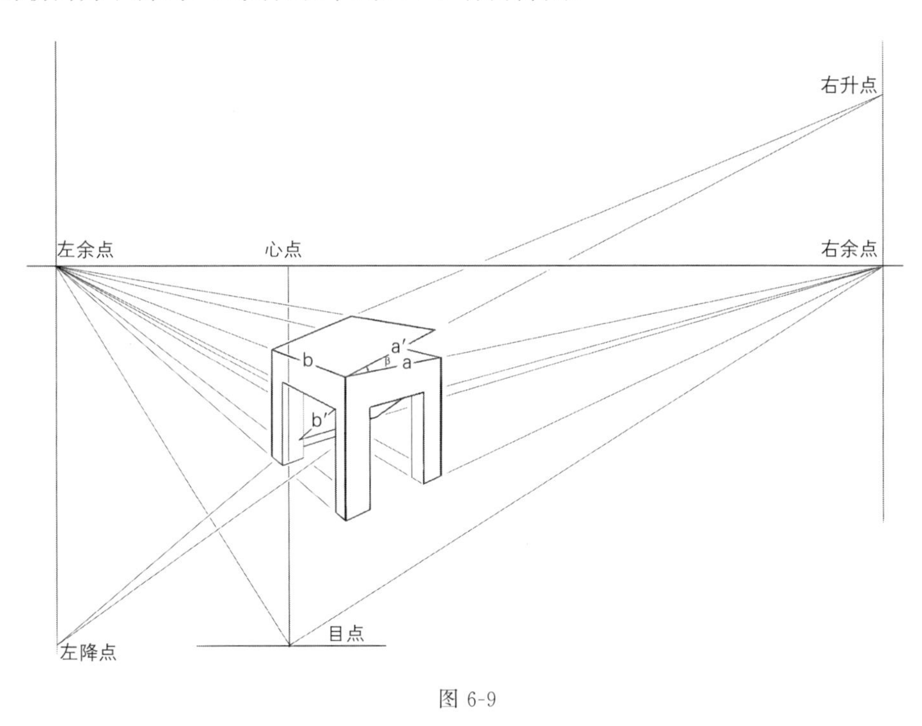

图 6-9

第三节 斜面案例研究

下面我们以倾斜音箱为例，具体认识不同性质的斜面在产品表现中的特点。此音箱是斜置于桌面上的，且具有一个倾斜的支架。

首先来看音箱的第一种状态，如图 6-10 所示，音箱正面是向上倾斜的，初始面是平行透视状态，音箱长边为水平原线 b，没有灭点，不发生透视汇聚。音箱的高 a 为一组上斜线，灭点是过心点垂线上的升点（因画幅有限，升点在画面以外）。音箱厚度边 e 为下斜线，灭点为过心点垂线上的降点（因画幅有限，降点在画面以外）。支架横杆 c 为水平原线，没有灭点。支架支撑杆 f 为下斜线，同样指向过心点垂线上的降点（因画幅有限，降点在画面以外)。由于与桌面的倾斜角度和音箱的倾斜角度不同，支架支撑杆 f 的降点与音箱的厚度边 e 的降点并不是同一个点。

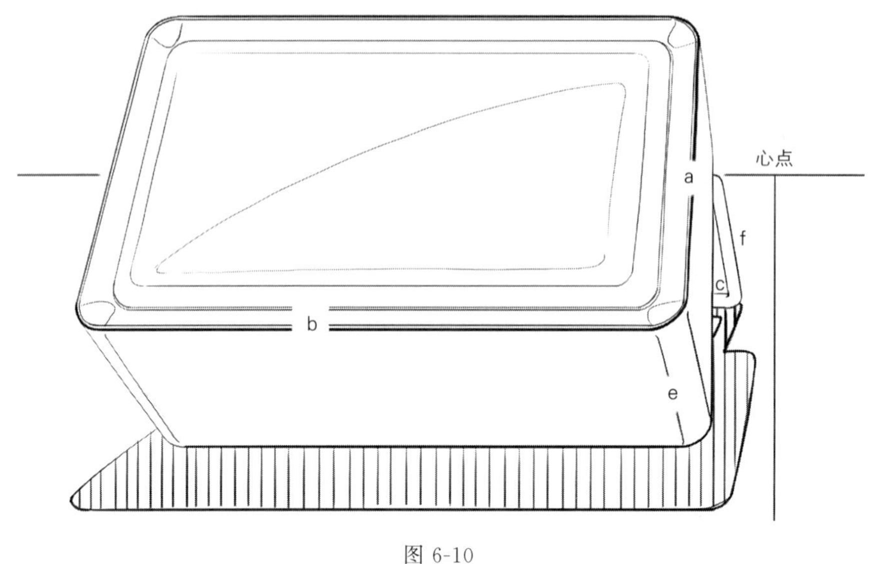

图 6-10

图 6-11 是音箱的第二种透视状态，音箱正面的初始面是平行透视，音箱的高边 a 和厚边 e 都是原线，不存在灭点，保持原有的方向，在透视图中 a 和 e 两个方向的边保持垂直的关系。长度边 b 垂直于画面，透视方向指向心点，支架的支撑杆 f 为原线，没有灭点，两根支撑杆不发生透视汇聚，支撑杆横杆 c 为垂直画面变线，透视方向指向心点。

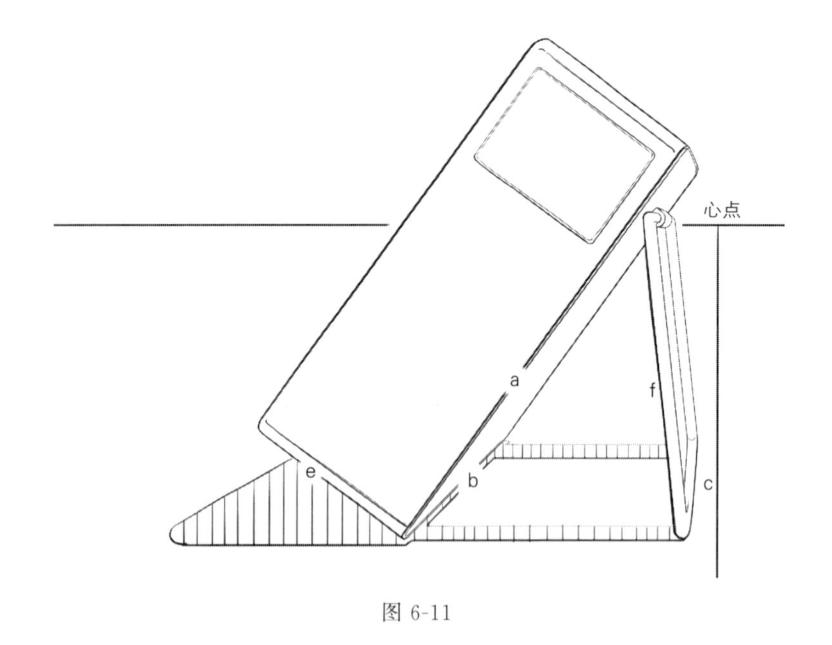

图 6-11

音箱的第三种状态是产品表现中常用的状态，如图 6-12 所示，音箱正面的初始面是余角透视，音箱长边 b 指向余点 1（因画幅有限，左余点在画面以外），高边 a 指向升点（因画幅有限，升点在画面以外），厚边 e 指向降点（因画幅有限，降点在画面以外），支架的长边指向余点 1（因画幅有限，余点 1 在画面以外），支撑边 f 指向降点，该降点在过余点 2 垂线上（因画幅有限，降点在画面以外）。本图例中的音箱很接近立方体（倒圆角边的方体），可以直接通过方体的形式进行倾斜状态的透视绘制。

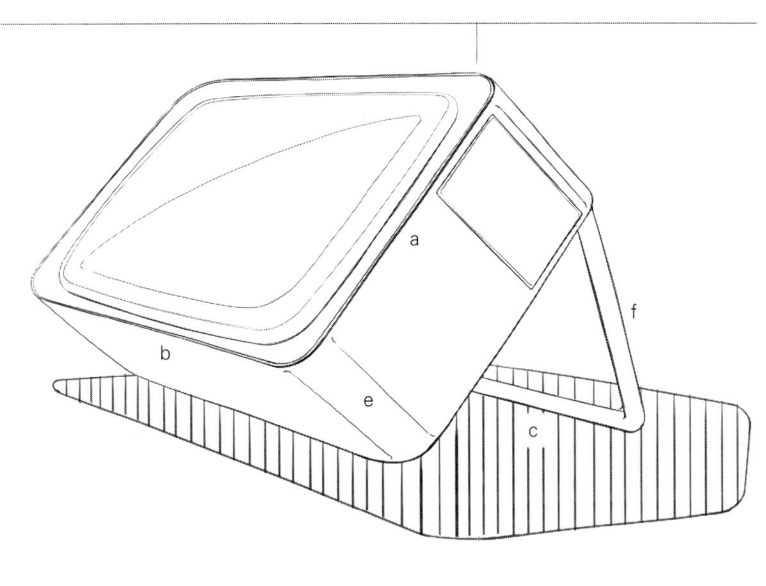

图 6-12

在生活中很多产品往往不是方形的，我们可以把它们放入假想的方体“包装箱”，对包装箱进行透视研究并确定产品各部分的比例和大小，从而完成相对复杂的产品透视形态草图，就像我们在引入“方体”概念时所讲的那样。如图 6-13 所示的倾斜放置的摩托车就是以这样的方式绘制的。它的“包装箱”是一个余角斜面状态的方体。

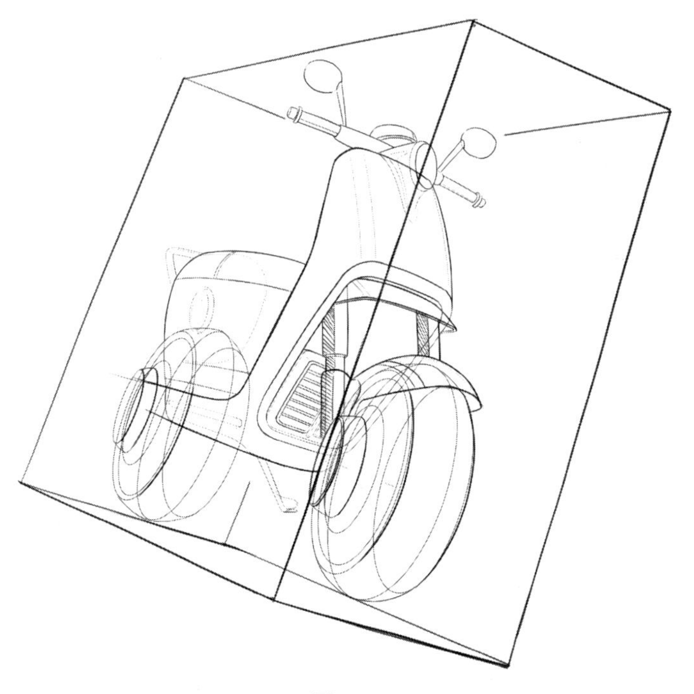

图 6-13

首先，根据摩托车的平面视（图 6-14）确定它的长、宽、高尺寸，从而确定它的外接立方体的尺寸，并在车身关键比例处做相应的尺寸标注，如车轴的位置、车座高度，以及车身最前端、最后端及最高端位置，随后根据透视状态和倾斜角度，确定方体的透视状态（斜面透视缩减方向求深的方法我们将在随后的内容中学习），之后再确定方体上车辆关键点的透视位置，最终完成摩托车倾斜状态透视图的绘制。

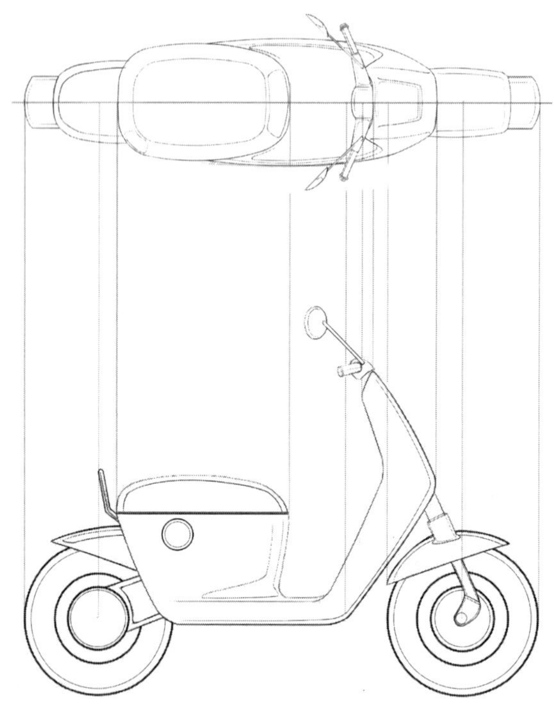

图 6-14

图 6-15 所示的自行车车架透视图中，产品本身是平放的，没有发生倾斜，但车架本身的结构中有倾斜的部分，同样需要按斜面的性质进行处理。绘图思路是将车架整体置于方体内，然后确定关键结构部件的位置，最后进行连线和整体绘制。因此，在车架的绘制过程中，没有刻意寻找相应斜线的灭点，确定物体本身各关键点的位置是这类产品草图绘制的关键。

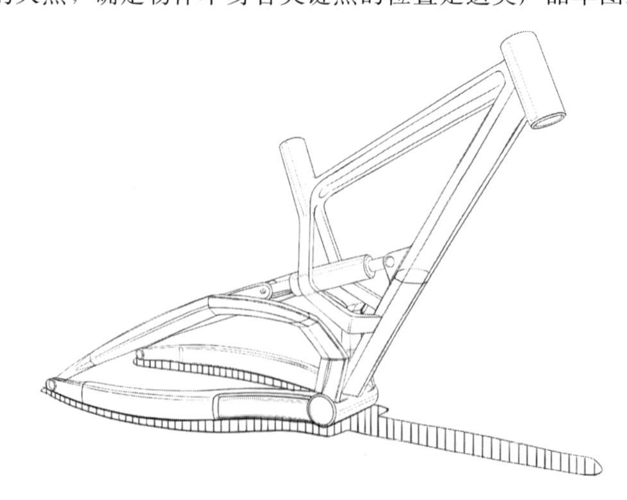

图 6-15

第四节　斜线灭点的寻求

我们已经定性了解了斜线在不同透视场景中的朝向，本节将具体用定量的方式确定斜线灭点的具体位置，即通过作图法确定透视场景中斜线灭点的准确位置。

通过之前学习的斜面透视的几种状态，我们知道，斜面的升点和降点位置由两方面因素决定。首先，斜面是平行透视还是余角透视决定了斜边灭点所在的横向位置，平行斜面透视的灭点在过心点的垂线上，余角斜面透视的灭点在过斜边初始边余点的垂线上。其次，斜面是向上倾斜还是向下倾斜决定了斜边灭点是升点还是降点，即灭点在视平线以上还是以下，最后，斜面与视平面的夹角决定了升点或降点距离视平线的距离。

如图 6-16 所示的平行斜面透视场景，我们可以把它看成是正常平放的平行透视方体（虚线部分）沿离画面较近的一条水平棱线 c 向上旋转了 β 角得到的。在之前学习的平行透视知识的指导下可以顺利完成方体旋转前的状态。方体的 a 边在方体旋转前指向心点，当方体沿 c 线向上旋转时，棱 a 的灭点离开心点位置，沿过心点垂线向上移动。假定 a 线向上旋转了 β 角，那么，a 线的灭点就位于 A 点位置，如图 6-17 所示。我们之前提到过寻找直线灭点的方法，想要确定灭点 A 的位置，就从目点引一条射线，这条射线与 a 线保持平行，那么这条射线与画面的交点就是 A 点的准确位置。这条发自目点的射线称为升点寻求线，

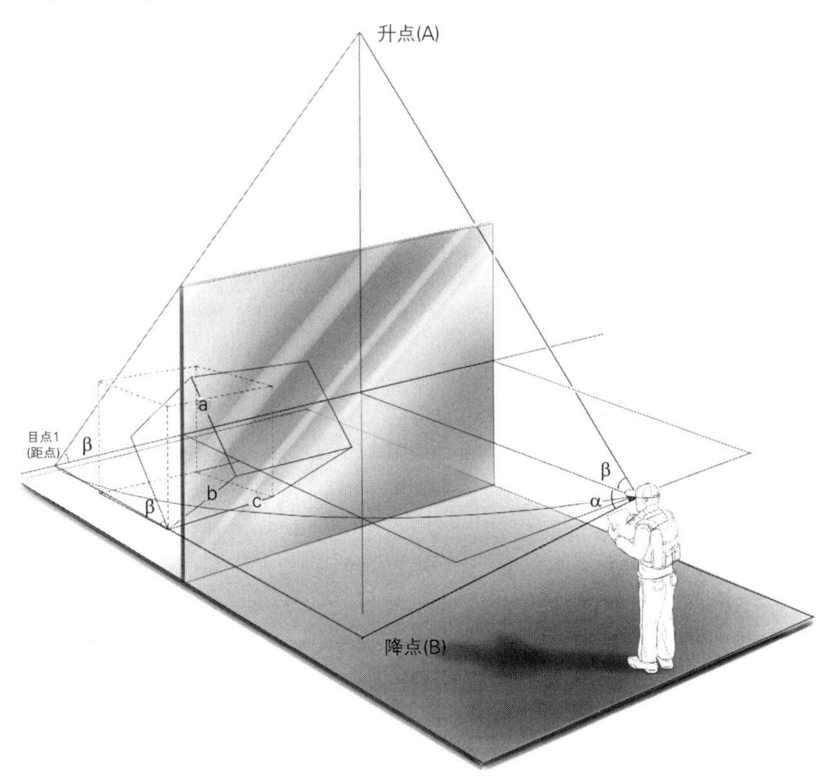

图 6-16

这条射线与视平面夹角也为β就能保证它与a线平行。为了更方便测量，我们将目点以过心点垂线为轴，以中视线为半径旋转90度至视平线上得到目点1（也就是距点），这时，目点和升点寻求线都在画面上，可以进行直接测量。以目点1为起点，绘制与视平线夹角为β的射线，射线与过心点的垂线的交点就是我们所要的a棱的升点A。用同样的方法，自目点1与视平线向下夹角α做射线，射线交视平线下方过心点垂线于降点B，β与α互为余角，B就是我们要求的b棱的灭点，如图6-17所示。

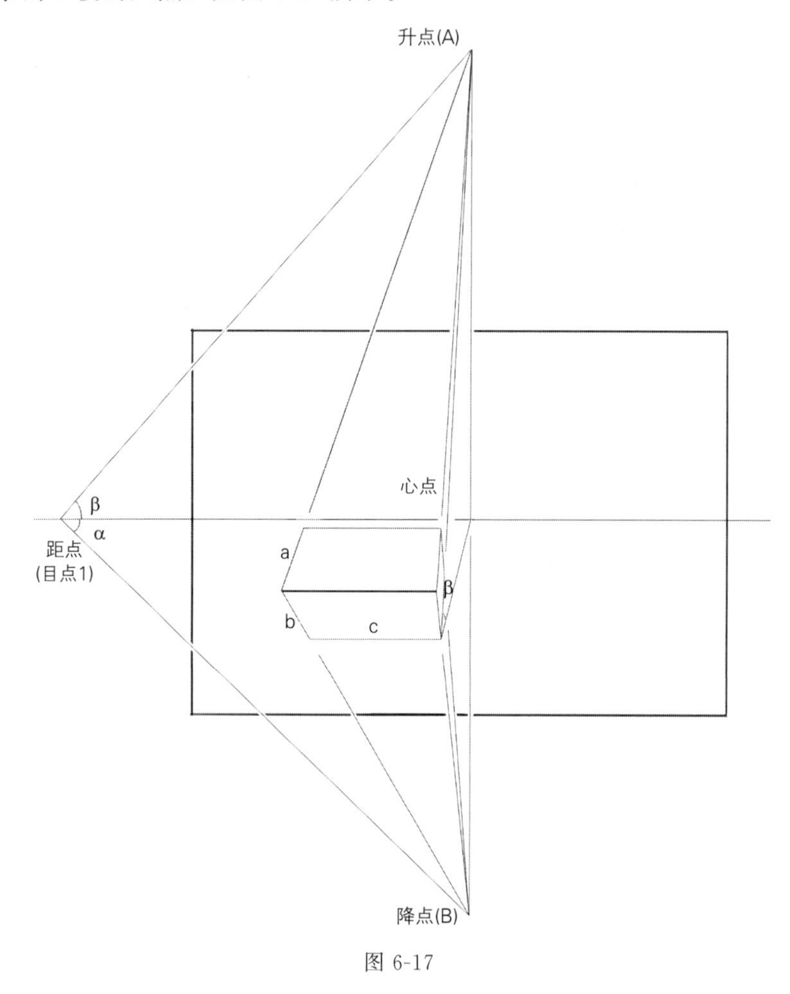

图6-17

如图6-18是余角透视斜线灭点寻求的原理分析。首先，画好水平放置的余角透视方体，如图中虚线物体所示。在此方体基础上，将其沿c棱向上旋转α角，即a棱与地面夹角为α。自目点引a棱的平行线，线交画面于a棱的灭点A。从中可以看出，这条升点寻求线与目点至余点2的灭点寻求线夹角即α。

图6-19是在透视图中用作图法实现的升点和降点的寻求过程。我们以目点与右余点连线为半径，以过右余点垂线为轴，将目点旋转至视平线上，得到目点1（测点）。自目点1画与视平线夹角为α的射线，射线交过余点2垂线于A即棱a的升点。同样原理，自目点1向下画与视平线夹角为β的射线，β与α互余，该射线过余点2垂线交于B点，即棱b的降点。至此，方体的两个基准斜面的余角透视就完成了。随后我们学习斜线透视深度测量后，就可以完整地绘制空间中倾斜方体了。

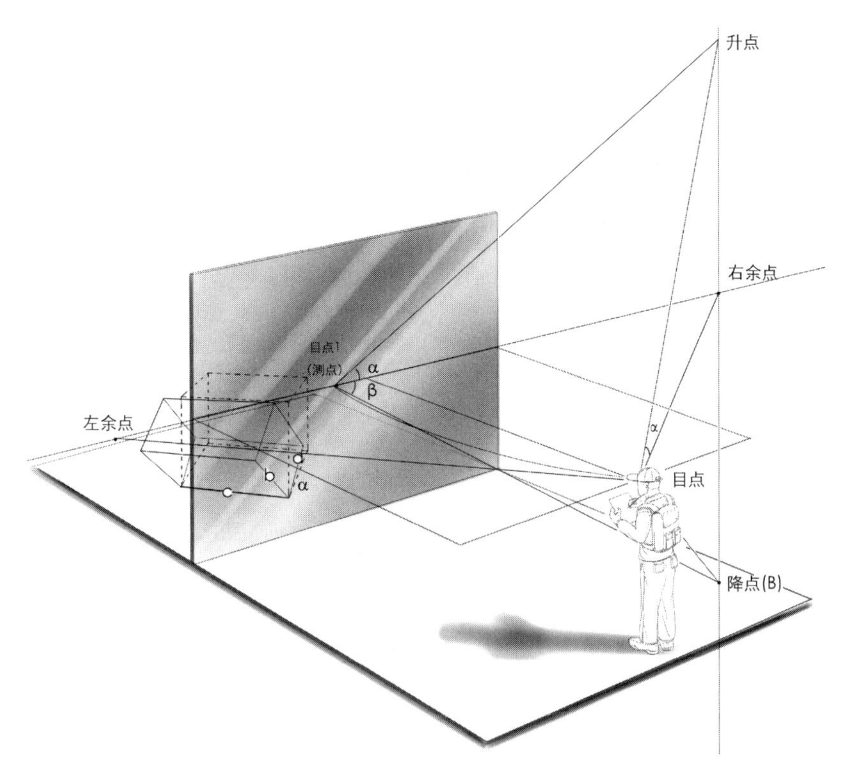

图 6-18

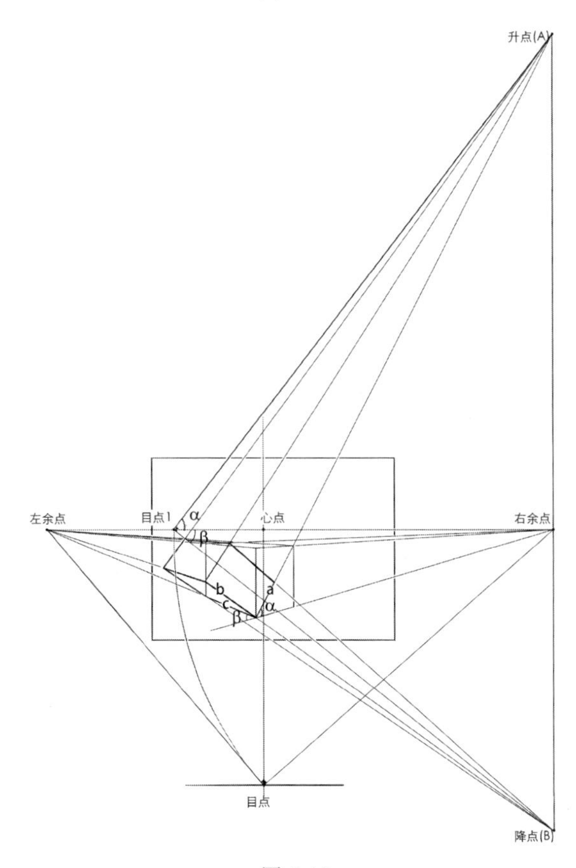

图 6-19

第三种情况比较特殊，如图 6-20 所示，方体成平行透视状态，b 边为垂直画面直线，灭点为心点，以 b 为轴，立方体向左旋转 α 角，即 a 边与地面夹角为 α，c 边与地面夹角为 β，α 与 β 互余。由于 b 边与画面垂直，所以 a 边、c 边与画面平行，是原线，没有灭点，也不发生透视汇聚，透视图中没有升点与降点。如图 6-21 是该倾斜方体的透视图，图中 a 边与 c 边保持垂直状态，b 边指向心点。

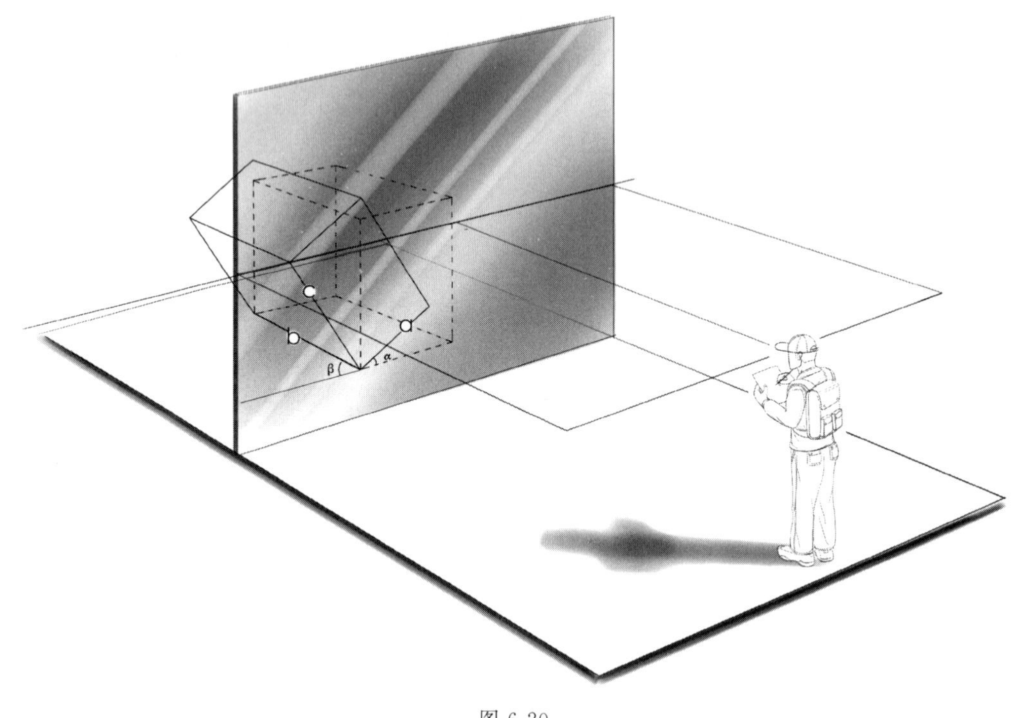

图 6-20

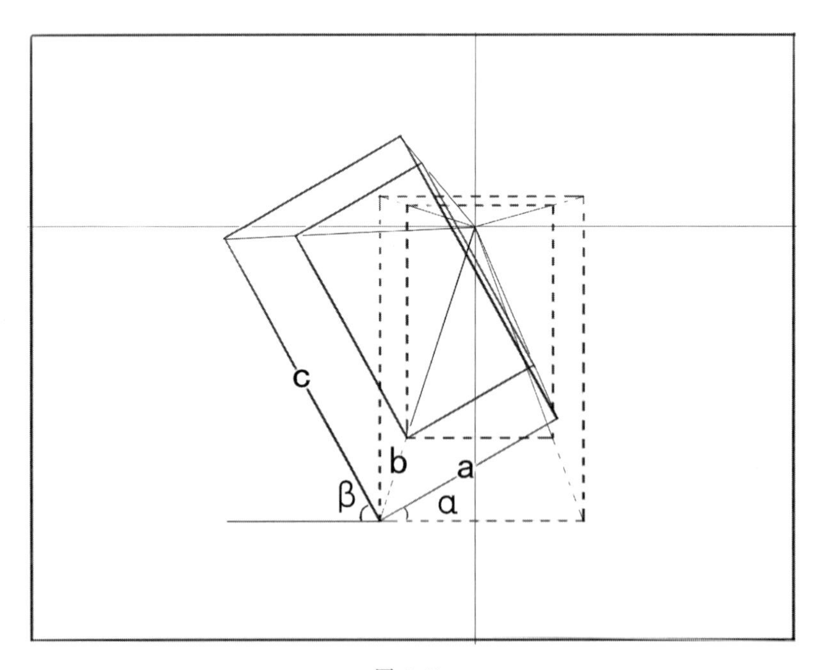

图 6-21

第五节　斜面的灭线

斜面作为空间中的平面，也有自己的灭线。斜面的灭线同样具备灭线的所有性质，在同一个斜面内，相互平行的线有共同的灭点，该灭点在此斜面的灭线上，斜面的灭线可以理解成是斜面上所有直线灭点的集合。在透视图中等大的平行斜面，离灭线越近看上去越窄，离灭线越远看上去越宽。斜面上的物体高度同样可以用视高法来测定，斜面灭线就是视高标尺。

我们在前面的学习中已经知道寻找一个平面的灭线的通用的方法是，将平面抽象成方形，寻找方形两组边的灭点，连接两个灭点的直线就是平面的灭线，斜面灭线的寻求也不例外。如果方形斜面的两组边有一组是原线，没有灭点，那么就过另一组边的灭点做这组原线边的平行线就是斜面的灭线。

如图 6-22 所示，左边方体由 a、b、c 三个方向的边组成，a 边方向的灭点为升点 A′，位于过心点垂线的上端，b 边方向为水平原线，没有灭点，因此，我们过 A 做平行于 b 边的水平直线就得到斜面 A 的灭线。

c 边与 a 边垂直，灭点同样在过心点的垂线上，位于心点之下，是降点 B′，所以 b、c 所在平面 B 的灭线是过 B′点做 b 边的平行线，即过 B′点的水平线。a、c 所在平面的灭线是 a 线灭点及 c 线灭点的连线，即 A′与 B′连线，也就是过心点垂线。

图 6-22 右边的方形斜面 C 由 d 方向和 e 方向的两组边组成，d 边是垂直于画面的平线，灭点为心点，e 边为倾斜原线，与画面平行，没有灭点。因此，我们过心点做 e 边的平行线就得到一条倾斜的直线，它就是该斜面的灭线。

图 6-23 中方体由余角透视状态的方体沿一条底边旋转而得，顶面和底面的初始面为余角透视方形，灭点分别为视平线上的余点 1 和余点 2。e 边的灭点为余点 1，斜边 h 的灭点为升点 H，位于过余点 2 的垂线上。斜边 f 的灭点也在过余点 2 的垂线上，由于是下斜线，它的灭点在视平线以下，是降点。斜边 e、h 所在的斜面 A 的灭线是升点 H 和余点 1 的连线。e 和 f 所在平面 B 的灭线是连接余点 1 和降点 F 的直线。那么 h、f 所在平面 C 的灭线就是 HF 的连线，即过余点 2 垂线。

在确定了斜面的灭线后，我们就可以以灭线为准绳来判断斜面的透视宽窄、朝向以及斜面上物体的高度了，通常也是用视高法。

如图 6-24 所示笔记本电脑由余角透视方体机身和余角透视斜面屏幕组成。屏幕的灭线为余点 1 和升点的连线。假设屏幕在拆下后角度保持不变地竖直向上移动，即屏幕不发生角度变化，垂直向上移动。屏幕在灭线以下时我们只能看到屏幕的正面，屏幕在灭线以上时，我们能看到屏幕的背面。当屏幕刚好在灭线上时，我们能看到屏幕的侧面，呈直线状。无论在灭线的上或下，屏幕离灭线越远，呈现的面积越大，越近呈现的面积越小，可见，斜面灭线具有与平面灭线相同的性质。掌握了斜面相对于灭线的位置和性质，可以很好地处理相互平行的斜面的相对位置关系，正确处理斜面的透视画法。

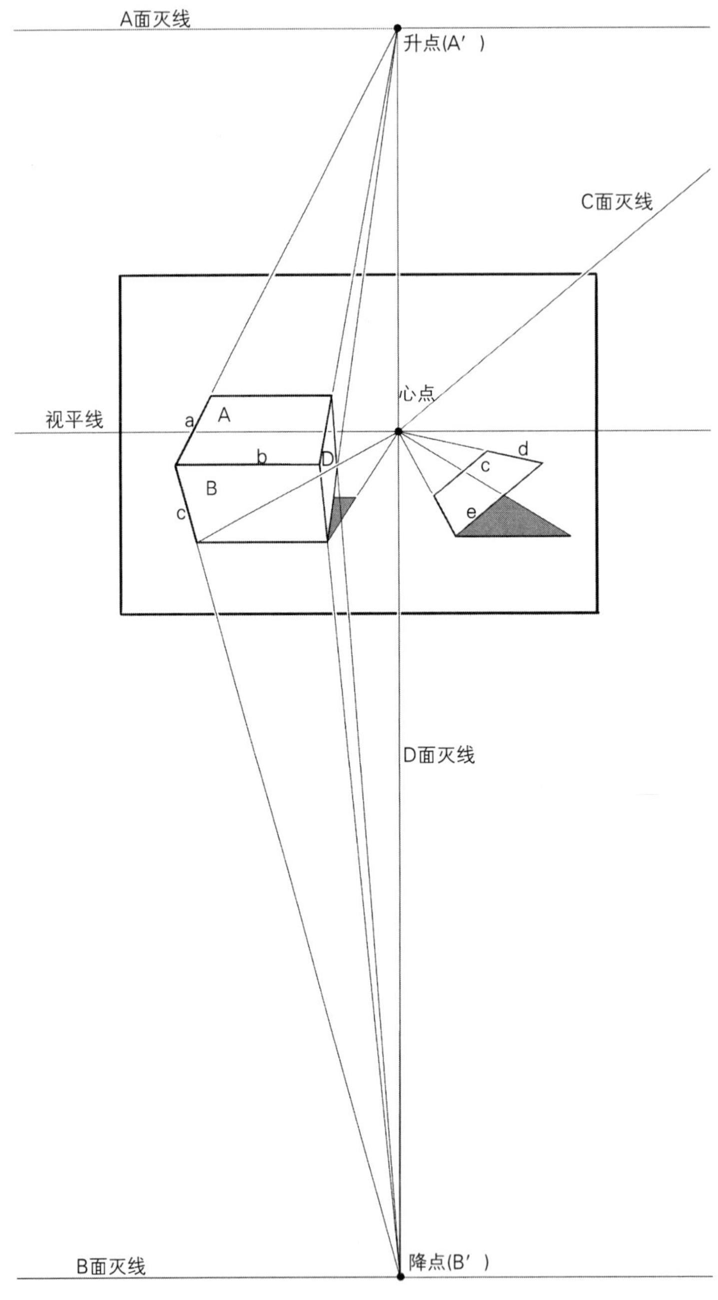

图 6-22

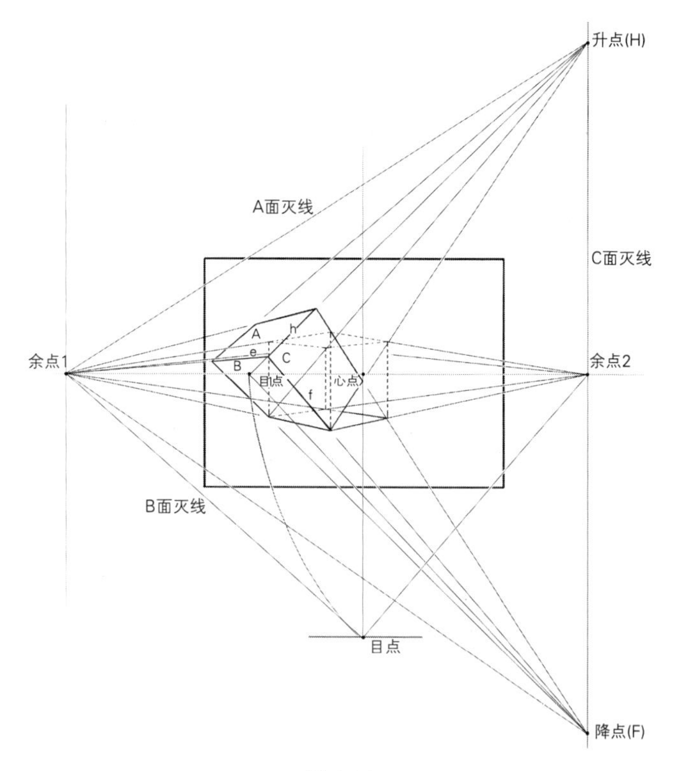
升点(H)
A面灭线
C面灭线
余点1
A
h
e
B
C
目点
心点
f
余点2
B面灭线
目点
降点(F)

图 6-23

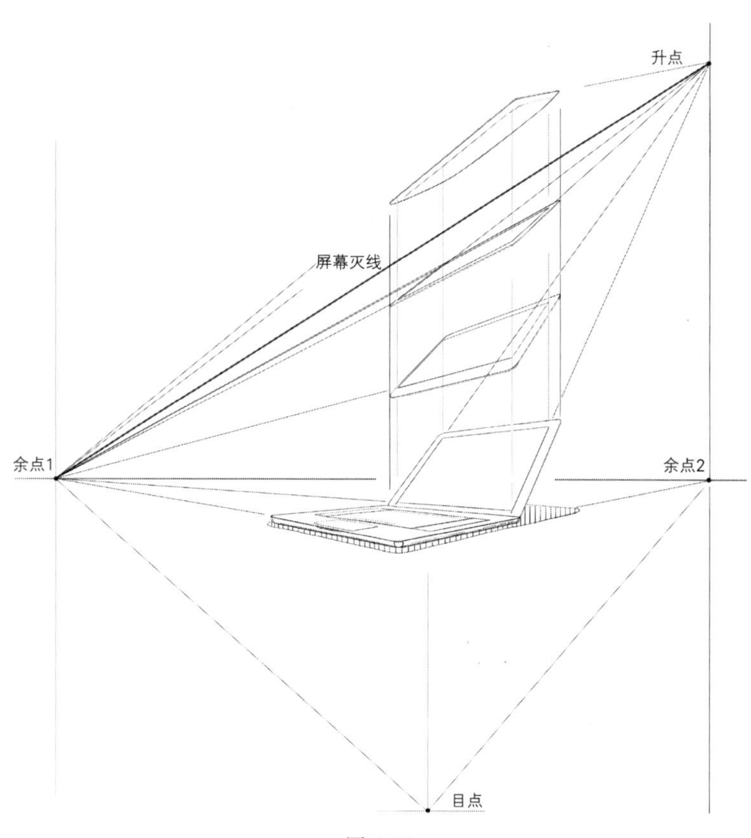
升点
屏幕灭线
余点1
余点2
目点

图 6-24

第六节　斜面深度的透视测量

1. 测点法求斜面透视深度

在研究了斜线和斜面的平行汇聚之后，接下来我们开始探讨斜线的透视缩减，即透视空间中的倾斜线的长度确定。同样将斜面分为初始面为平行透视和初始面为余角透视两种情况来讨论。

首先如图 6-25 所示，倾斜方体由平行透视方体旋转一定角度 α 而得，旋转轴为水平原线 c 边。如果将图 6-25 逆时针旋转 90 度后观察，你会发现和之前学习的测点法求余角透视的透视纵深是一模一样的，从几何意义上讲，原理是一致的。旋转后的图成了一张标准的余角透视方体，图 6-26 是旋转后的效果。升点和降点分别为余点 1 和余点 2 的位置，原来的过心点垂线现在呈水平状，成为“视平线”。求斜边 a 和 b 的透视长度实际就是求图 6-26 中余角边 a 和 b 的透视长度。于是我们用在余点透视中的测点法求 a 边和 b 边的长度，以升点为圆心，升点到距点为半径画弧，弧线交过心点垂线于升测点，同样，以降点为圆心，降点

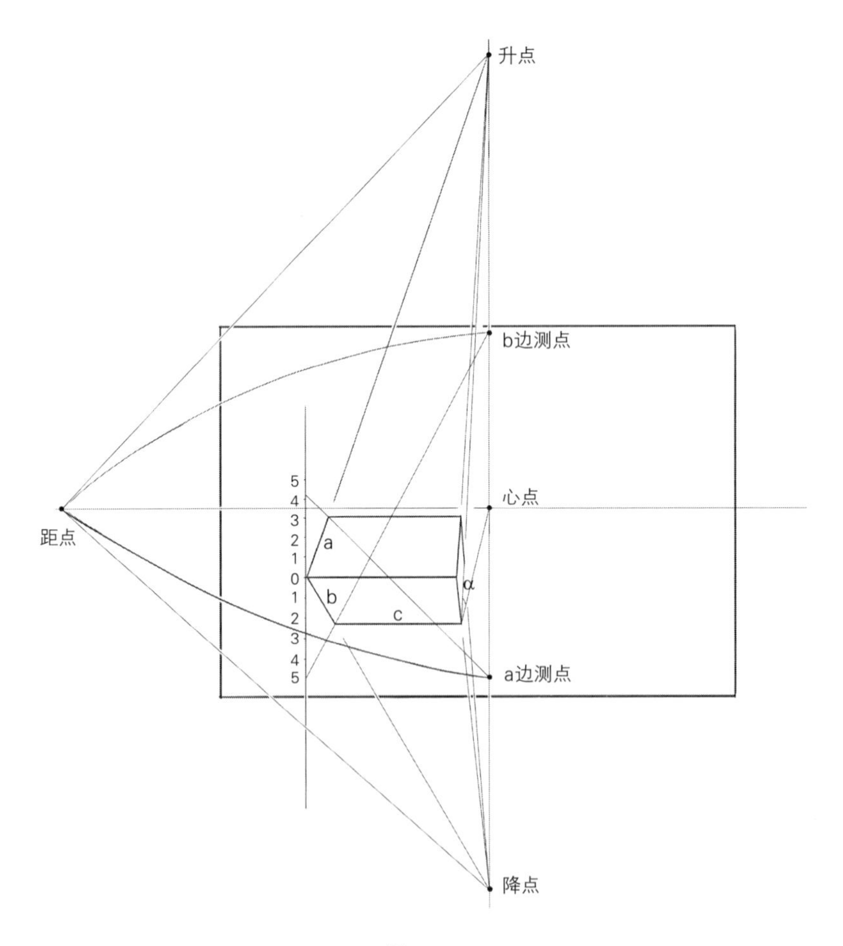

图 6-25

到距点为半径画弧，交过心点垂线于降测点。过 a 与 b 交点即方体顶点做垂线作为标尺，根据视高在标尺上进行刻度标注，则标尺向升测点和降测点的引线分别与“0”刻度向升点和降点的连线相交，交点到“0”刻度的线段分别是方体的 a 边和 b 边。具体原理证明过程见前章余角透视方体测点求深部分，本节不再赘述。

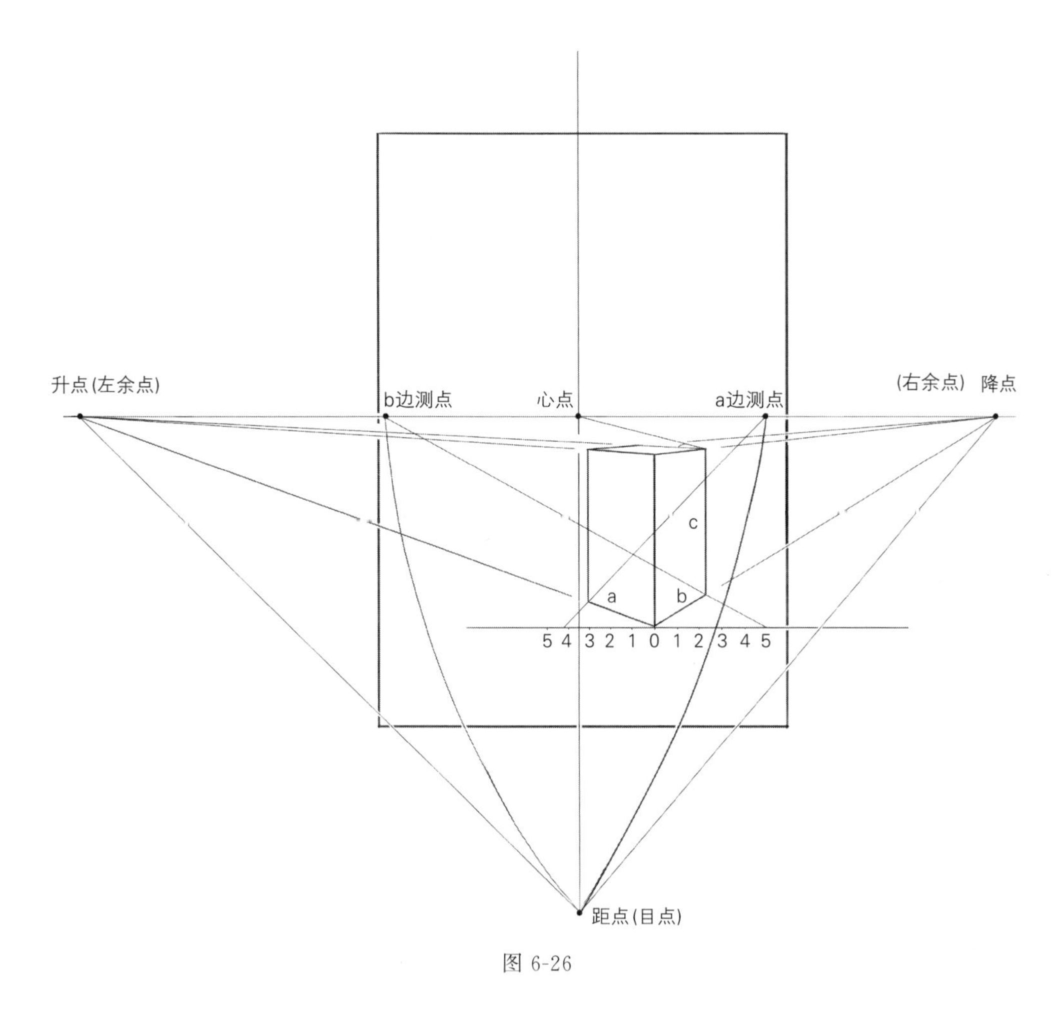

图 6-26

如图 6-27 所示是余角透视方体以一条余角边为轴旋转 α 角所得的倾斜方体。之前学习了斜边灭点寻求的方法，我们知道通过视平线上测点 1 引射线（与视平线夹角为 α），射线交过余点 2 垂线于升点，同样方法可以求得 b 边灭点为降点。求 a 边和 b 边的透视深度，分别以升点和降点为圆心，以升点和测点 1（降点和测点 1）连线为半径画圆弧，圆弧与过余点 2 垂线分别交于升测点 2 和降测点 2。随后过方体顶点 o 做竖直标尺，刻度长度以视高为依据确定。当需要测量斜线 a 的透视长度时，只要在标尺上正方向上相应的刻度处引直线到升测点 2，该直线与 a 边灭点寻求线的交点就是 a 边的截取点，所截得的长度就是 a 边的透视长度。从标尺的负方向对应的 b 边长度刻度处引直线向降测点 2，该线与 b 边灭点寻求线的交点就是 b 边透视长度的截取点，所截长度就是 b 边的透视长度。如图 6-27 中 a 边和 b 边的透视长度分别为 2 个单位和 4 个单位。c 边为余角透视边，用之前学习的余角透视的测点法可以求得它的透视深度，这里不再赘述。

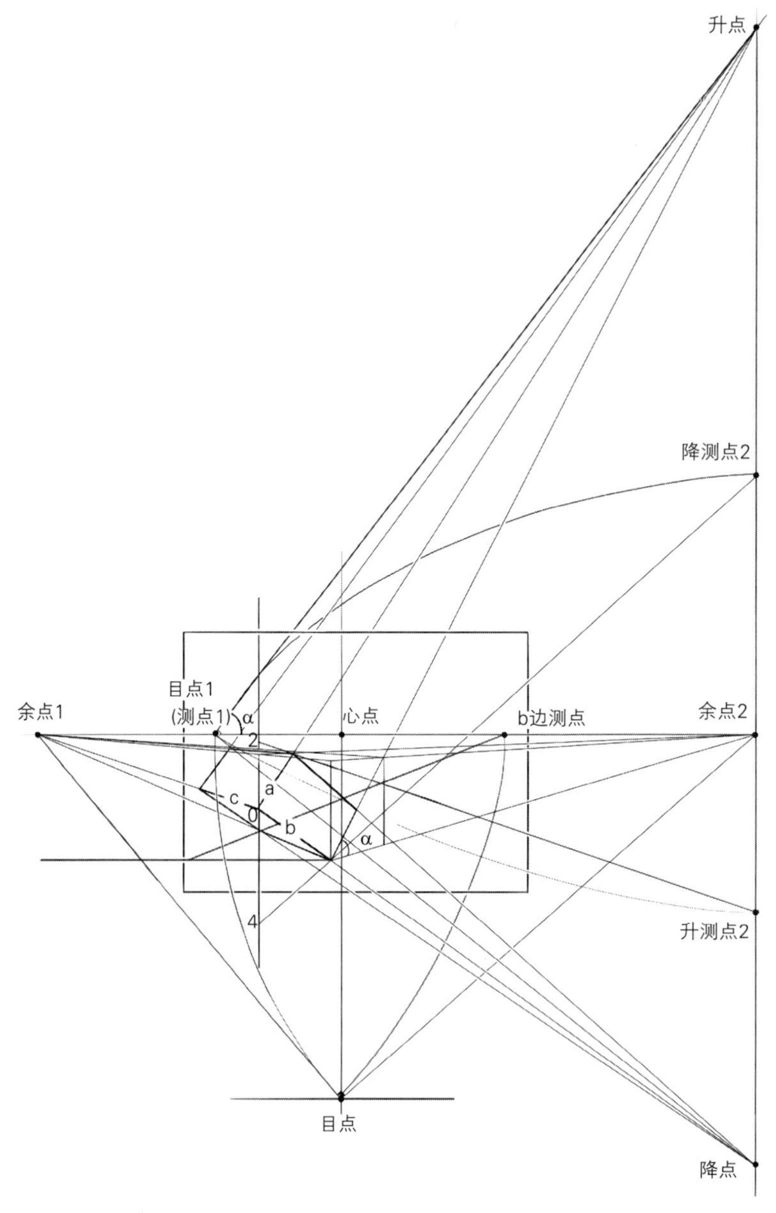

图 6-27

2. 斜置物体求深度图例

下面我们以敞篷小车为例，了解测点法求斜面透视深度的具体过程。

图 6-28 是对小车简化图进行的透视分析。小车处于余角透视状态，敞篷车顶在开启过程中是下斜面。灭点是过余点 2 垂线上的降点。图 6-29 是最终草图线稿。

课后思考题及练习：

1. 思考斜置物体的灭点和灭线特点。

2. 尝试画方形包装箱开盖后的斜面透视。

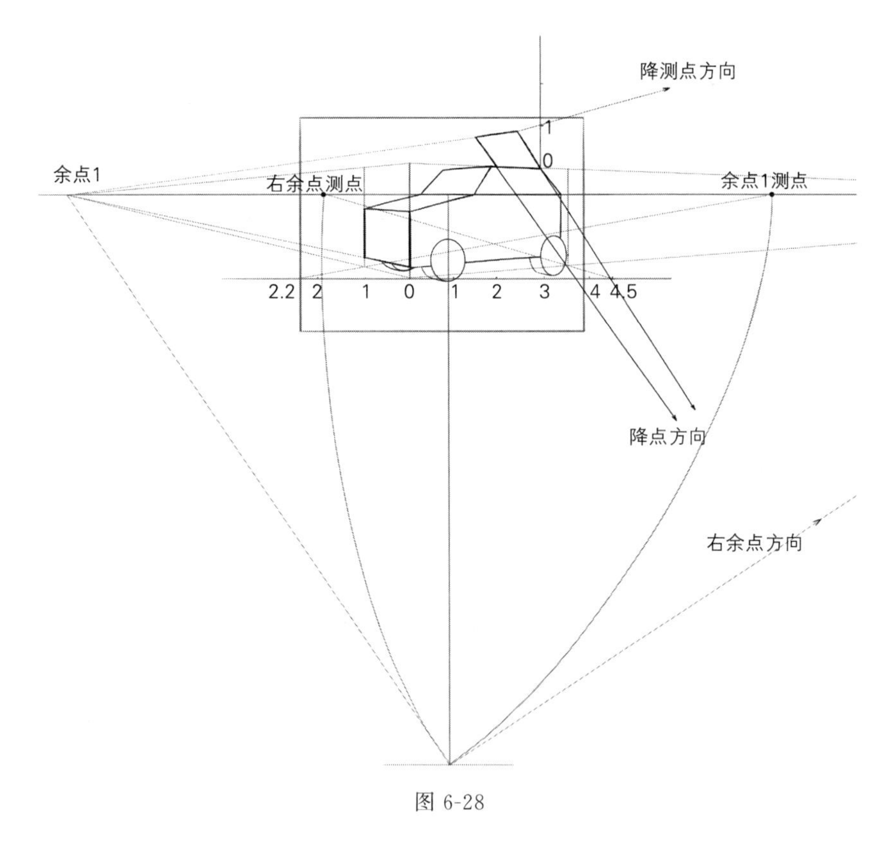

图 6-28

图 6-29

第七章

产品的俯视与仰视

第一节　什么是俯视和仰视

1. 俯视、仰视的形成

我们前几章研究的都是方体在平视时的透视规律，即画者水平直视前方，视平面与地面平行，画面与地面垂直。在现实生活中，人们观察物体往往不限于平视的状态，俯视和仰视也是观察事物常有的视向，而且是很重要的观察物体的形式，本章主要来研究产品在俯视和仰视中的透视。

平视和俯视、仰视的关键区别是中视线的方向，即画者观察物体的朝向，当画者的中视线平行于地面时，属于平视，当中视线倾斜于地面时，是俯视或仰视。其中，中视线垂直于地面的情况称为正俯视或正仰视。如图 7-1 所示画者平视前方观察物体，视平面平行于地

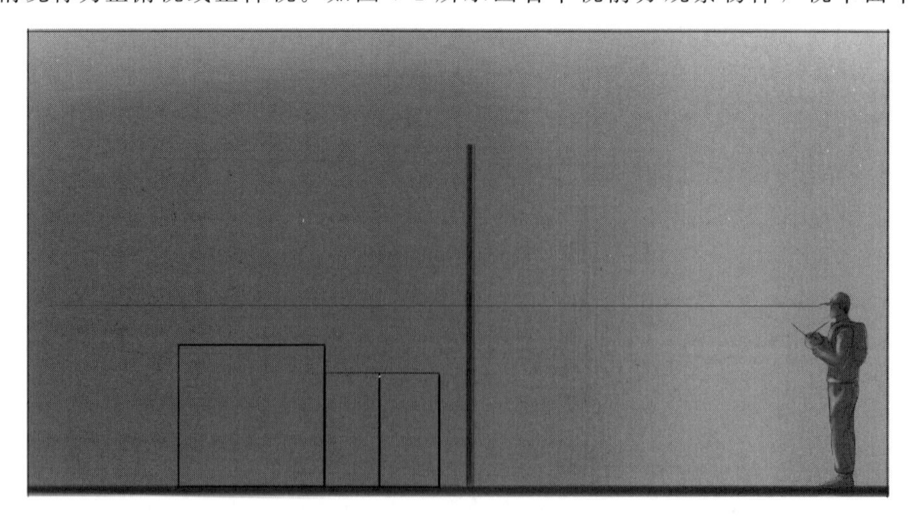

图 7-1

面，画面中视线与地平线重合，此时的视向就是平视。图 7-2 为平视时的方体状态，我们在前面的章节中一直是以这样的视向来观察物体的。

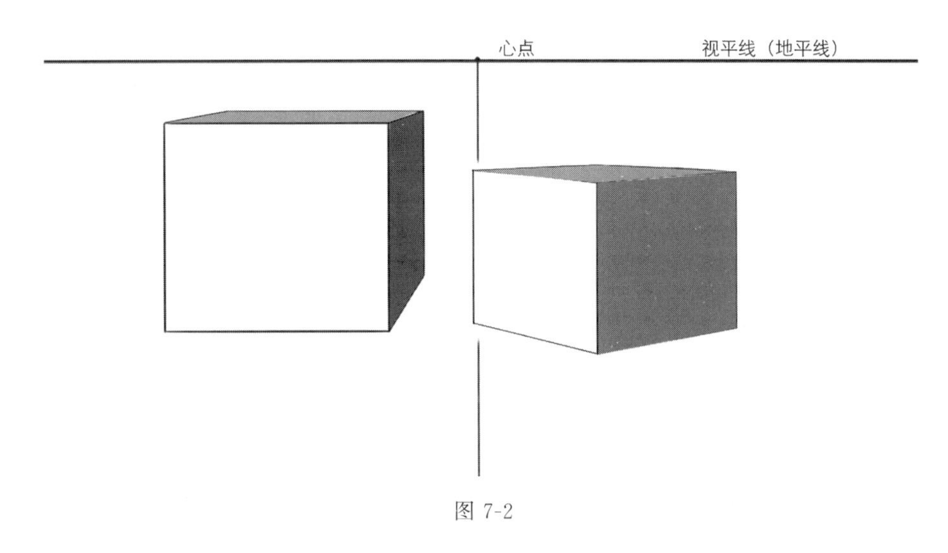

图 7-2

图 7-3 画者站在高台上，中视线向下，倾斜观察物体称为斜俯视，视平面与地面成一定夹角 α。透视图中，地平线与视平线分离，地平线在上，视平线在下。图 7-4 是俯视情况的的方体透视图。斜俯视情况下，方体竖直边与画面不再平行，产生夹角，成为变线，因此产生灭点，即降点。降点在过心点垂线上，视平线下方。

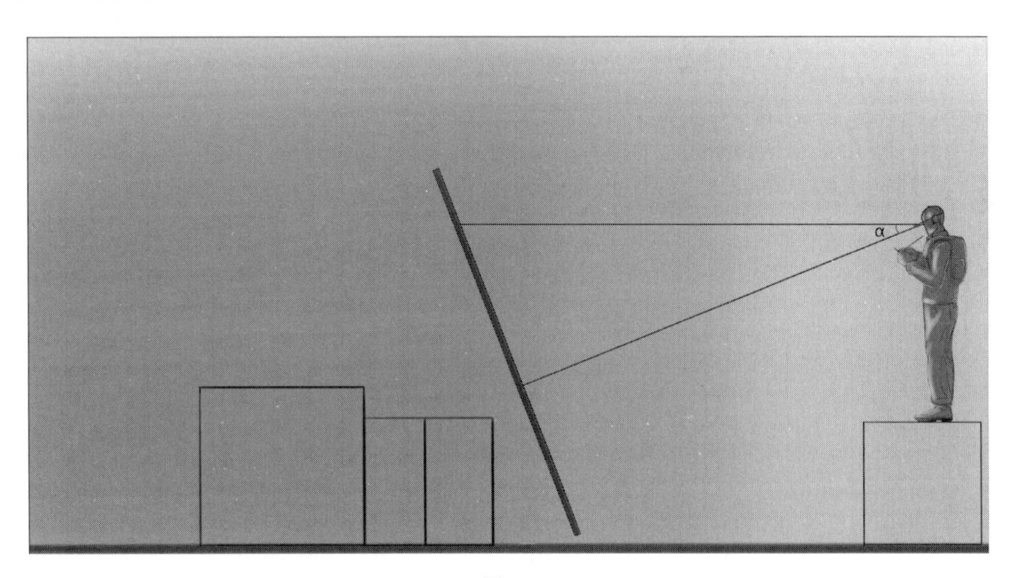

图 7-3

图 7-5 画者抬头向上观察被画物体，中视线向上，倾斜于地面成夹角 α，称为斜仰视，画面保持与中视线垂直状态，不再与地面垂直。图 7-6 是仰视状态下的方体透视图。图中方体竖直方向的棱也不再与画面平行，从而产生灭点，即升点，升点在过心点垂线上，视平线上方。斜俯视和斜仰视透视图中，余角透视方体的三组边都不是原线，都发生汇聚，共有三个灭点，因此又被称为三点透视。

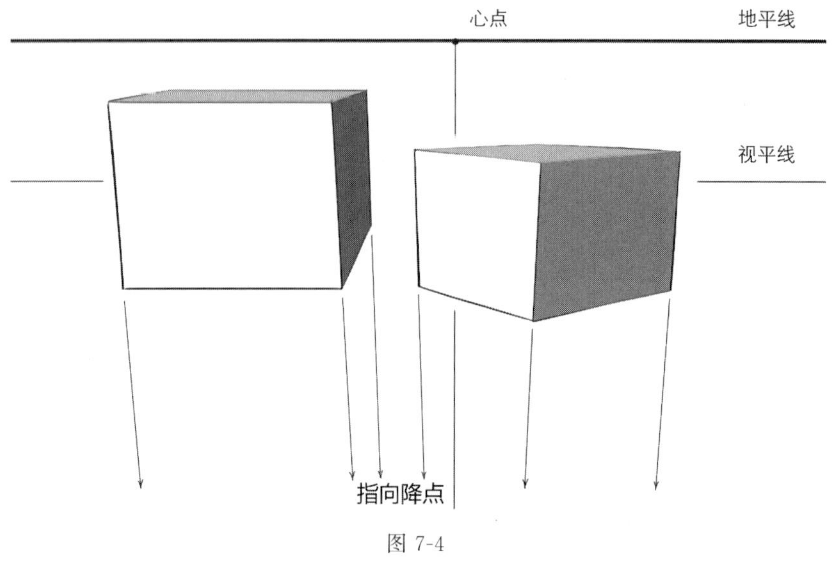

图 7-4

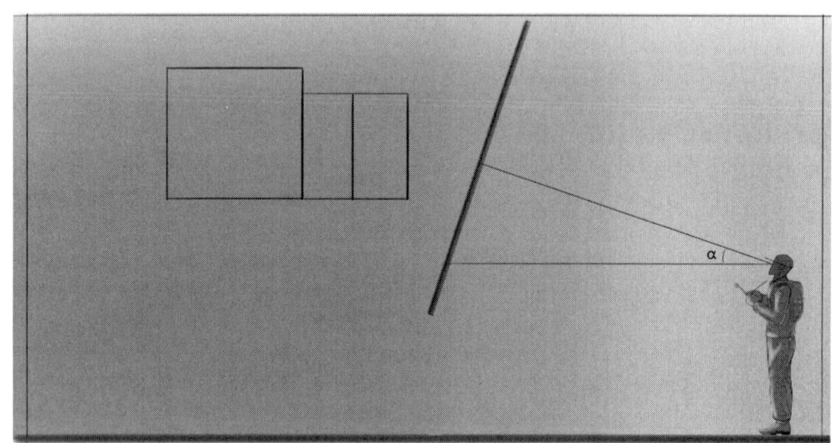

图 7-5

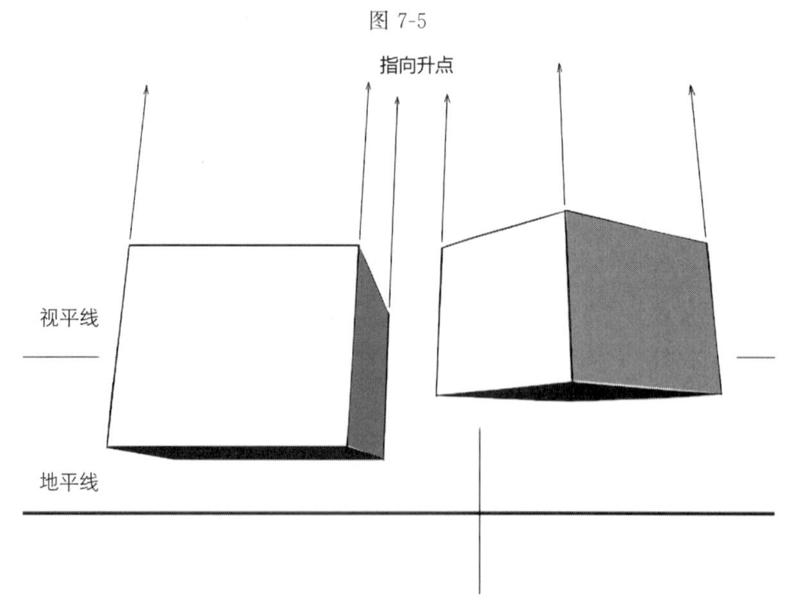

图 7-6

图 7-7 为正仰视，画者从被画物体底部竖直向上观察物体，画面平行于地面，方体底面与画面平行，中视线与地面夹角是 90 度。图 7-8 是正仰视时的透视图，此时地平线在画面中消失，透视图中仅剩视平线。方体垂直于画面的一组边在透视图中汇聚向心点，其余边为原线，不发生透视汇聚，保持各自原有的方向。此时方体的透视状态实际上就是平行透视。

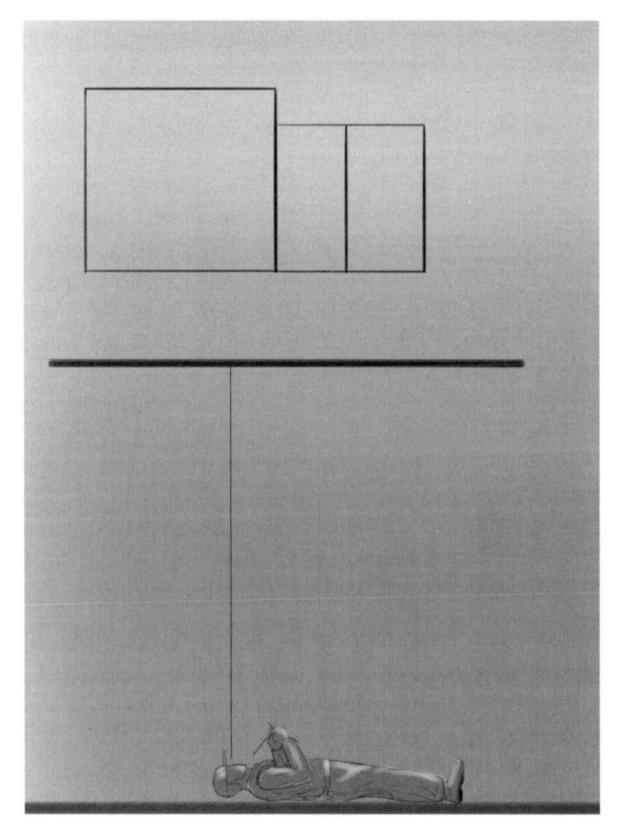

图 7-7

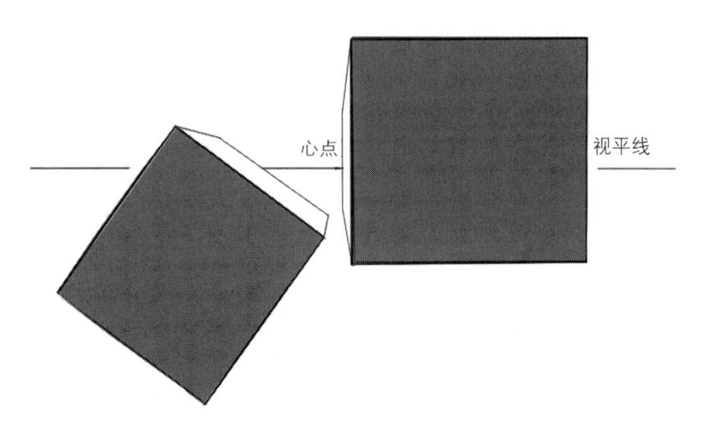

图 7-8

图 7-9 为正俯视，画者在高处竖直向下俯视方体，中视线垂直于地面，画面与地面平行。图 7-10 是正俯视透视图，透视图内容与正仰视时的透视基本相同，画面中没有地平线，只有视平线，方体与地面垂直的一组棱线汇聚向心点，其余棱线都是原线，保持原有方向不

发生汇聚，没有灭点。唯一不同之处在于画者看到的是方体顶面。

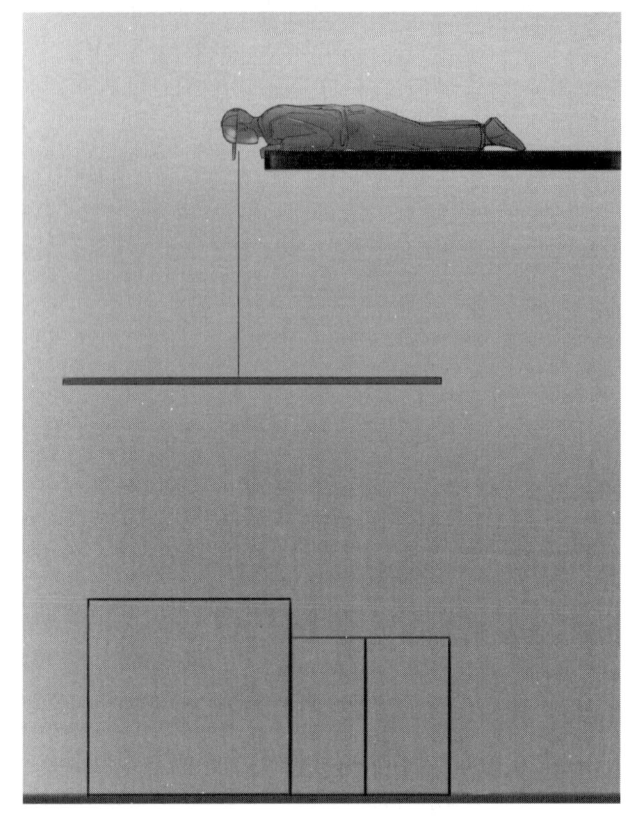

图 7-9

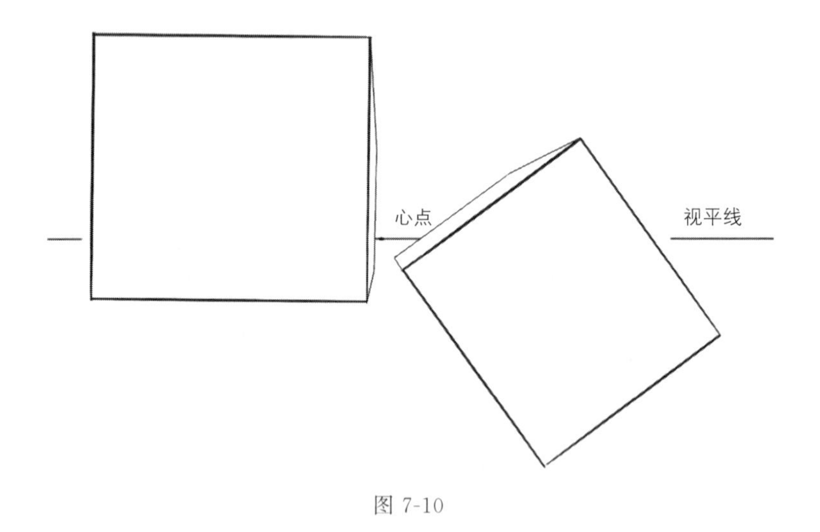

图 7-10

正俯视和正仰视的透视原理与平行透视相同，属于一点透视，垂直于画面的方体边线汇聚向心点。物体的深度可以用距点法测得，与画面平行的物体边是原线，保持原来方向和尺寸。如图 7-11 是正俯视视角下的 F1 赛车进站加油、更换轮胎的场景，垂直于地面的方向线向画面中心的心点汇聚。

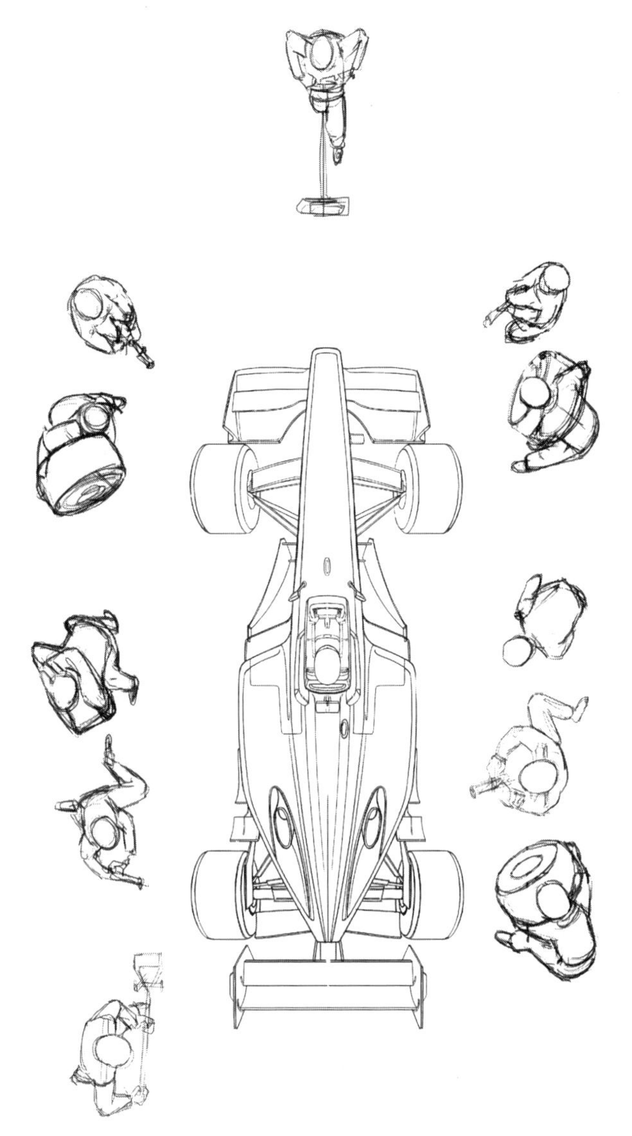

图 7-11

除正俯视和正仰视之外的其他俯视、仰视都称为斜俯视、斜仰视，即中视线与地平面成角度，但不垂直。根据方体与画面基线位置的不同，可以分为平行俯视、余角俯视、平行仰视、余角仰视四种情况。当图面场景是由平行透视改变视向得到的，那么画者抬头看到是平行仰视，画者低头看到的是平行俯视。同理，当图面场景是由余角透视改变视向得到的，画者抬头看到的是余角仰视，画者低头看到的是余角俯视。

2. 俯视、仰视作图法

下面通过作图法对以上几种俯、仰视情况进行具体分析。

图 7-12 是平行斜仰视原理图。视平线始终跟随中视线移动且位于画面的中央，中视线仰视的角度记作 β，无论平视还是俯、仰视，地平线始终在画者平视时的水平高度上，因此，斜仰视时地平线会和视平线分离，地平线在下，视平线在上。平行透视方体的三组棱

a、b、c 在画者由平视到斜仰视后，与画面的关系发生了一定的变化。a 棱在平视时是水平原线，斜仰视后仍然为水平原线，没有灭点。b 棱平视时与画面垂直，灭点是心点，斜仰视后与画面成夹角，不再垂直，因此其灭点不再是心点。寻找 b 棱的灭点的根本方法是：过目点做 b 棱的平行线，即 b 棱的灭点寻求线。它与画面的交点就是 b 棱的灭点，称为降心点，在过心点垂线上，视平线下方。降心点就是平视时心点的位置，由于 b 棱与地面的平行关系不随视向的改变而改变，因此，其灭点位置实际没有发生变化，仍然在地平线上，是过心点垂线和地平线的交点。c 棱平视时与画面平行，与视平面垂直，在斜仰视状态下，不再与画面平行，成为变线，开始产生灭点，我们知道，寻求 c 棱灭点的基本原理是：由目点做 c 棱的平行线，即 c 棱的灭点寻求线，该线与画面的交点就是 c 棱的灭点。为了作图时的可测量性，将目点以画面 2 中过心点垂线为轴，旋转 90 度在斜仰视透视画面 2 上得到目点 1，即距点。由此点做与视平线夹角为 β 的射线，与过心点垂线的交点就是 c 棱的灭点，称为升点，其中 α 与 β 互余。

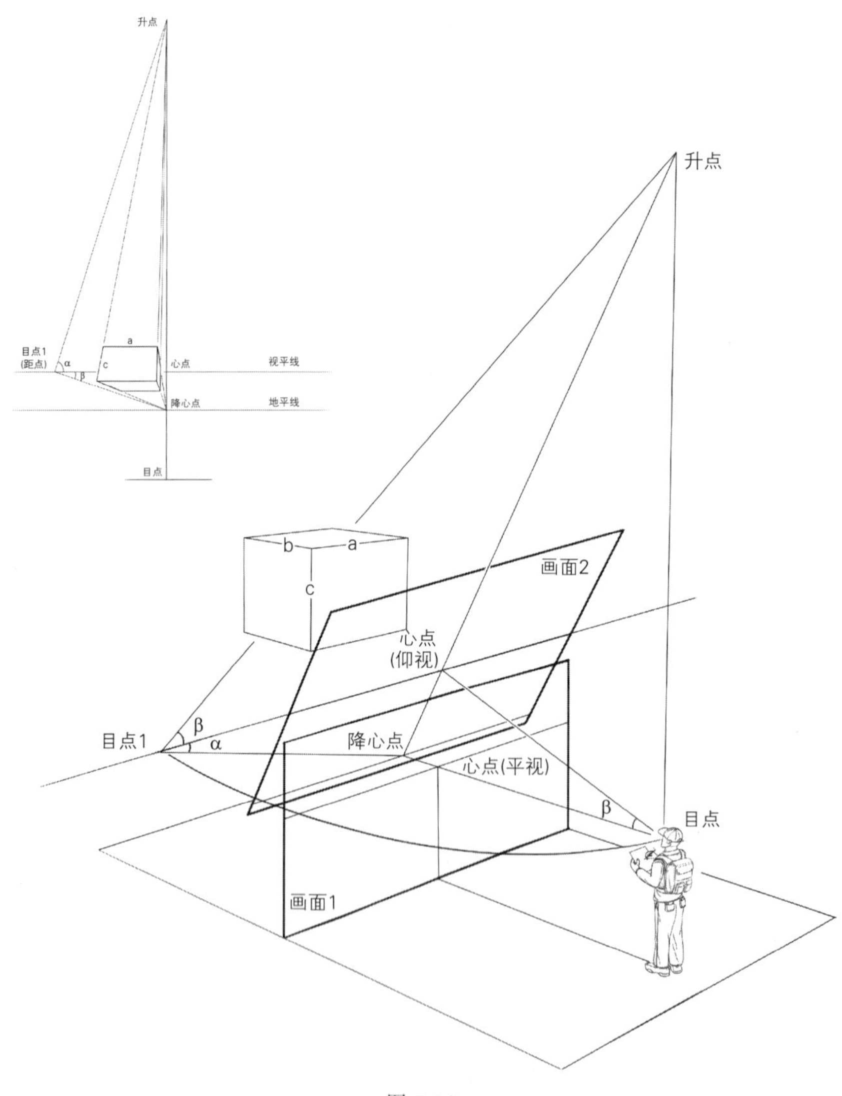

图 7-12

图 7-13 为余角方体的斜仰视示意图，与平行方体的斜仰视相比，c 棱的透视性质没有发生改变，其灭点仍为过心点垂线上的升点，在透视图中的作图法也同样是自目点 1 引射线，这条射线与过心点垂线相交，交点就是 c 棱灭点。为了作图法需要，在透视图中以过心点垂线为轴，心点至目点为半径，将目点旋转至视平线上，得到目点 1，即距点。以目点 1 为起点，向与视平线夹角为 α 方向引射线，射线交过心点垂线于升点，即 c 棱灭点。a 棱和 b 棱为余角透视下水平变线，与目线夹角分别为∠1 和∠2，灭点仍在地平线上，为了作图法的需要，以画面 2 中的地平线为轴，将目点向下旋转 180-α 度使视平面与画面重合共面，新的目点位置成为目点 2。自目点 2 引两条射线与目线夹角为∠1 和∠2，则这两条射线与地平线交点分别为余点 1 和余点 2。在透视图中 b 边汇聚向余点 1，a 边汇聚向余点 2。

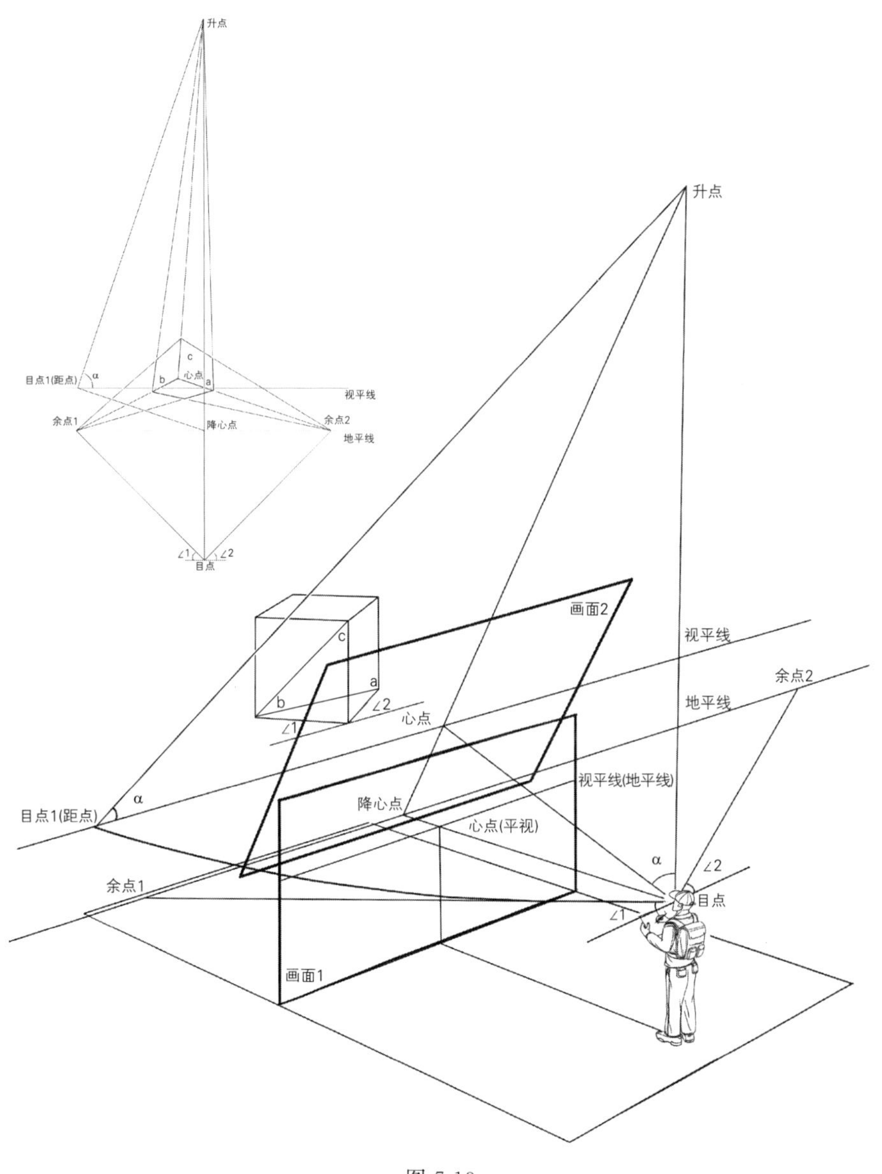

图 7-13

图 7-14 是方体平行俯视演示图，画面 1 是平视时的画面，画面 2 是俯视时的画面，视平线跟随俯视的视向保持在画面 2 中，地平线仍然在平视时的位置，从透视图中我们可以看到地平线在上，视平线在下。方体在平视的画面 1 中是平行透视状态，在俯视的画面 2 中仍然是平行透视状态，由于视向的改变，方体的部分棱的性质发生了改变。a 棱在平视和俯视状态都是原线，因此俯视透视图中仍然保持水平状态，没有灭点。b 棱始终与地面平行，平视时与画面垂直，灭点指向心点，俯视时灭点仍然指向原来的心点位置，在画面 2 中称为升心点，它在地平线和过心点垂线的交点上。c 棱在平视时是原线，在俯视图中与画面不再平行，产生灭点。寻求 c 棱灭点的根本方法是从目点出发引射线与 c 棱平行，根据作图法的需要，将目点以画面 2 中过心点垂线为轴线旋转 90 度，使目点落在视平线上，得到目点 1，即距点。则目点 1 与升心点的连线与视平线夹角是 α，过目点 1 作射线与视平线夹角为 β，交过心点垂线于降点，该降点就是 c 棱灭点。

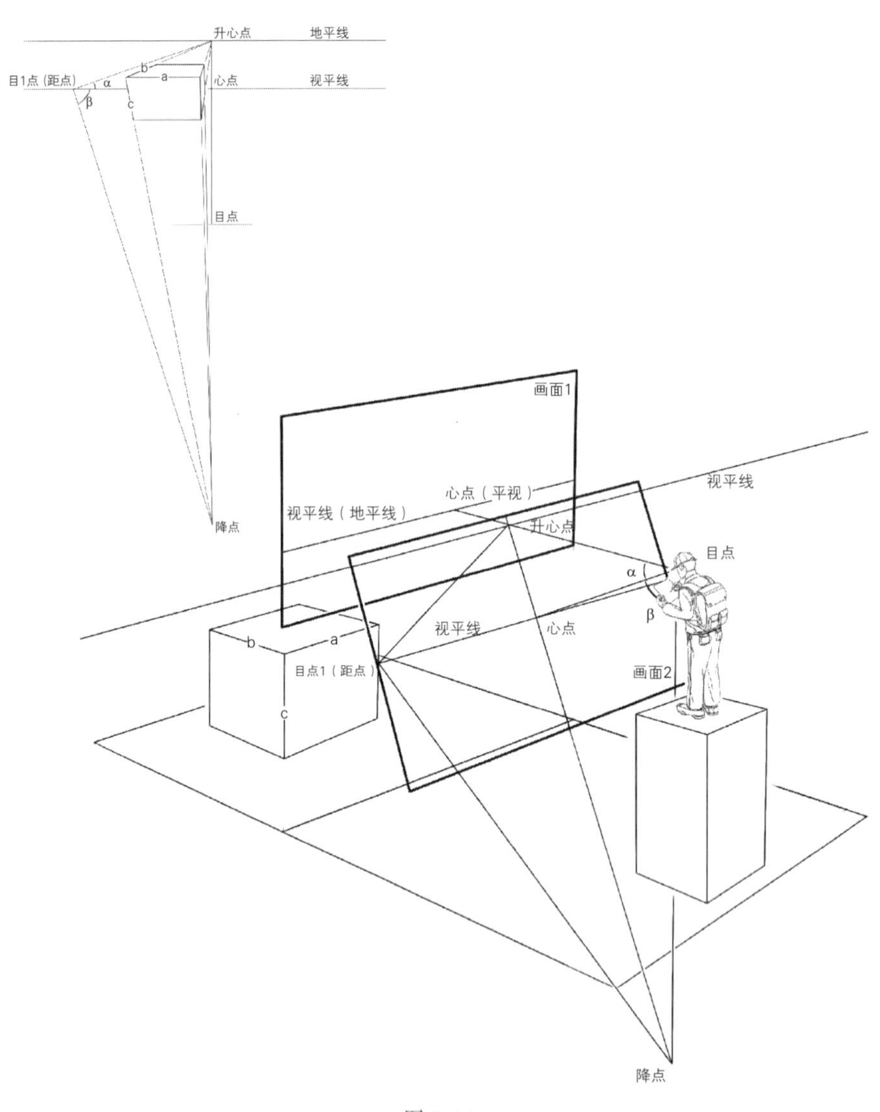

图 7-14

图 7-15 是方体余角俯视演示图，与平行透视方体俯视图相比，余角透视方体俯视图仅仅是方体沿竖直方向旋转了一定角度，其他因素都没有发生变化。而方体竖直方向一定角度的旋转造成 a 边和 b 边的灭点情况发生了改变。a 边在透视图中汇聚向升余点 2，b 边在透视图中汇聚向升余点 1。由于 a 边和 b 边保持与地面平行的状态，因此它们的灭点仍然在地平线上。为了在透视图中能够直接测量 a 边、b 边与目线的夹角，我们以地平线为轴，以目点到升心点为半径，将目点向下旋转 β 角度，形成与画面 2 共面，得到目点 2，此时以目点 2 为起点，分别向左、右引射线，与目线夹角分别为∠1 和∠2，交地平线于升余点 1 和升余点 2。c 棱的灭点是降点，其位置的确定与平行方体俯视中的 c 棱灭点位置的确定相同，不再赘述。

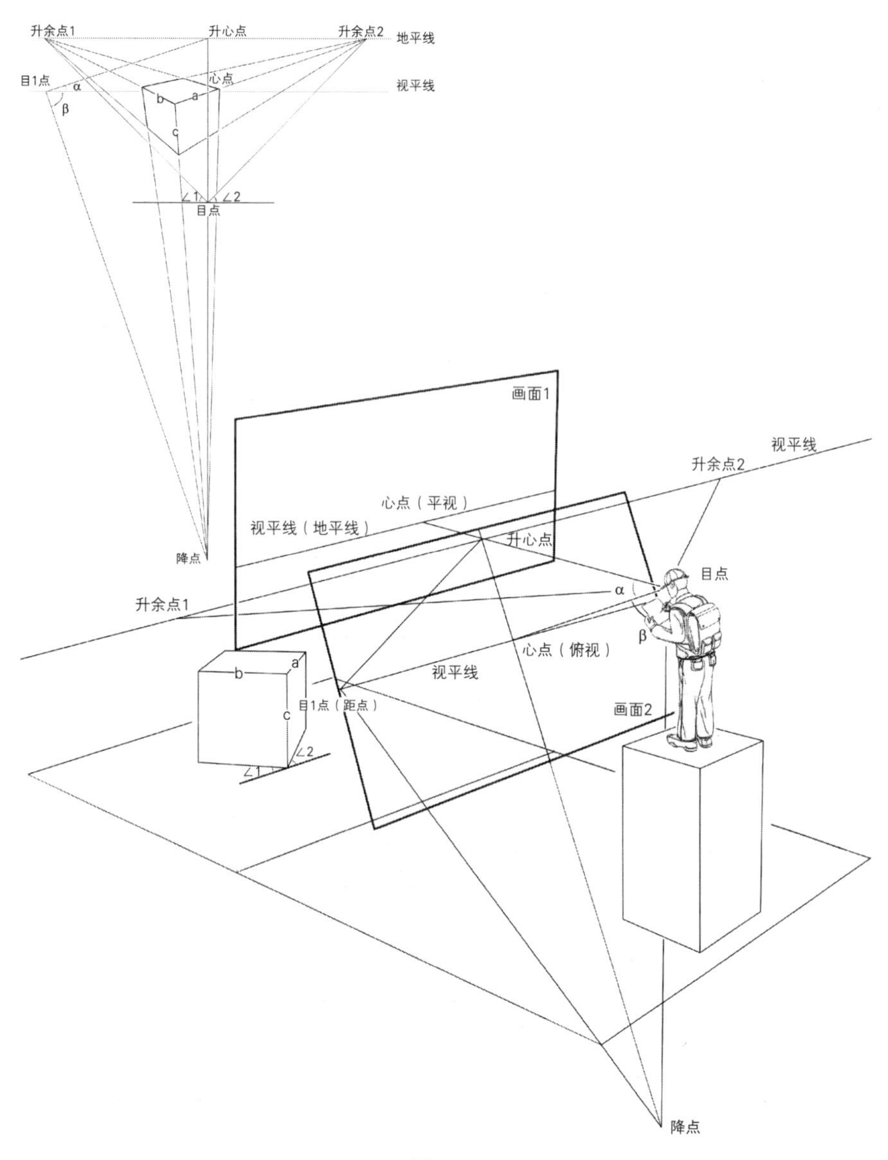

图 7-15

3. 俯视、仰视图例

图 7-16 是平行仰视状态下的越野车图例，车身左右两侧竖直方向线向升点汇聚，产生向上收拢的视觉效果。图 7-17 是俯视平行透视状态下的同一辆越野车的透视图。从图中可以看到车身长度方向线汇聚向地平线上的升心点，车身左右竖立方向向下汇聚向降点，形成向下汇聚的视觉效果。

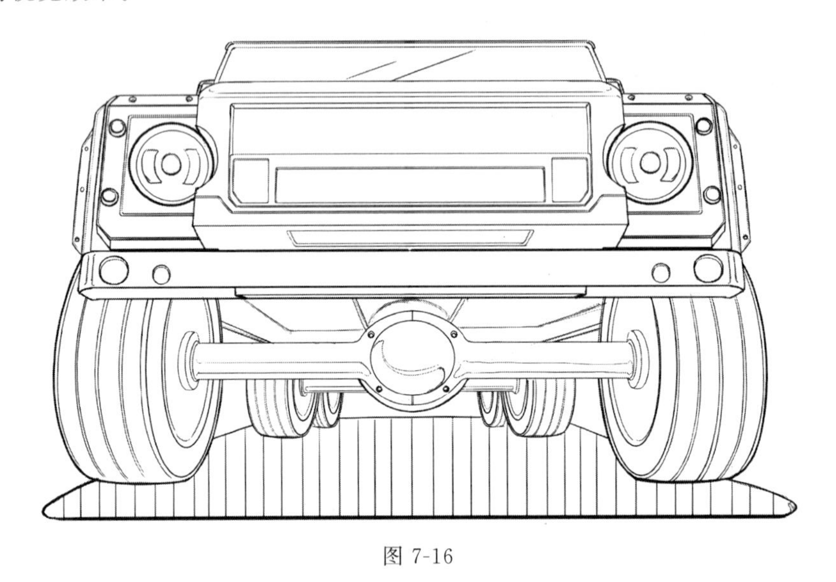

图 7-16

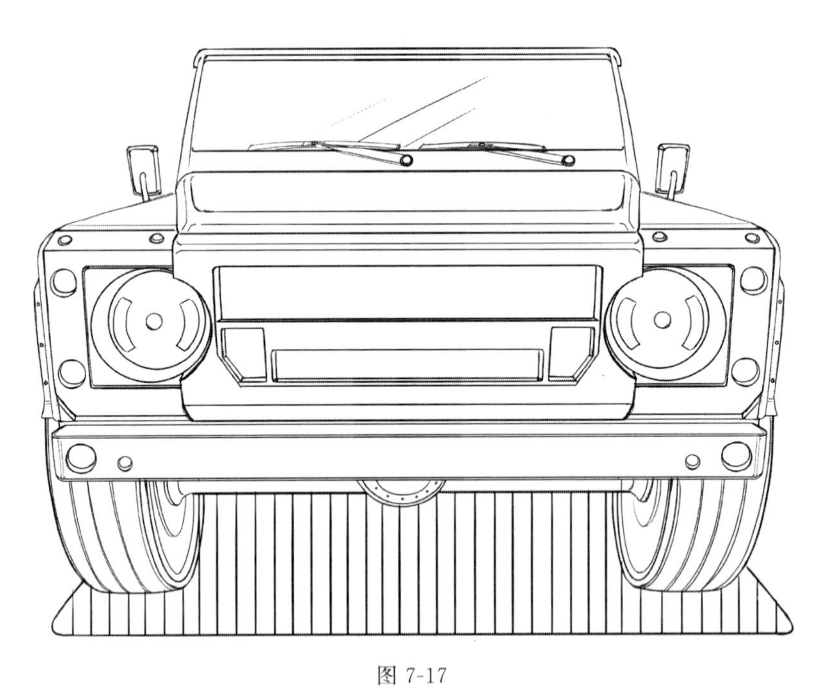

图 7-17

图 7-18 是余角仰视状态下的小型越野车的透视图，车身宽度方向和长度方向线分别汇聚向地平线上的降余点，车身高度方向线汇聚向升点。图 7-19 是同一台小型越野车的余角俯视状态透视图。从图中的越野车状态来看，该图属于比较微小的俯视，即画者中视线向下

倾斜的角度并不大，因此，车身高度方向的竖直线的汇聚趋势并不剧烈，且由于画者没有站在高台上俯视，因此，即使是俯视，我们也并不能看到车子的顶部，这是需要大家留意的情况，即俯视不一定需要站在很高的地方，仰视也不一定需要从很低的位置观察。仰视与俯视的关键是中视线与地面是否有夹角，只要有夹角就不再是平视，夹角向上是仰视，夹角向下是俯视。

图 7-18

图 7-19

第二节　俯视和仰视的透视图属性

1. 概述

正俯视和正仰视的属性可以按平行透视去理解，即方体只有一组边是与画面垂直的变线，其余边都是原线，这里不再赘述。斜俯视和斜仰视也并不神秘，仔细分析会发现，在斜俯视与斜仰视的透视图里，与平视相比，真正增加的内容只有升点和降点，而升点与降点的概念我们也并不陌生，在前章学习的斜面内容中已经接触过了。那么，俯视和仰视中的升点和降点又是如何产生的呢？先来看平行俯视，如图 7-20 所示的平行俯视图，由于视向从原来的平视变为向下倾斜，画面跟随视平面倾斜相同的角度，不再与地面垂直，使得原本与画面垂直的平变线不再与画面垂直，因此，它的灭点也就不再是心点了，但它和地平面的关系没有变，仍然平行于地平面，因此它的灭点仍然在地平线上，叫升心点。方体上原本平行于画面的竖直原线现在成为变线，在画面中汇聚向降点。原来的水平原线还保持水平，不发生汇聚，没有灭点。

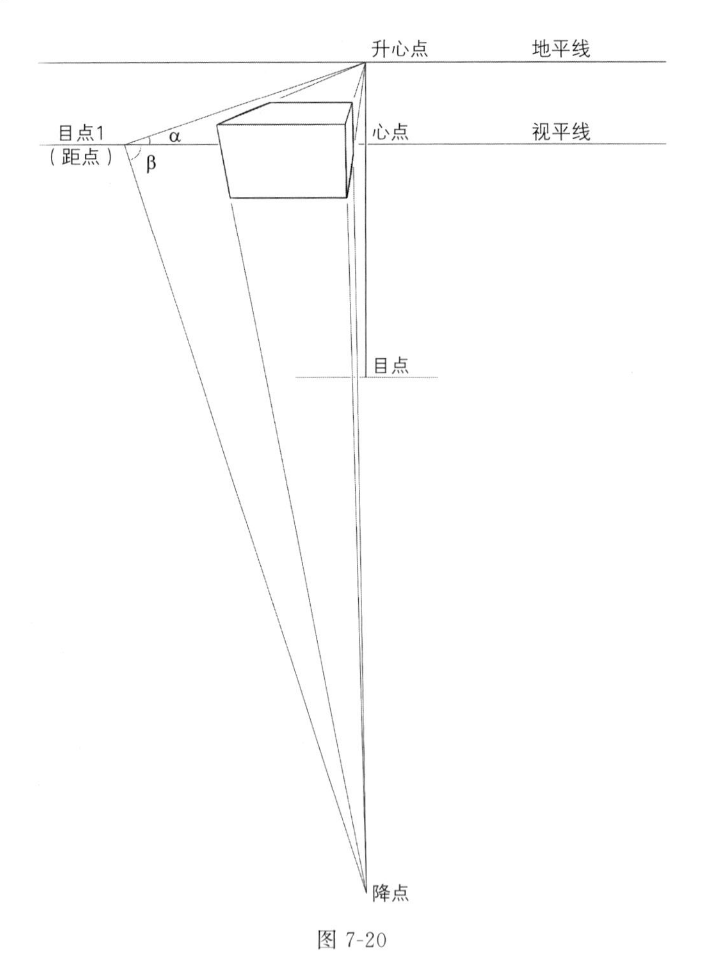

图 7-20

平行仰视与平行俯视很相似，不同的是画者视向向上倾斜，因此方体原本的竖直原线开始向上发生汇聚，指向升点，原本垂直于画面的变线汇聚向降心点，降心点也同样在地平线上，是地平线和过心点垂线的交点。如图 7-21 所示。

图 7-22 是余角俯视画面，是在余角透视的基础上将视向往下偏转一定角度，造成物体原来的垂直原线成为变线，灭点在过心点的垂线上，由于视平线向下移动，与地平线分离，原本汇聚向地平线上余点的两组平变线不受视向变化的影响，仍然指向地平线上的余点，由于此时视平线压低，与地平线分离，透视图中，地平线在上，视平线在下。所以地平线上的余点称为升余点。原来平视时垂直于地面的垂直原线现在成为变线，汇聚向过心点垂线上的降点。

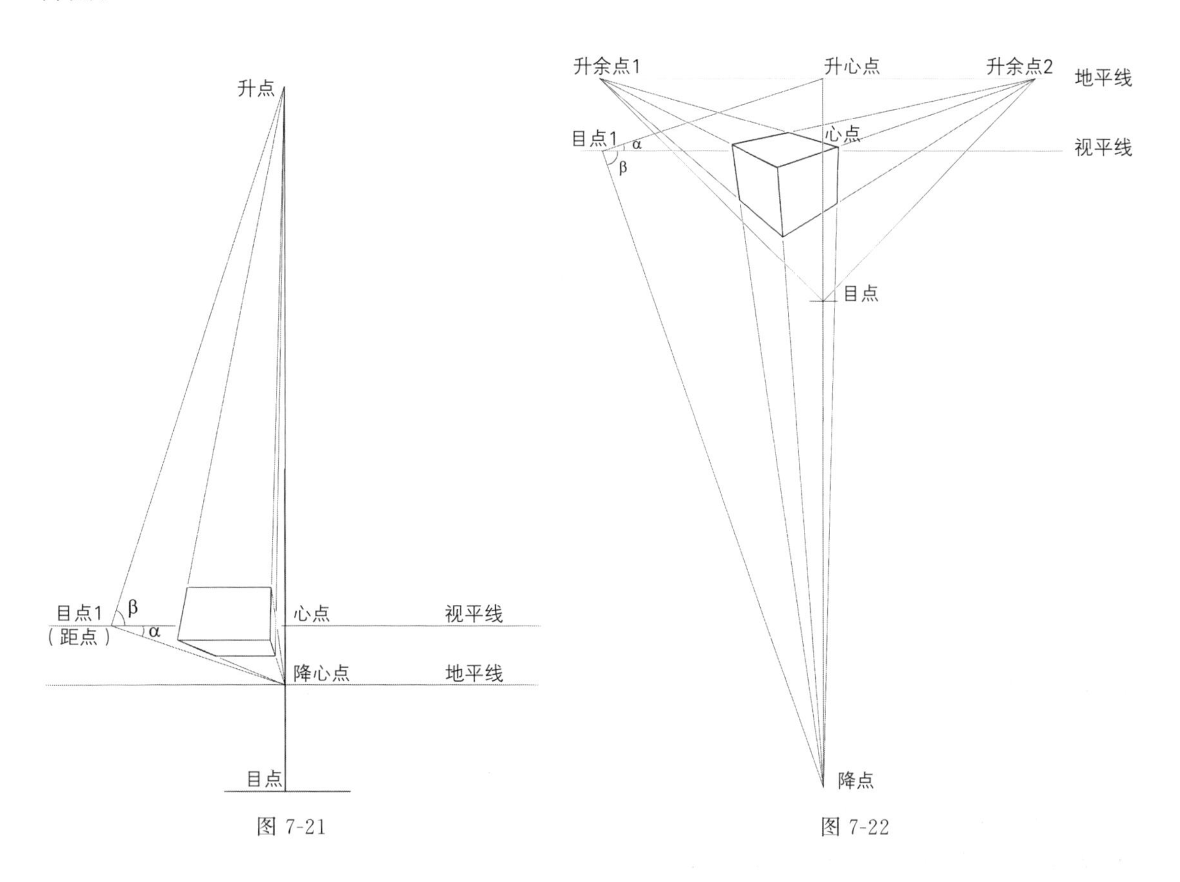

图 7-21　　图 7-22

如图 7-23 所示，余角透视仰视的情况与余角透视俯视的情况很相似，只是视向由向下改为向上，在透视图中造成视平线在上，地平线在下。于是平视时的两个余点称作降余点，平视时的垂直于地面的原线变成向上汇聚的变线，灭点为过心点垂线上的升点，在过心点的垂线上。余角俯视和余角仰视的方体都具有三个灭点，因此又称三点透视。

至此，我们将斜俯视及斜仰视的几种情况作了分析，总结起来，斜俯仰视的平行透视方体和余角透视方体各组棱线的灭点会在水平和垂直两个方向上游走，这两个方向分别是地平线和过心点的垂线，这个十字线成为它们的运动轨道，大家在学习时需要以动态的思维去理解，这样可以更好地理解它们的属性，便于在实际绘画中运用。

接下来我们研究俯仰视方体的灭线，研究它们的灭线的主要目的是判断对应平面的透视

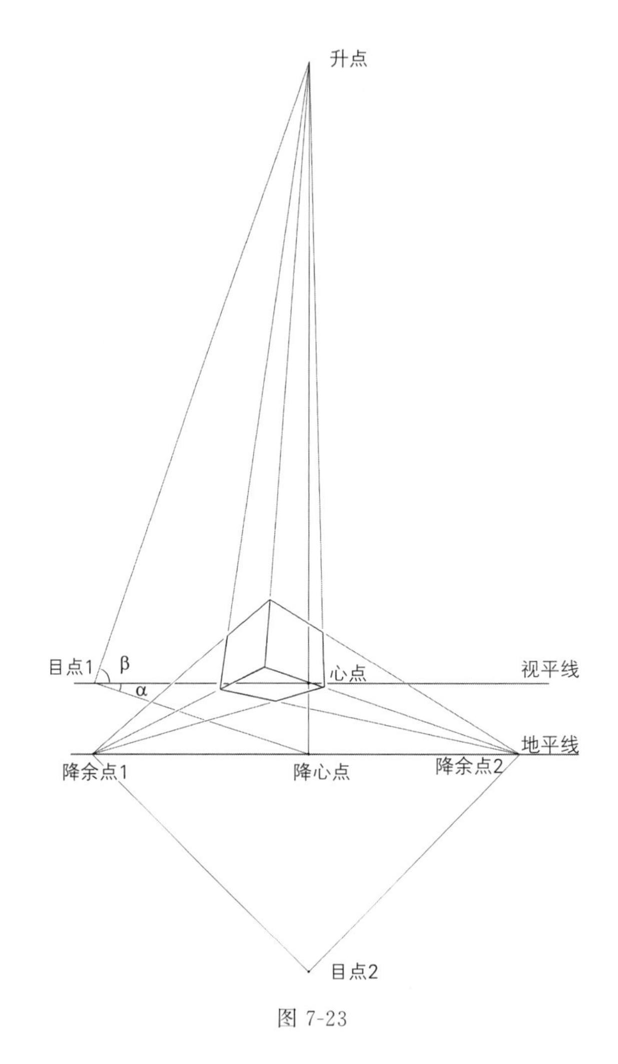

图 7-23

缩减和面的朝向。如图 7-24 所示，平行俯视情况下，与地面平行的上下平面仍然与地面平行，灭线不变，仍然是地平线。与画面和地面都垂直的左右两个竖立面的两组边线的灭点分别为升心点和降点，因此，它们的灭线是连接升心点和降点的直线，即过心点的垂线。平视时，与画面平行的前后两个面在俯视时与画面成角，构成它的两组边分别为水平线和灭点在降点的变线，因此，它们的灭线是过降点的水平线。

平行仰视方体三组面的灭线与平行俯视时各组灭线基本一致。只有方体前、后面的灭线变成过升点的水平线。如图 7-25 所示。

如图 7-26 所示，余角俯视方体的上下一组面仍然保持水平状态，如图中所示 A 面，因此，它们的灭线仍然是地平线。另外两组竖立面 B 和 C 的边的灭点分别为左升余点与降点及右升余点与降点。因此，它们的灭线分别是连接左升余点与降点的直线和连接右升余点与降点的直线。

余角仰视方体的三组平行平面的灭线与余角俯视方体三组平行平面的灭线位置相当，不同之处在于，与地面垂直的一组边的灭点变成升点，因此，两组竖立面的灭线分别是连接左降余点、升点的直线和连接右降余点、升点的直线，如图 7-27 所示。

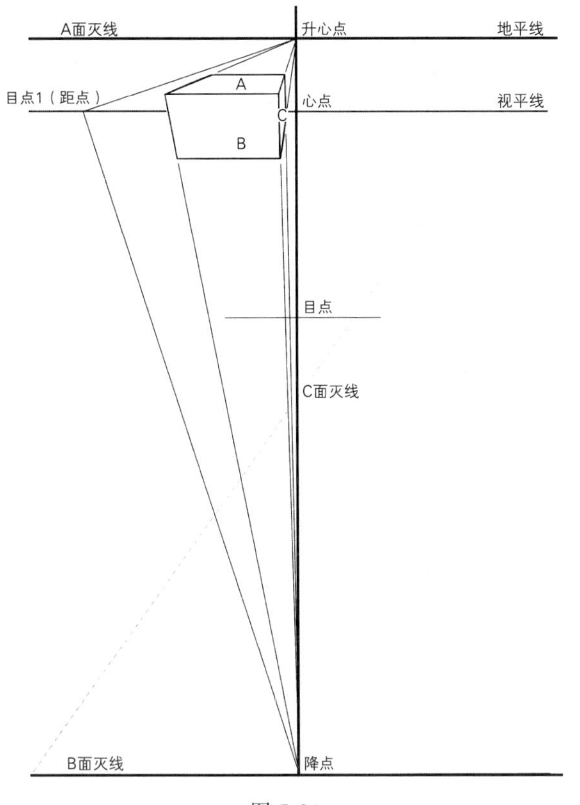

图 7-24

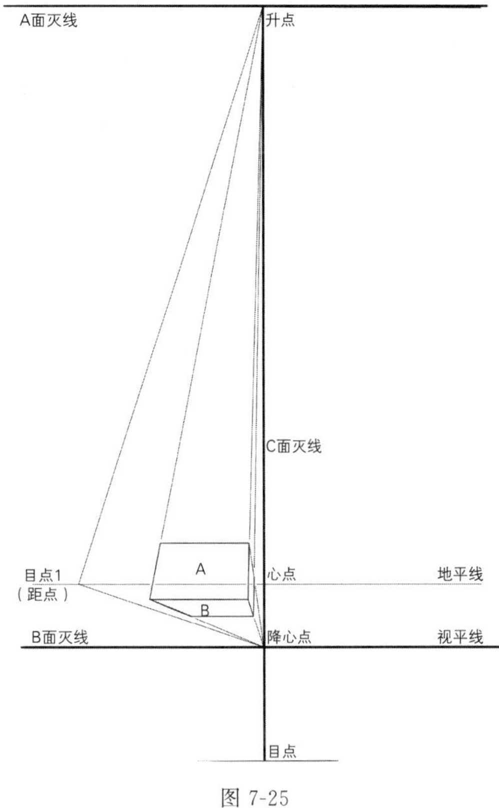

图 7-25

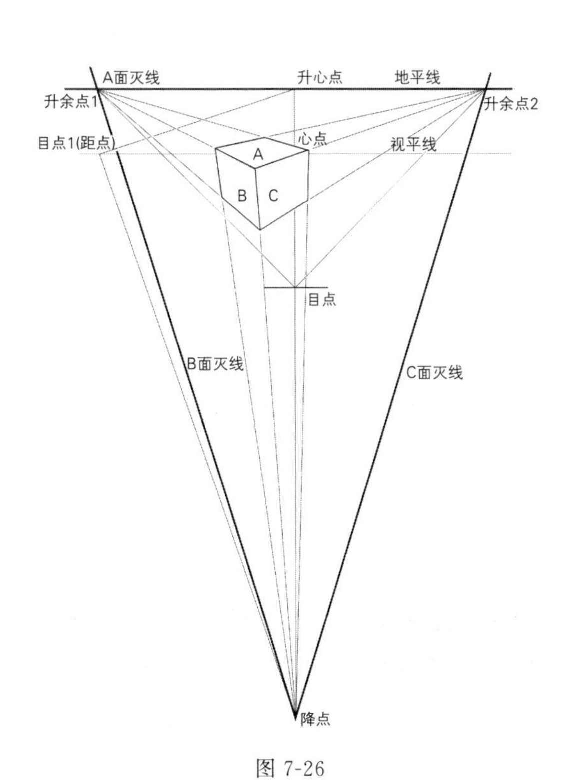

图 7-26

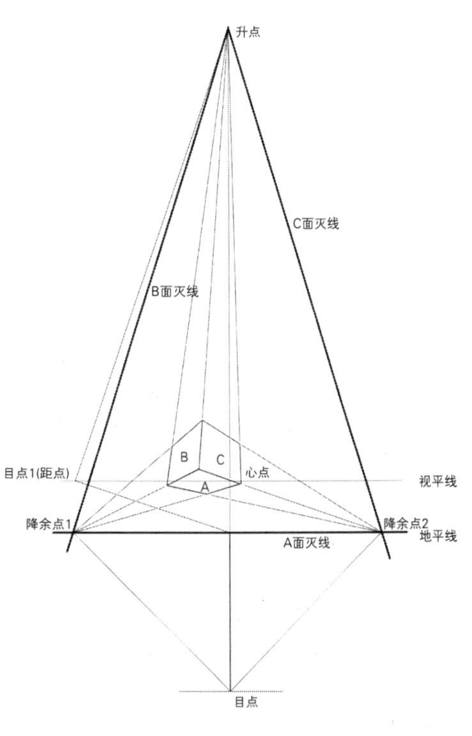

图 7-27

俯仰视的实质是中视线与水平面夹角从 0 度到－90 度以及从 0 度到 90 度的状态。根据俯仰视中，中视线与水平面夹角的大小将其划分为平视、微俯仰视、半俯仰视、强俯仰视、正俯仰视等几种情况。俯仰视的中视线倾斜角度大小差异造成相应透视图中物体的透视效果有所不同。下面通过具体案例来了解其变化特点。

2. 平视

平视可以理解成是俯视的初始阶段，即中视线与地面夹角是 0 度的阶段（类似于平行透视是余角透视的初始状态一样，平行透视方体的竖直方向旋转 0 度），视平线和地平线还没有分开，所有透视原理按照平行透视进行处理。如图 7-28 所示。

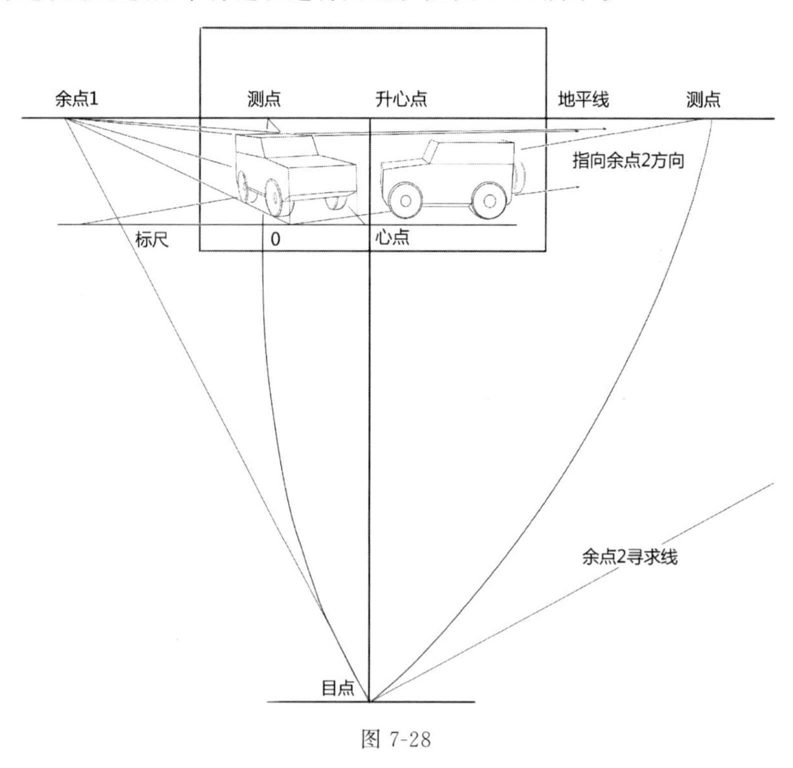

图 7-28

3. 微俯视

微俯视情况下，中视线向下与水平面夹角在 0～30 度，视平线下移，物体竖直方向线发生轻微向下汇聚的趋势，并相应发生轻微缩减，降点在离心点很远的地方，如图 7-29 所示。

4. 半俯视

中视线向下倾斜 30～60 度，视平线离开地平线的距离增大。平视时的竖直原线发生明显透视缩减。降点的位置相对于微俯视而言开始大幅度靠近心点，如图 7-30 所示。

5. 强俯视

中视线向下倾斜 60 度以上，视平线大幅度远离地平线，此时地平线通常不在画面里，

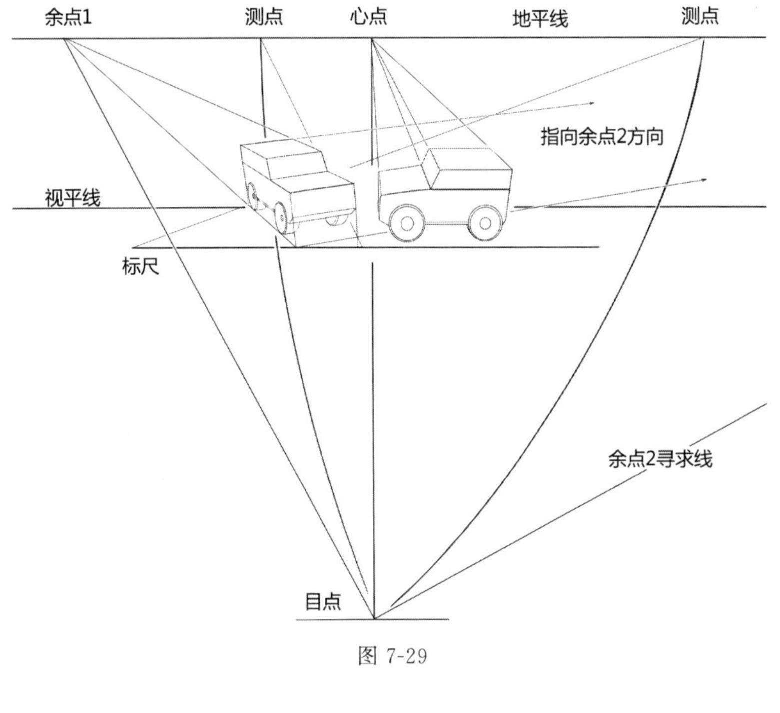

图 7-29

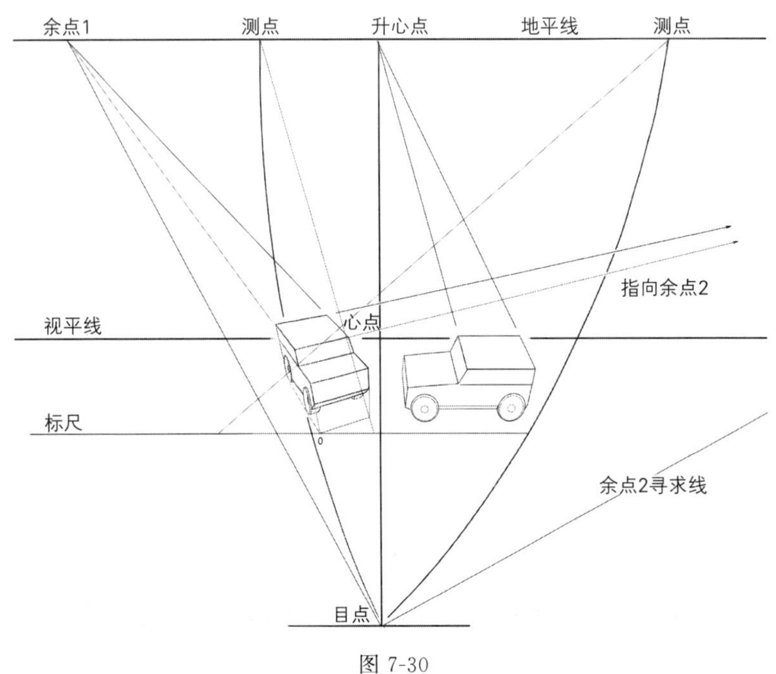

图 7-30

平视时的竖直原线发生剧烈透视缩减，降点大幅度向心点靠近，如图 7-31 所示。

6. 正俯视

中视线与地面垂直，平视时的竖直原线汇聚向心点，地平线在画面中消失，画面又回到与平行透视相当的状态，如图 7-32 所示。

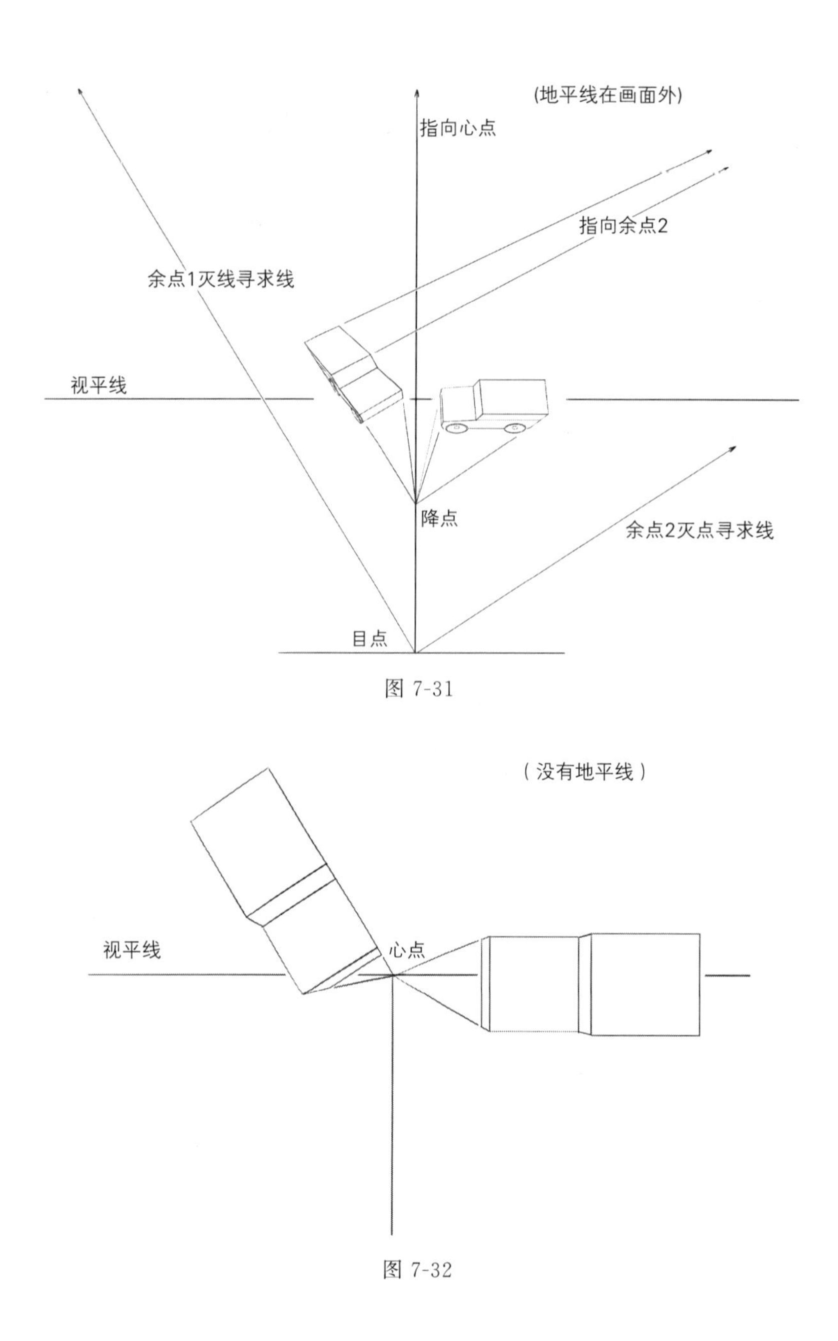

图 7-31

图 7-32

第三节 俯视和仰视的产品深度测量

俯仰视的透视深度测量的关键是找到发生透视缩减的边对应的测点，根据几何关系，透视缩减边的测点也是通过对应的透视缩减边的灭点得到的，每个灭点都对应一个测点，用来测量汇聚向该灭点的透视缩减边的透视长度。确定了测点的位置后，通过标尺相应刻度长度向测点引线，所截得的透视线段就是标尺刻度对应的透视长度。用来做标尺的量线必须与对应的灭点和测点所在的灭线平行。虽然俯仰视的产品深度测量相对复杂，但并不难理解，结合前面学习过的余角透视深度测量方法的知识，我们发现有很多思路都是似曾相识的。

下面具体来讲解产品俯仰视中的透视深度测量。如图 7-33 所示的平行俯视方体，方体水平原线边 a 不发生透视缩减，可以根据视高直接测量。竖直边 b 与纵深边 c 的灭点分别是降点与升心点，b、c 边所在平面的灭线就是连接升心点与降点的直线。它们的测点也必定在这条灭线上。首先将目点以过心点垂线为轴旋转 90 度，目点被移动到与画面相同的平面内，称为目点 1。随后的步骤与余角透视测点寻求法的步骤类似，分别以升心点和降点为圆心，升心点到目点 1 长度为半径，降点到目点 1 为半径画圆弧，交过心点垂线分别为升测点和降测点。升测点用来辅助截取 c 边透视长度，降测点用来辅助截取 b 边透视长度。以 b、c 边交点为标尺原点做竖直标尺平行于升心点与降点连线，再根据视高确定标尺刻度，则在标尺正向 5 个单位处引直线向升测点，截得 c 边的透视长度为 5 个单位，在标尺负方向 2 个单位处引直线向降测点，截取 b 边透视长度为 2 个单位。

图 7-34 是平行方体仰视时的深度测量过程，思路与方法与俯视时相同，其透视图可以理解成是平行俯视图的上下镜像效果，大家可以对比着进行分析，具体方法不再赘述。

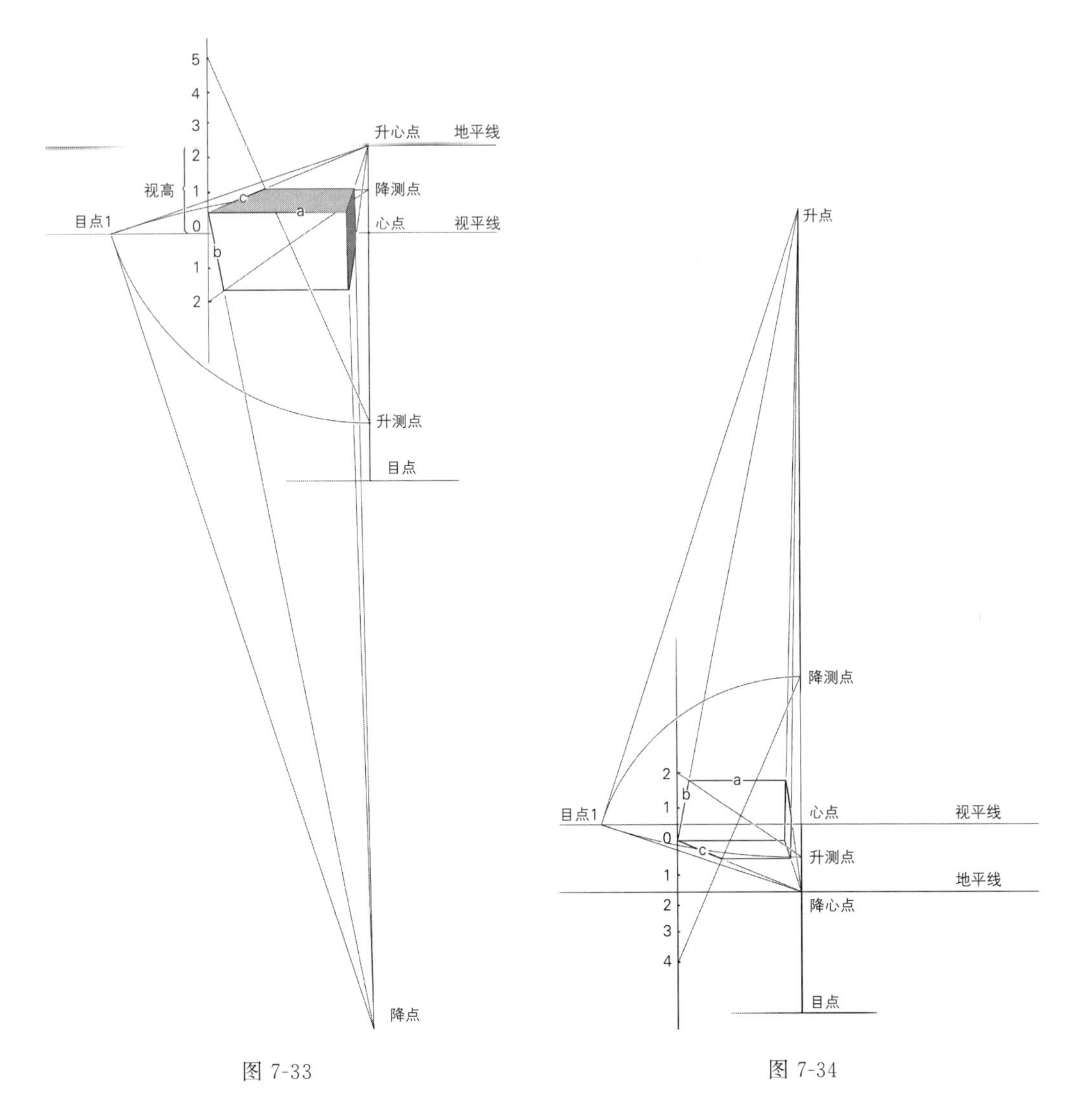

图 7-33　　图 7-34

接下来我们来看余角透视俯仰视的透视纵深求法。如图 7-35 所示，俯视余角透视方体的 a 边和 c 边为平变线，与地面保持平行，余点位置没有发生变化，仍然在地平线上，由于俯视时视平线下移，a 边和 c 边的灭点分别叫升余点 2 和升余点 1，它们的透视长度截取方法与之前学习过的求余角透视深度的方法相同。在透视图中，以 a 边和 c 边交点为标尺 0 点做水平标尺。升余点 2 为圆心，升余点 2 至目点长度为半径画圆弧，交地平线于升测点 2，升测点 2 用来辅助求 a 边透视长度；同理，以升余点 1 至目点长度为半径，升余点 1 为圆心画圆弧，交地平线于升测点 1，升测点 1 用来辅助求 c 边透视长度。在标尺负方向 2.5 倍单位刻度处引直线向升测点 1，截取 c 边的透视长度为 2.5 个单位；标尺正方向 2 个单位刻度处引直线向升测点 2，截取 a 边的透视长度是 2 个单位。b 边的灭点是降点，以降点为圆心，降点至目点 1 长度为半径画弧，交过心点垂线于降测点。过方体顶点做竖直线作为 b 边标尺，在标尺负方向 2 个单位刻度处向降测点引线，所截得的 b 边的透视长度为 2 个单位。

图 7-36 是余角透视方体仰视透视图，b 边灭点变为升点，a、b、c 三边的透视长度测量原理与余角透视俯视相同，具体关系见图所示，不再赘述。

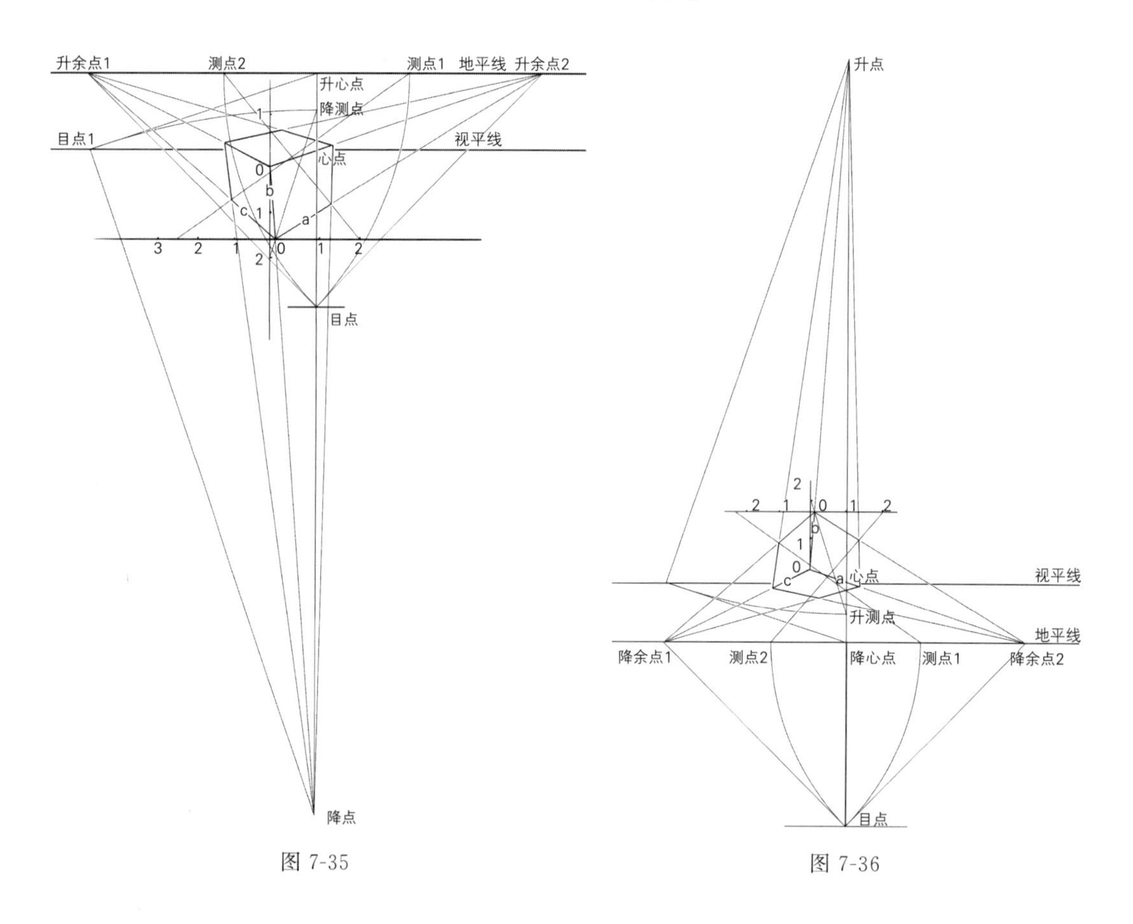

图 7-35

图 7-36

第四节 矩形在俯视和仰视透视空间中的等分与复制

测点法求俯仰视方体的透视深度是在透视图绘制过程中最基本的方法，也是最普遍的方法，但并不是最简便的方法。在前章的学习中我们了解到通过矩形中点等分的原理可以在透视图中快速简便地将矩形进行等分和复制，基本原理是矩形对角线对矩形长和宽进行等分。这种方法在方体的俯仰视透视求深度过程中同样适用。如图 7-37 所示的俯视方体左侧为一个为平行透视状态方体，右侧为一个余角透视状态方体。从图中可以看出，在俯视图中，组成方体的矩形无论位置如何，都可以通过对角线等分的原理进行复制和等分。图中灰色矩形就是通过黑色矩形中点等分的原理复制的。

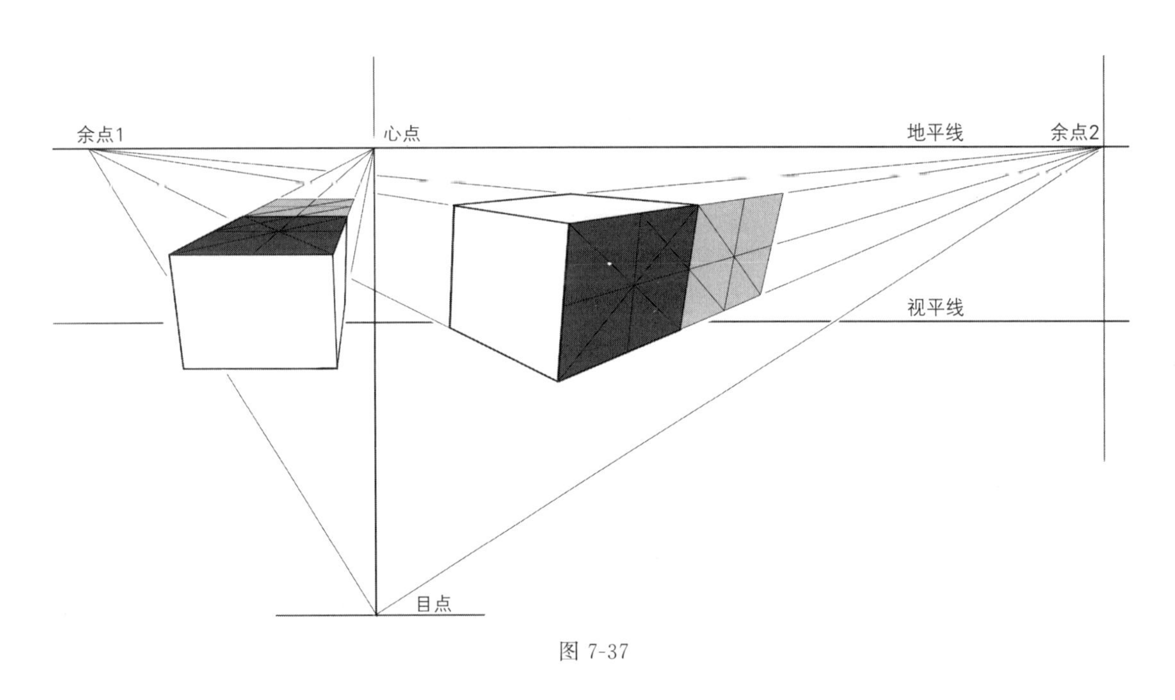

图 7-37

第五节 斜俯视、斜仰视透视图图例

图 7-38 是俯视状态的东方红 LX2204 大马力轮式拖拉机[1]，图 7-39 是仰视状态的红旗

[1] 东方红 LX2204 大马力轮式拖拉机，是我国一拖自主开发、拥有自主知识产权的大马力轮式拖拉机。

CA770 轿车[1]局部，图 7-40 是俯视状态下的解放牌卡车[2]，图 7-41 是仰视状态的解放牌卡车，图 7-42 是东方红-54 型拖拉机[3]。

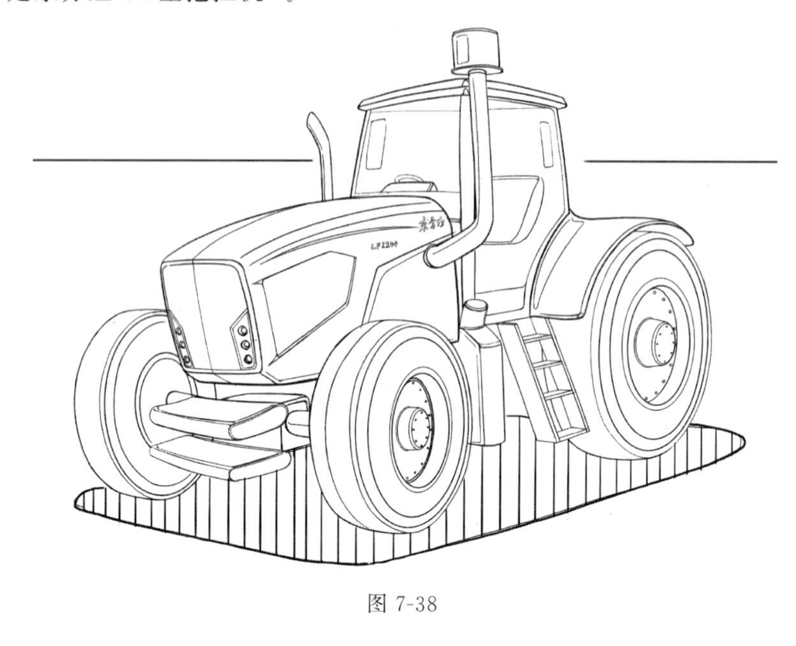

图 7-38

图 7-39

❶ 红旗 CA770 轿车 1965 年底由我国长春第一汽车制造厂研制成功，为三排座高级轿车，车身长 5.98 米，宽 1.99 米，高 1.64 米。在 1966 年正式投入生产，首批 20 辆。在工艺装备逐渐完善的同时，以手工加胎具的办法投入生产，首批生产任务于 1966 年 4 月底完成。

❷ 第一批驶下生产线的解放牌卡车为 CA10 型，是一款以苏联吉斯 150 为蓝本制造的汽车，它自重 3900 公斤，装有 90 匹马力、四行程六缸发动机，载重量为 4 吨，最大时速 65 公里，经过改进，它更适合我国的路况以及大规模建设的需要。

第一批下线的解放牌卡车参加了 1956 年的国庆阅兵式，之后一部分汽车在天安门被展出，在那里，无数群众争睹国产汽车的风采。

❸ 东方红-54 型履带式拖拉机及其改进型号东方红-75 型履带式拖拉机，与第一拖拉机制造厂的东方红-40 轮式拖拉机一起，从二十世纪五十年到八十年代是中国人心中的农业机械化的形象代表。东方红-54/75 拖拉机不仅在我国农垦领域使用极为广泛、普遍，还在水利、交通、土方工程施工领域得到了广泛应用。80 年代以前，东方红拖拉机完成了我国机耕地 70%以上的耕作，为解决中国人民吃饭问题作出了突出贡献。也正因为如此，在中华世纪坛记录的 20 世纪中国最具影响百件大事中，“中国一拖”（东方红-54 型拖拉机）1959 年建成投产的文字赫然在列。

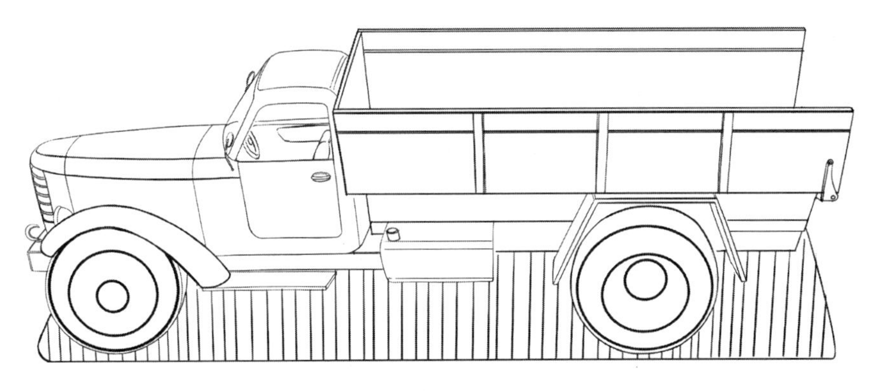

图 7-40

图 7-41

图 7-42

课后思考题及练习：

1. 思考俯、仰视与平视的关系。
2. 以同一个物体为模特，采用不同的俯、仰视角度进行透视图绘制，并比较它们的变化关系。

第八章

产品设计中的曲线透视

第一节　圆形产品的透视

1. 圆的透视画法

圆形是我们在生活中常见的曲线形态，产品设计中会涉及大量的圆形元素，例如图 8-1 中的旋钮、轮胎、汽车方向盘、灯罩、水杯等，几乎所有产品设计中都有圆形的身影。图中所示的虚线部分就是圆形物体的透视形态，称为透视圆。

因此，掌握圆形的透视画法是非常必要的，但画好圆的透视图对于多数同学来说都是具有挑战性的，很多同学画圆的透视完全凭感觉，或者“想当然”，这就造成了有些草图中的透视圆看上去是歪斜的，甚至有些都称不上是圆形。常见的问题是将透视圆画成有尖点的形态，类似枣核的样子。其实掌握了圆的基本特点和透视规律后，正确地画好透视圆并不是一件难事。本节主要针对圆在空间中的透视特点展开，主要思路是根据圆的外接正方形的透视特点，间接研究透视圆的成像特点。

作为特殊的曲线，圆形和矩形、方体相比有很多不同之处，首先，圆形是封闭曲线，没有方向性，单个圆形在透视空间中不存在成组平行线汇聚的情况。圆面的特征元素较少，很难孤立地对圆的透视进行准确的研究。所以我们引入圆的外接正方形的概念，通过外接正方形的透视，间接研究圆形透视成为可行的方法。首先来学习如何在不使用圆规的情况下，利用正方形徒手绘制内切圆。内切于正方形的圆形，圆周上的四等分点与正方形四条边的中点是相切关系，也就是说，正方形四条边的中点也是圆周上的四等分点。做正方形对角线，两条对角线相交于正方形中心，同时也是圆的圆心，对角线与圆周分别交于另外四个等分点，这四个等分点的位置在正方形对角线上。如图 8-2 所示，连接两个圆周等分点做直线，直线将正方形边长一半按近似 3∶7 进行划分，3∶7 的比例是近似值，我们记住这个比例就可以了，几何证明过程就不在这里赘述了，有兴趣的同学可以试着证明一下。通过正方形及其对角线上的 8 个关键点，就可以徒手用弧线连接这些关键点，从而绘制出接近标准的圆形。这

图 8-1

8 个关键点在透视圆的绘制中同样具有关键作用。在透视空间找到透视正方形相应的这 8 个点，并用圆滑弧线连接它们，就会得到所需要的透视圆形。

有了八分点的正方形内切圆之后，就可以结合之前学的方形透视的原理间接绘制各种透视状态的圆形透视了，并且能够准确判断圆形透视的属性和特点。

平行于视平面的正方形根据它与画面的夹角关系，可以产生平行透视和余角透视，但其内接的圆形却没有平行透视和余角透视之分，我们看到的是以椭圆形呈现的透视圆，如图 8-3 所示，图中在外接正方形分别是等大平行透视和余角透视的情况下，透视圆的形态和大小完全相同。可以理解成圆形位置不变，外接正方形围绕圆心任意旋转，圆的外接正方形在旋转过程中会处于平行透视状态，也会处于余角透视状态，但透视圆的形态不发生任何变化，外接正方形四角的运动轨迹也是一个透视圆。

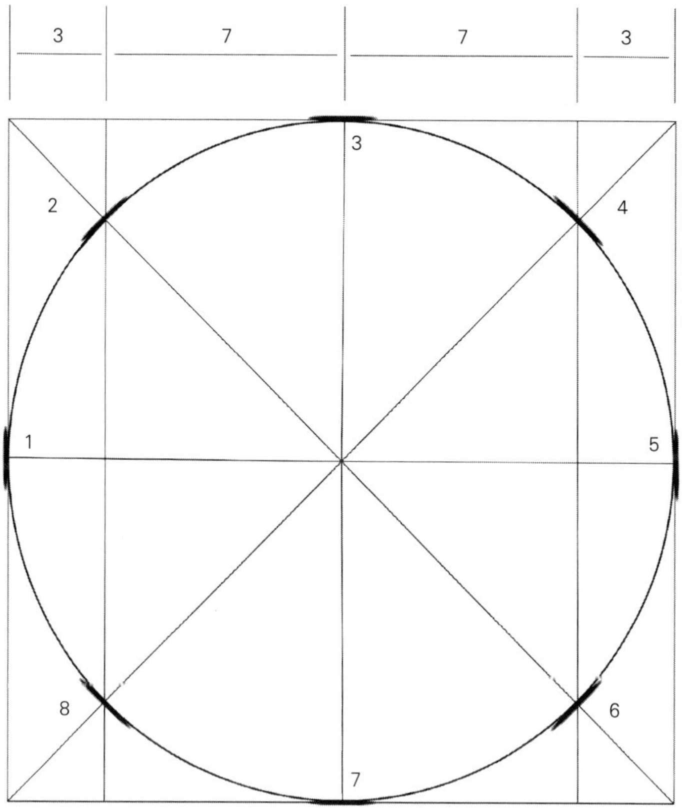

图 8-2

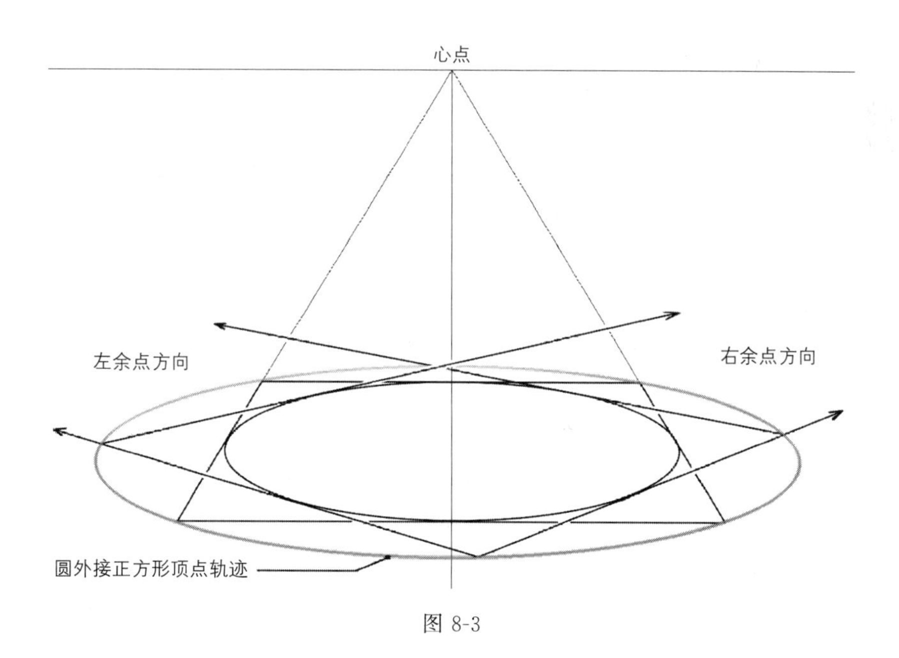

图 8-3

圆形在透视空间中之所以以椭圆的形式出现，是因为透视空间中的圆的外接正方形发生了纵深的缩减造成圆周在视觉上被挤压，从而形成长轴和短轴，在透视图中仍然可以通过 8 点法，利用正方形的透视图形绘制圆的透视图。只要确定内接圆的 8 个关键点在透视图中的位置就可以了。图 8-4 中的透视圆就是在其外接正方形中根据 8 点法进行绘制的。首先确定外接正方形的透视形态，图中以平行透视为例。首先连接透视矩形对角，得到对角线及对角线交点。过对角线分别做水平线和指向心点的直线，得到矩形四边的中点，即 1、3、5、7 点。随后将水平原线边的一半做 3∶7 分段，并从分段点向心点引直线，交矩形对角线于另外四个圆周关键点 2、4、6、8。最后用圆滑曲线连接 8 个关键点得到透视圆。

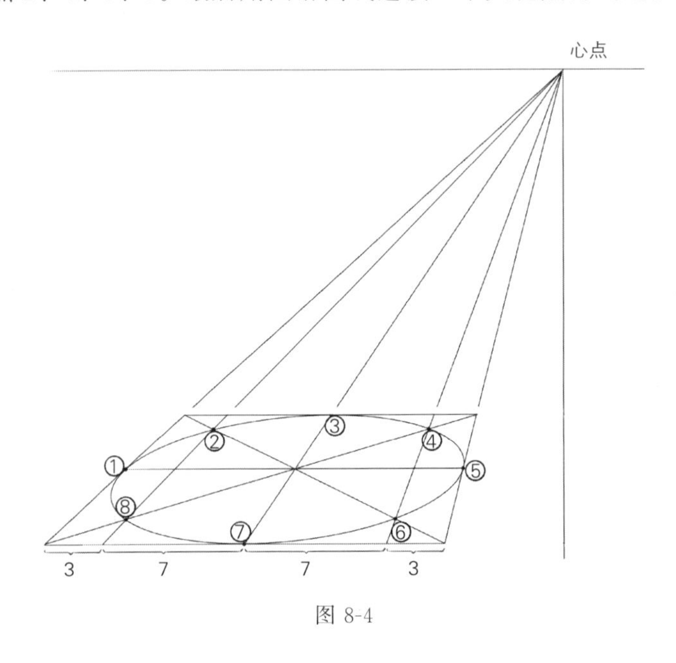

图 8-4

2. 透视圆的形态特点

透视圆以椭圆的形态出现在透视图中，但它的属性却和椭圆不完全相同，椭圆的长轴和短轴与透视圆的长轴和短轴是不同的概念。椭圆的长轴并非透视圆的最宽处，也就是说透视圆的圆心并非椭圆的圆心，椭圆的圆心将短轴平均分成两段，而透视圆心将短轴分成近长远短的两段。这一现象需要引起大家的注意，特别是在画车轮等需要确定圆心位置的透视圆时显得尤为重要，如图 8-5 所示。图 8-6 的车轮也是典型的透视圆，椭圆圆心和透视圆圆心也是分离的，透视圆心才是车轮真正的圆心位置。

透视圆虽然没有平行透视和余角透视之分，但由于所在位置不同会造成透视圆长轴与短轴的方向有变化，当透视圆的长轴或短轴位于视平线或过视平线的垂线上时，透视圆呈现出水平端正或垂直端正的状态，否则透视圆的长轴和短轴会发生一定的倾斜，看上去呈倾斜状。离视平线或过心点垂线越远，这种倾斜的程度就越深。图 8-7 展示了不同位置轮胎的透视图。透视圆长轴在偏离心点后，会有向心点倾斜的趋势，注意图中虚线所示的轮胎侧面透视圆的长轴方向，取景框四角位置的长轴倾斜程度最强烈。

透视圆通常作为圆柱体的顶和底出现，即平行且大小相等的圆形。那么在与灭线的位置关系中，它们同样遵循我们前面所讲的面和面的灭线的关系，即等大平行的圆面具有相同的灭线，在灭线同一侧时，它们相同朝向的面可见，并且透视图中越靠近灭线，圆面的纵深宽度越窄，压缩越严重。如图 8-7 右侧所示轮胎的顶面，越靠近视平线，则透视圆的宽度看上去越窄，与视平面等高时成为一条直线。

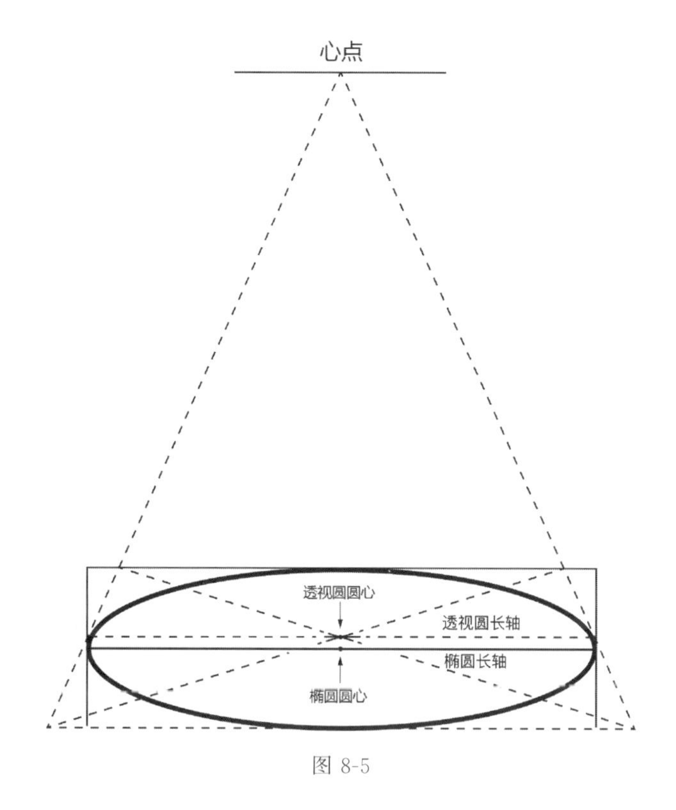

图 8-5

图 8-6

3. 同心圆透视

以平面内同一点为圆心，用不同半径画出的多个圆我们称之为“同心圆”。产品设计中

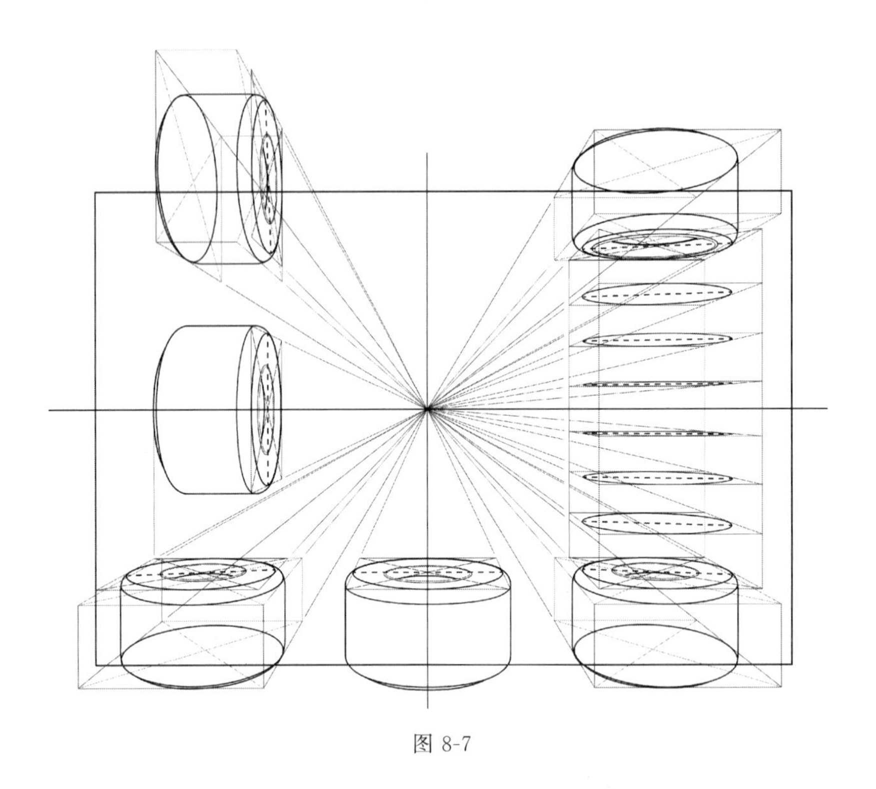

图 8-7

同心圆的例子很多，例如车轮的轮圈与轮胎，音响喇叭的外圈与内圈，CD 光盘的边缘与中心孔等。同心圆透视同样可以根据 8 点法进行绘制。首先绘制多个相互嵌套的正方形的透视图，再在每个正方形中绘制内接圆的透视图，所得的透视圆的形态呈同心椭圆的形态。同心圆的圆周间距原本是相等的，在透视图形中，纵深方向发生了透视缩减，水平方向没有发生透视缩减，因此纵深方向的间距小于左右两侧的间距，而纵深方向两圆间的距离发生透视缩减，造成近端的距离看上去宽一些，远端的距离看上去短一些，因此两个同心圆构成的圆环在透视图中，左右两端的宽度最宽，最远处的宽度最窄，最近处的宽度居中，如图 8-8 所示的刹车碟所呈现的刹车碟外圈与内圈的透视状态就有典型的同心圆透视特点。

4. 透视圆等分

要将圆进行等分，只要将圆周进行等分，等分点分别与圆心相连就可以了。形成的图形很像古代的车轮的形态，这些等分点到圆心的连线被称作轮辐，轮辐越密集，圆被等分的份数就越多，用 8 点法所绘制的透视圆先天就具备 8 条等分圆的辐。如果想对透视圆进行任意等分，就要借助辅助半圆面。如图 8-9 所示，首先将辅助半圆面进行所需的等分分割，然后将其沿直径边翻转 90 度与画面重合，接着在圆周等分点向半圆直径引竖直直线，得到相应的交点。这种旋转视图的方式在前章所学习的透视研究中也经常被用到，如将目点旋转至画面的操作可以帮我们更好地测量灭点寻求线的角度。其主要思路是一致的，就是让不在同一平面的图形经过旋转达到共面，从而便于统一测量。在透视图中，从这些交点向心点引线，交透视圆圆周的点就是相应的透视圆等分点。由透视圆圆心引线向这些分割点引线段，这些线段就是透视圆的等分线段。从图 8-9 中可以看到，圆的等分辐在透视图中呈现中间稀疏、两端密集的状态。

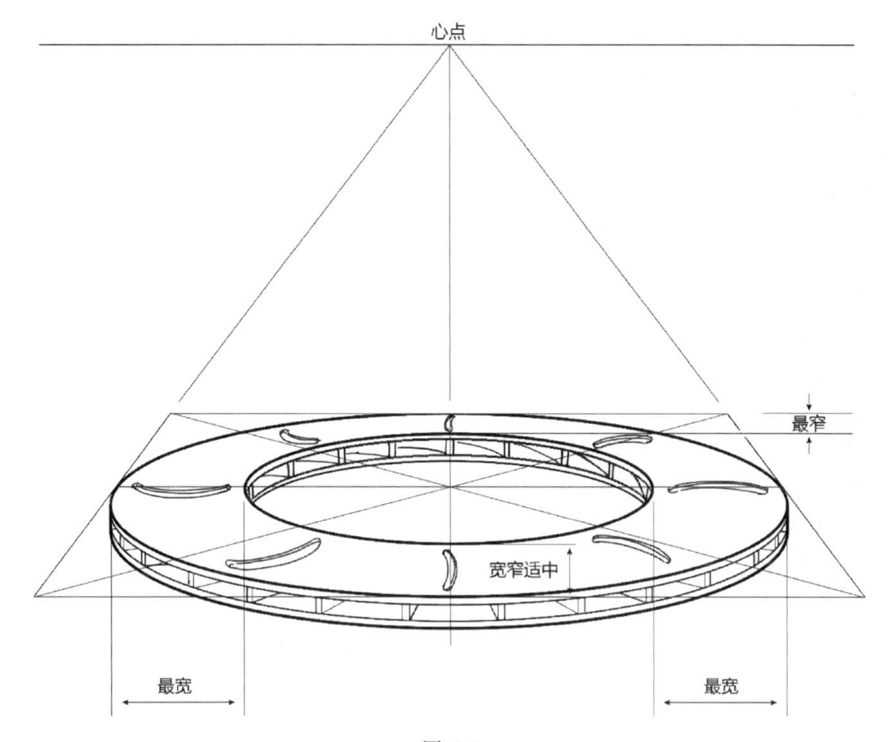
心点
最窄
宽窄适中
最宽
最宽

图 8-8

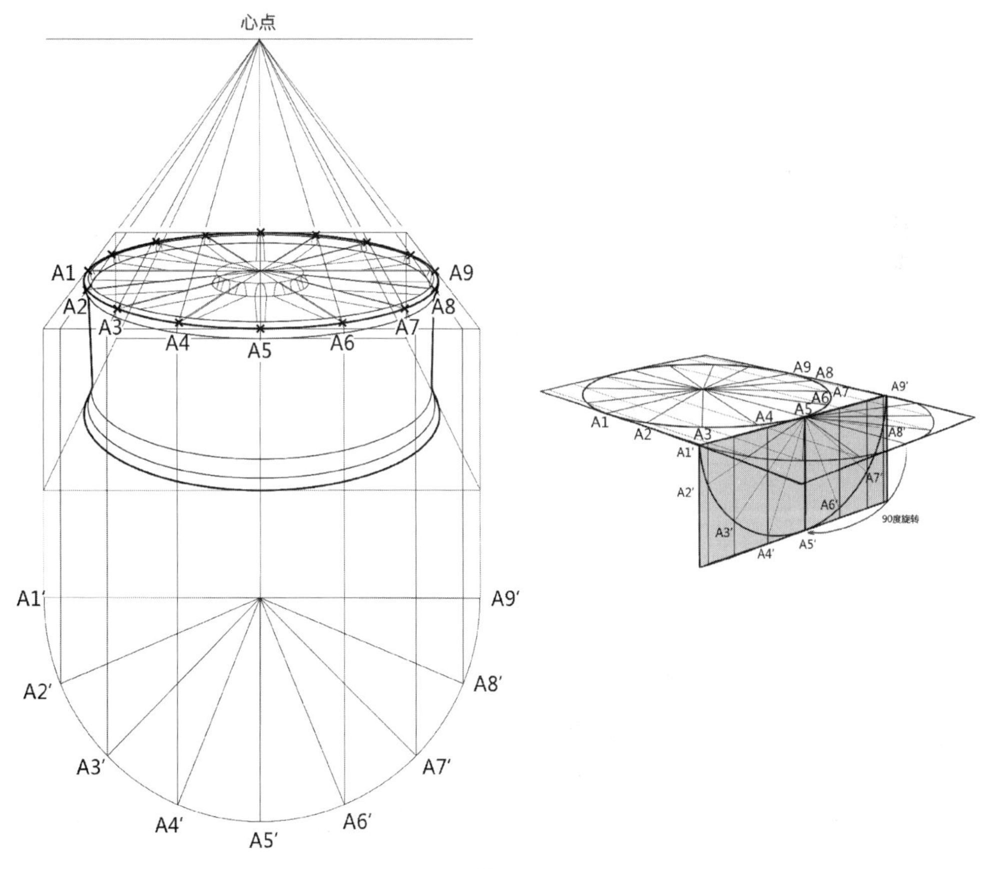
心点
A1
A2
A3
A4
A5
A6
A7
A8
A9
A1′
A2′
A3′
A4′
A5′
A6′
A7′
A8′
A9′
90度旋转

图 8-9

图 8-10

5. 圆柱、圆台、圆锥、圆球的透视

由圆形产生的立体形态主要包括圆柱、圆台、圆锥和圆球等。这些立体形态是通过对圆面进行拉伸、旋转、缩放等得到的。它们在产品设计中运用得非常普遍，透视形态也和圆的透视有着密切的联系。圆柱是对圆面进行竖直拉伸得到的简单立体形态，它由大小相同的两个圆面（顶面和底面）和中间的一维曲面（侧面）构成，如图 8-10 所示。两个圆面圆心的连线称为轴，圆柱的轴与顶面和底面垂直，与侧面平行。圆柱的顶面和底面作为等大的平行平面遵循灭线的规律，如图 8-11 中所示的三个瓶子的瓶身和瓶盖都是圆柱体，三个瓶子的状态分别为竖直放置、水平放置和倾斜放置。竖直放置的瓶子的底面和瓶盖顶面的灭线是地平线，所有与瓶盖顶面和瓶子底面平行的截面的灭线都是地平线。竖直放置的瓶子被地平线分成上下两部分，地平线以上的部分，我们可以看到截面朝下方向的面，地平线以下的部分，我们可以看到瓶子截面的朝上方向的面。水平放置的瓶子的底面和瓶盖顶面的灭线是过心点的垂线，这条灭线将瓶子分成左右两部分，左边部分的瓶子截面，我们可以看到朝右的面，右边瓶子的截面，我们可以看到朝左的面。倾斜放置的瓶子的底面和瓶盖顶面的灭线是过心点的斜线，这条灭线同样将瓶子分成上下两部分，上半部分的瓶身截面，我们能看到朝下的面，下半部的瓶身截面，我们能看到朝上的面。

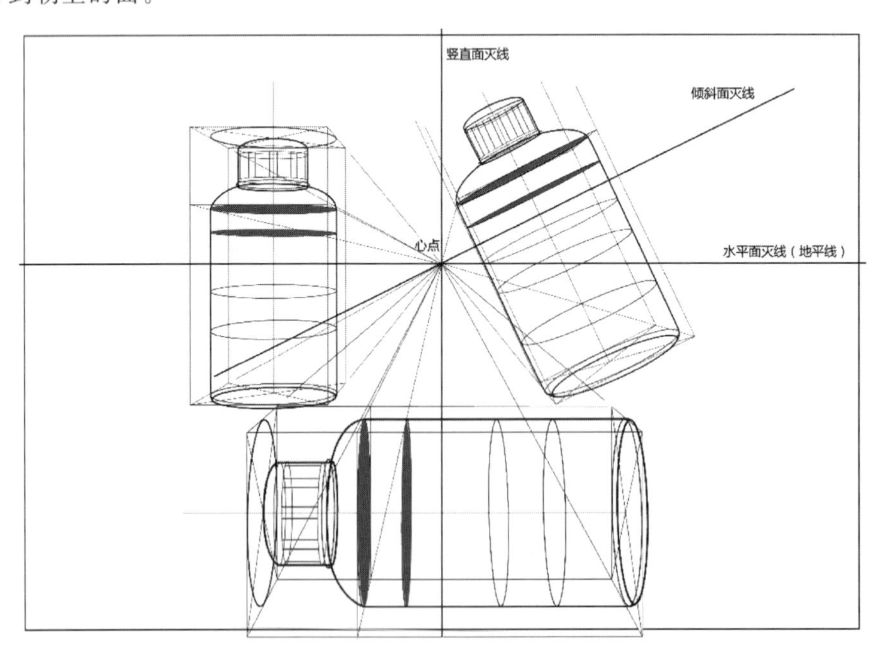

图 8-11

圆柱顶面和底面都是圆面，在透视图中呈现椭圆形态。随着透视圆离心点距离的增大，透视圆的透视形变会加剧。这种圆柱体的透视形变和第二章第三节中“正常视域”部分提到的方形及方体在有效视域以外会发生剧烈形变的情形一样。这种形变造成的直接后果是圆柱体的顶面和底面透视圆的长径发生倾斜，这种倾斜主要发生在有效视域以外，不符合我们生活中的视觉经验，会使画面不协调。如图 8-12 上图所示的圆柱体，左侧的顶面就发生了比较严重的形变。因此，在进行透视圆的绘制时，即使它远离心点，也刻意把顶面和底面的透视圆画成长轴与圆柱轴心垂直，短轴与圆柱轴心重合的形态，使透视圆的长轴与短轴永远保持垂直状态，且透视圆的短轴与圆柱体的轴重合，这样圆柱的两个圆面的长轴和圆柱本身的轴形成了一个稳固的“工”字型结构。如图 8-12 下图的圆柱体所示。这样我们所见的圆柱体才从视觉上给人以端正的感觉，在处理多个并排摆放的圆柱体时尤其要注意这一点。虽然从透视的原理看，随着圆面偏离灭线的距离的增大，透视圆长轴会有倾斜的倾向，但人的视觉习惯不接受这样的变形，往往会觉得歪斜。

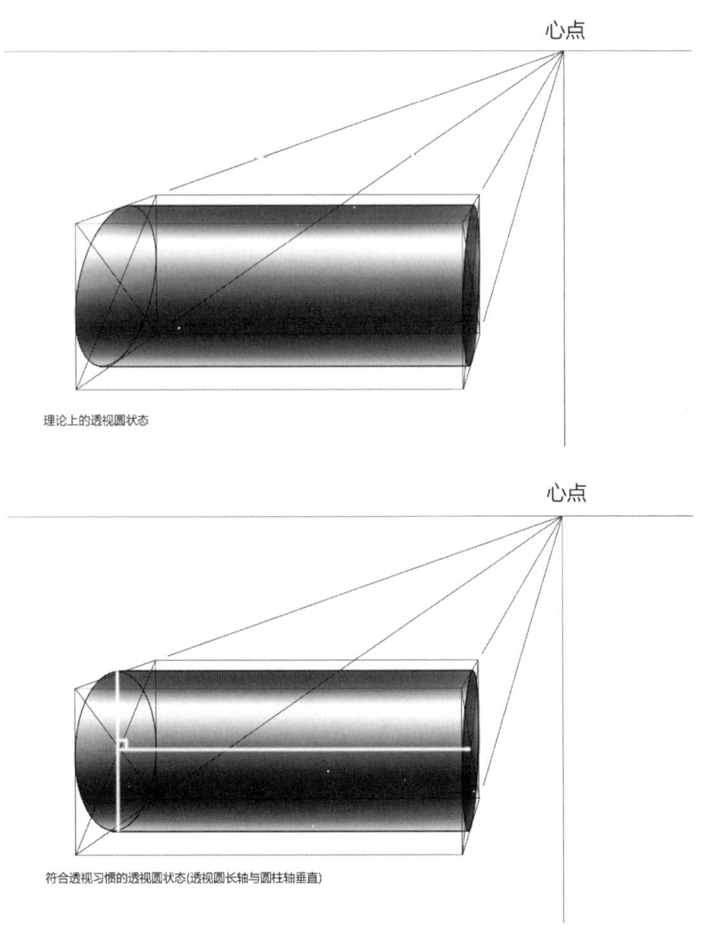

图 8-12

图 8-13 所示的东风-41 导弹发射车[1]的透视分析图，按透视原理来进行表达时，由于透视圆圆心接近视平线，透视圆的长短轴几乎呈垂直和水平状，而轮胎的轴心线并非水平线，因此，椭圆的短轴与圆柱的轴心并不重合，车轮圆柱体的截面部分有歪斜的感觉。图 8-14 是东风-41 导弹发射车的透视草图，在进行草图绘制时，需要调整一下椭圆的形态，使椭圆短轴与圆柱轴心重合，椭圆长轴与圆柱轴心垂直，这样视觉观感上会更加舒适。

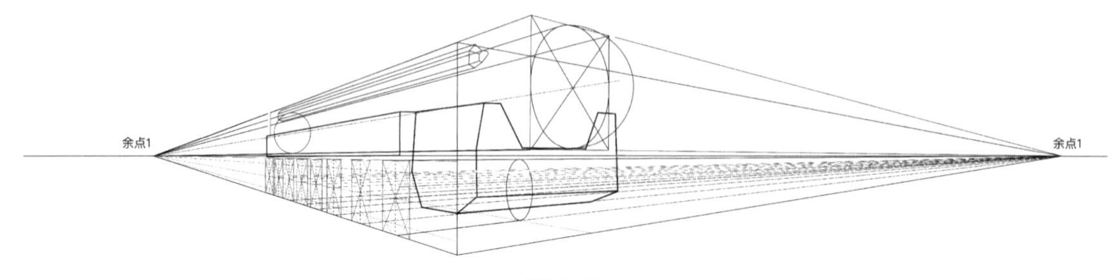

图 8-13

圆台和圆柱很相似，不同之处在于它的顶面和底面的圆面面积不相同，可以理解成是在圆柱的拉伸过程中同时缩小了顶面或底面得来的。顶面或底面的缩小过程可以遵循同心圆的画法。图 8-15 是典型的类似圆台形态的智能音箱的绘制过程。步骤一先按比例绘制音箱的外接方体，步骤二绘制方体的内接圆柱体，其中主要是通过 8 点法确定顶面和底面的透视圆的形态，步骤三用同心圆的画法确定音箱顶面和底面透视圆的形态，步骤四完成音箱的整体形态和细节。

我们可以把圆台理解成特殊的圆柱，它具有圆柱所有的透视特点。圆台在远离心点时，仍然会出现类似于圆柱出现的视觉倾斜问题，影响我们对物体形态的判断，因此在遇到此类情况时，可以按照圆柱的处理方法，不必拘泥于透视的“正确”形态，人为将圆台“纠正”，保证顶底面和圆台轴心的“工”字型结构，使其更容易按视觉习惯被接受。如图 8-16 所示，透视图中 A、B、C 三个位置放置三台同款智能音箱，其中 A 位置的音箱在过心点垂线上，顶面和底面长轴以及音箱中轴形成比较端正的“工”字形，如图中虚线所示。B 位置的音箱开始偏离心点，趋近取景框边缘，顶面和底面的长轴开始发生倾斜，整个音箱看上去也是歪斜的。C 位置的音箱在取景框以外，理论上发生透视倾斜的程度比 B 位置更加剧烈，势必会严重影响音箱正确形态的表现，因此，我们刻意将其顶面和底面“纠正”，使画面更加和谐，也避免了圆台物体形态的失真。

圆锥是特殊的圆台，即顶面缩小成一点的圆台，这个点我们叫做顶点，顶点到底面圆心的连线称之为圆锥的轴，如图 8-17 所示。绘图中同样需要对其透视进行调整，保证圆锥的轴与底面保持垂直关系。透视图中，圆锥稳定的关键是底面透视圆长轴和圆锥轴保持垂直关系，形成稳固的倒 T 字型结构。绘制过程和圆台类似，不再赘述。

---

[1] “东风-41”性能与发达国家的第六代，如美国‘民兵-3’和俄罗斯的‘白杨-M’洲际弹道导弹基本相当，部分技术甚至已经超过它们。“东风-41”洲际弹道导弹射程突破 1.2 万公里，攻击目标的偏差只有 100 米，并且可以携带 6 到 10 枚分导式弹头，对手很难拦截。“东风-41”弹长 16.5 米，弹径 2.78 米，整体重量达到 60 余吨，采用三级固体燃料推进，采用公路机动平台、铁路机动平台、加固地井发射三种方式部署。

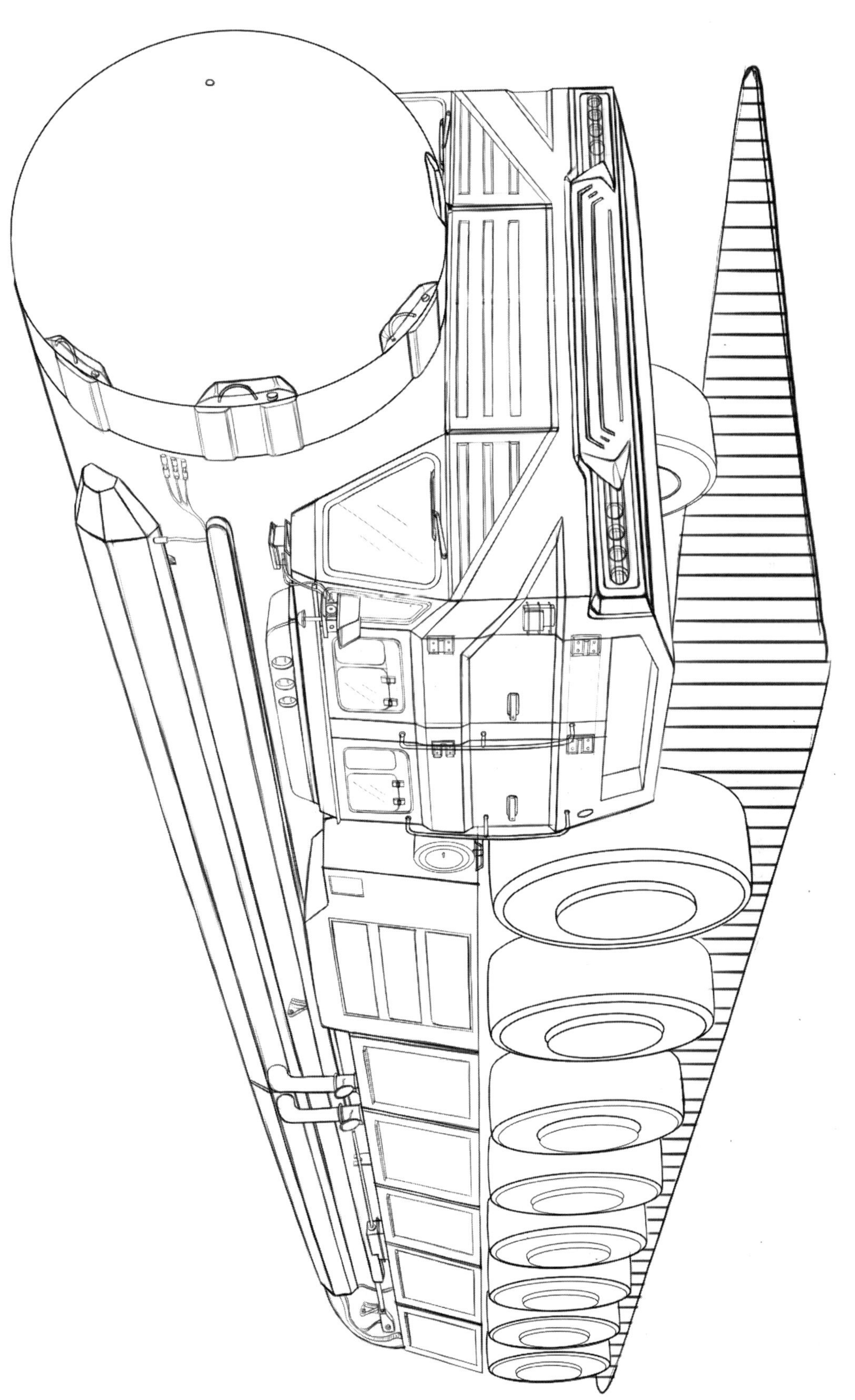

图 8-14

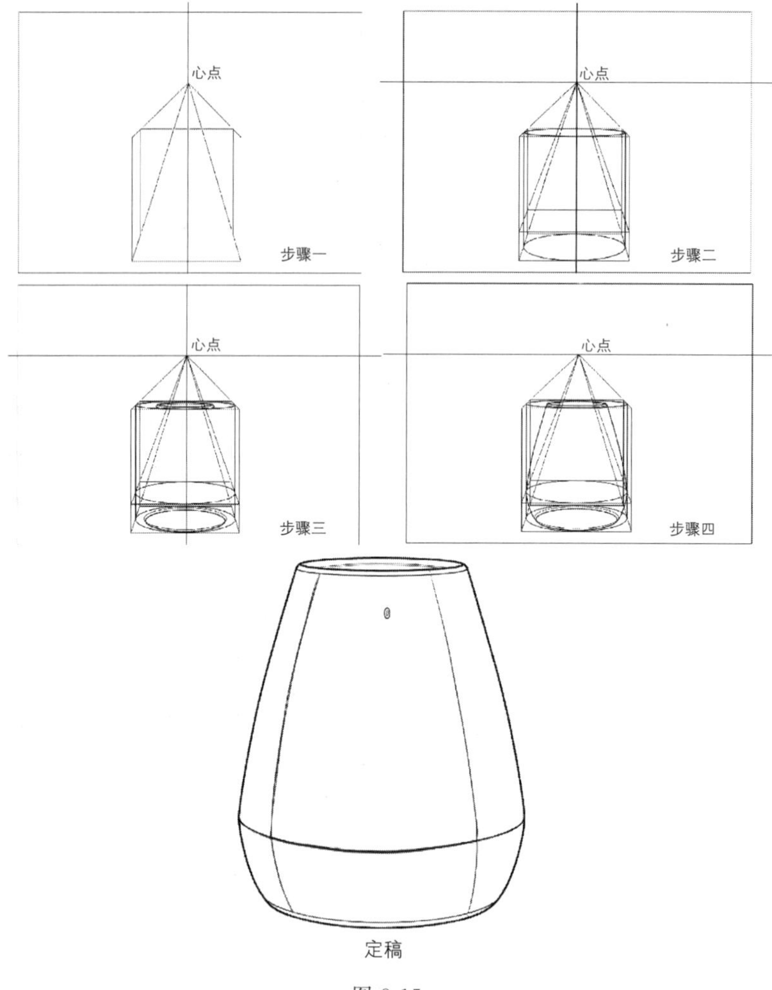

图 8-15

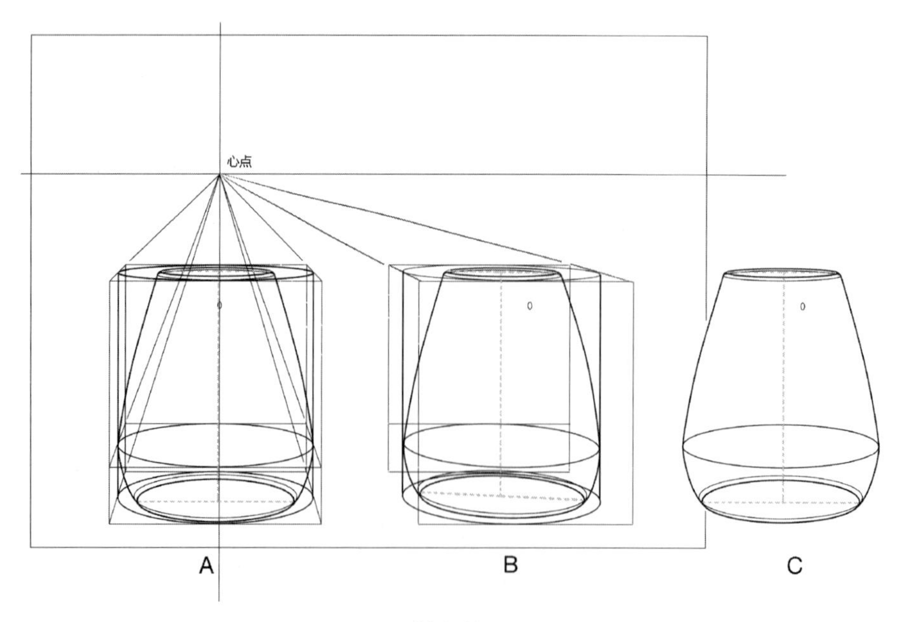

图 8-16

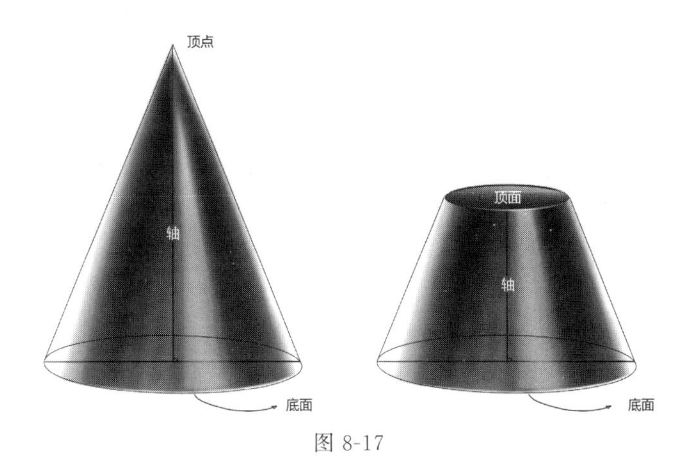

图 8-17

图 8-18 是不同透视状态的圆锥和圆台，1 号圆锥位于心点附近，透视形变最小，按实际透视关系绘制，底面椭圆长轴与高就是倒“T”字形垂直关系，不需要进行刻意调整。2、3 号圆锥分别靠近取景框左右边缘，会发生明显透视形变，造成椭圆长轴与圆锥高不垂直，虽然这样符合透视关系，却不符合人们的视觉习惯，因此我们将其刻意调整成垂直关系。4 号圆台同样在取景框边缘，顶面透视圆长轴和底面透视圆长轴被处理成水平状，与圆台中心轴形成“工”字形态。

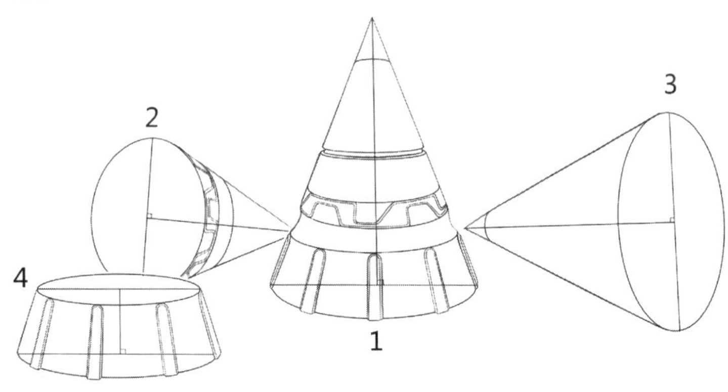

图 8-18

圆球可以理解成是圆形沿任意直径进行旋转所得的封闭空间，这个直径我们称为极轴，极轴的两个端点称为极点，如图 8-19 所示。在研究透视中的圆形时，我们是通过圆形外接正方形的透视来间接得到圆形透视的特点的，同理，研究圆球时可以通过圆球的外接正方体来间接得到圆球的透视特点。在前章研究正常视域部分时，我们提到在离开心点比较远的位置，即 60 度视锥以外的区域，正方体的透视形态会发生比较剧烈的形变，并且这种形变会随着远离心点的距离的增大而愈加剧烈，正方体看起来被拉长，变成长方体，球体作为正方体的内接体，其透视也会随正方体一起发生相应的透视变化。如图 8-20 中的球体 A 的透视以外接方体平行

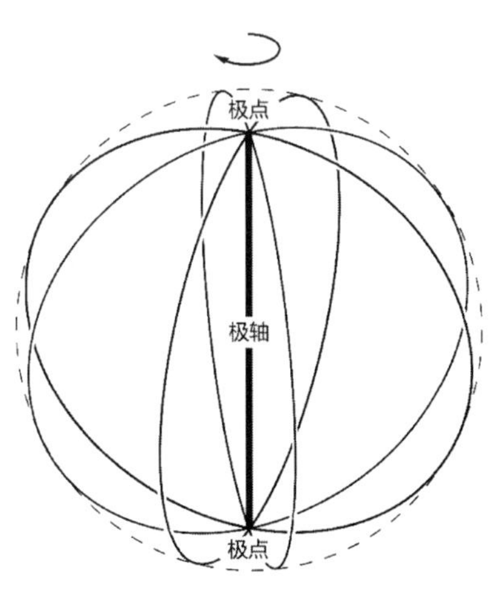

图 8-19

透视的形式来研究，距离心点较远，处于有效视域的边缘，发生了明显的透视变形，圆球的外接正方体在视觉上被拉伸成长方体，它的内切圆球也相应被拉长，在视觉上成为“椭球体”。球体 B 以外接方体余角透视的形式研究，其位置相对于球体 A 要靠近心点一些，因此透视拉伸变形相对缓和，但球体依然是偏“椭球体”的状态。球体 C 位于心点上，其外接方体以平行透视存在，整体没有发生剧烈的透视拉伸，呈正方体状态，其内接球体基本成正球体状态。由于在生活中肉眼观察到的圆球都是在有效视域以内，心点附近，因此人们更习惯接受圆球“就是圆的”的观念。所以，在透视图中，无论圆球的位置如何，应尽量将其处理成不发生透视拉伸的状态。

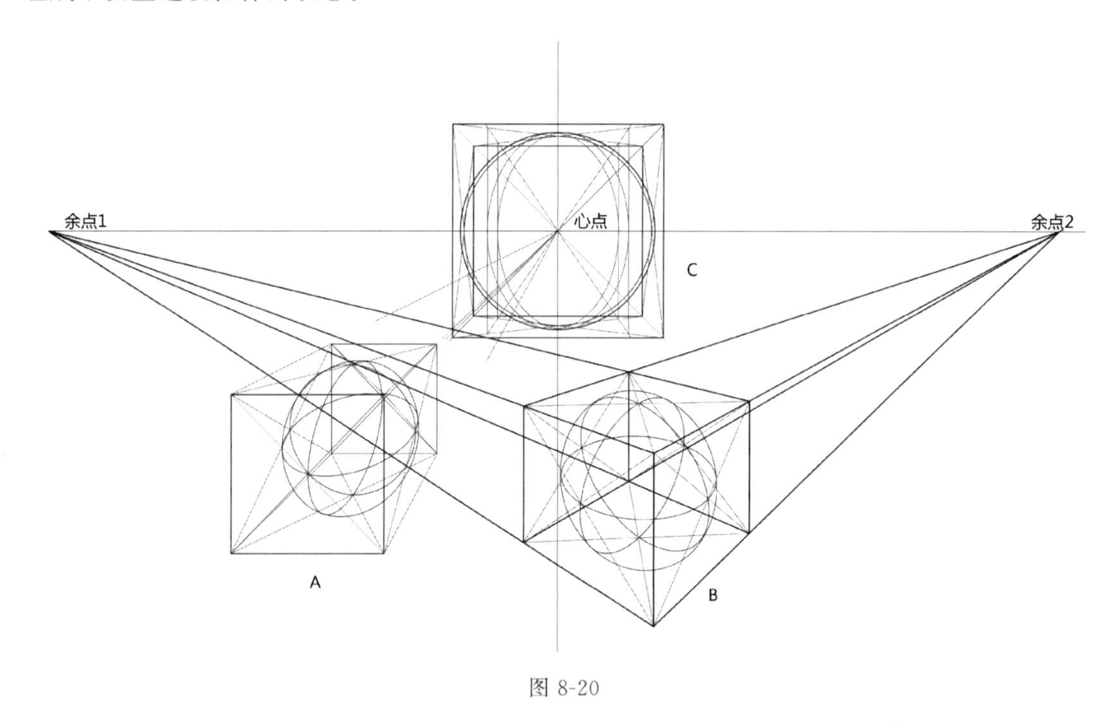

图 8-20

球体在产品设计中的应用往往不是以纯粹的球体形态出现的，一般都会在球体的基础上做“减法”，我们通常利用球体的“经纬线”进行定位，并参考球体外接方体进行透视判断。

图 8-21 是根据透视球体进行切割后的形态，其绘制过程也是先确定球体的透视形态，再在相应的“经纬线”位置进行切割与增减。

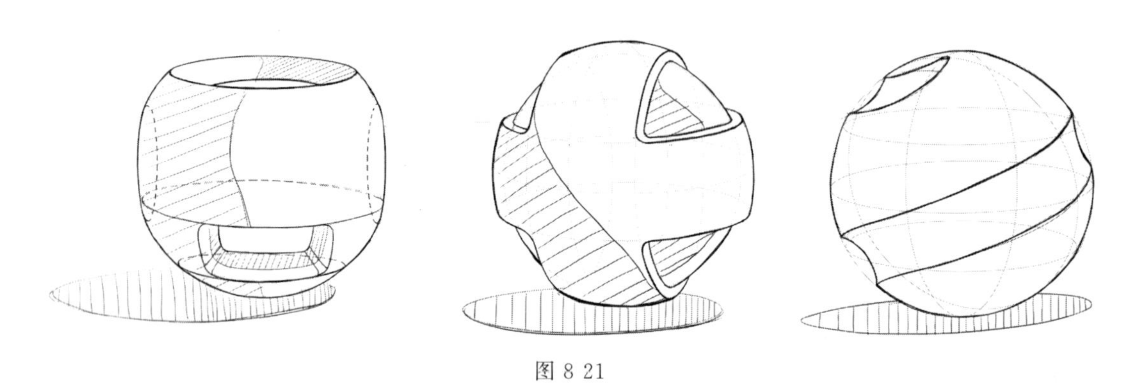

图 8 21

图 8-22 是两个球形飞行器的透视图表现，两个球形飞行器在画面中不同位置出现，左下角的靠近心点一些，右上角的离心点较远，偏向取景框边缘，为了视觉上的协调，将两个球体都处理成正球体的形态，根据飞行器的形态对球体进行了相应的切割和增加，同样遵循外接方体的透视原理确保其对称性和形态的准确性。

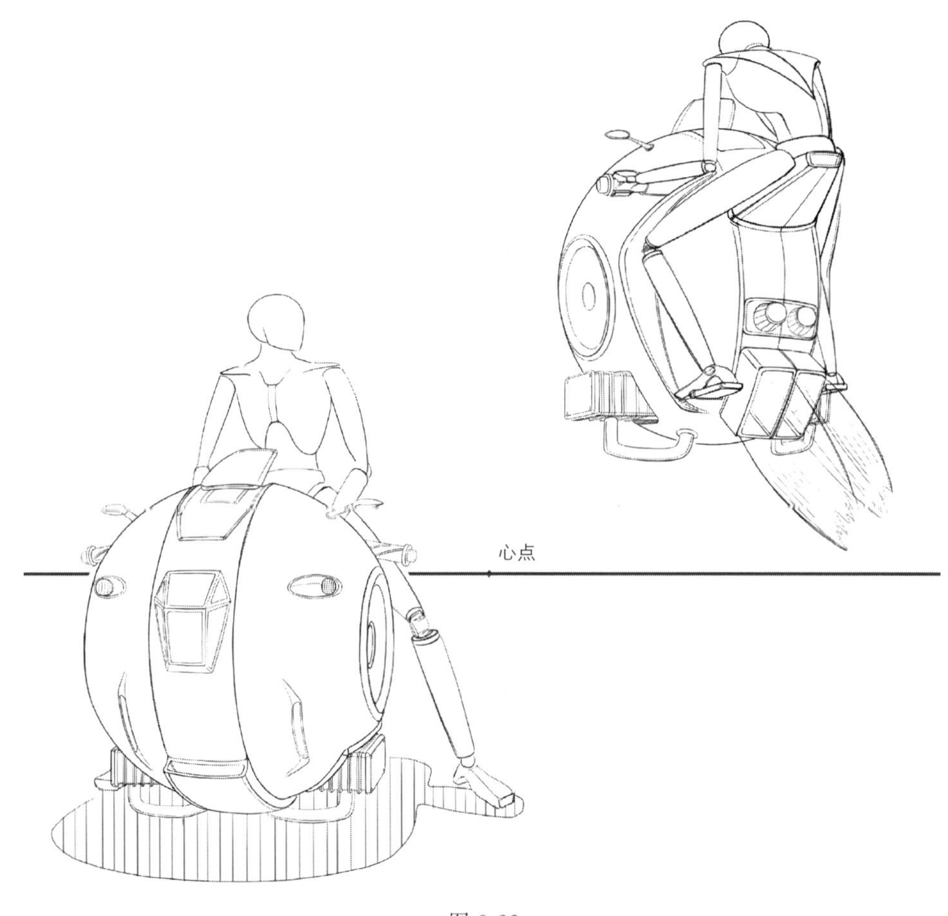

图 8-22

6. 圆弧面相贯线的透视画法

以上提到的几种由圆形演变的立体形态都具有圆弧曲面，如圆柱圆台、圆锥的侧面、圆球的表面等。当两个圆弧曲面在相交时会产生共用的交线，即相贯线，也称为曲面间的理论交线。两个曲面的理论交线同时属于两个曲面，形态会随曲面形态的不同而变化。这些相贯线在产品结构中往往会被圆角化处理，因此不容易被直接看到。在处理相交曲面时，往往先找出它们的理论交线即相贯线，再进行倒角处理从而形成最终需要的曲面。在透视图中可以通过找曲面相交的关键点并用曲线连接这些关键点的形式来绘制这些相贯线的透视图。如图 8-23 和图 8-24 所示是一辆自行车车架部分的曲面，图中圆圈标识的部分就是倒角处理后的相贯线，可以通过先确定相贯线的位置，再进行倒角的处理方法来绘制曲面的透视图，图 8-23 是车架的侧视图，没有发生透视形变，图 8-24 是透视图中的样子。

下面我们通过具体图例来了解圆柱与圆柱，圆台与圆柱，以及圆台与圆台相交所产生的

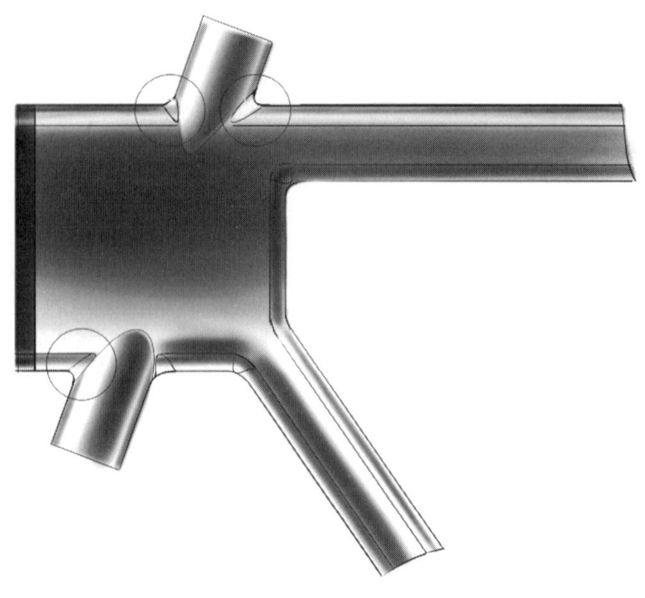

图 8-23

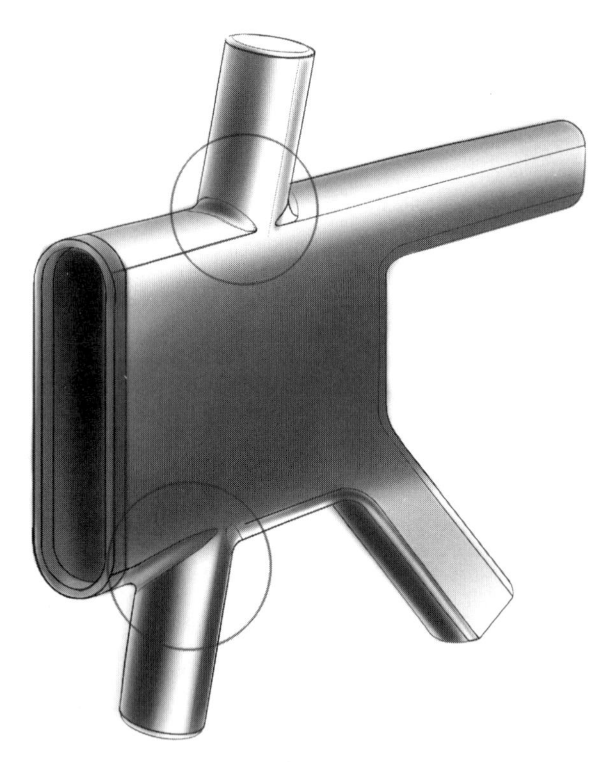

图 8-24

相贯线的透视画法。

如图 8-25，两个直径不同的圆柱体垂直相交，具体位置如图 8-25 顶视图所示。先将横置圆柱体进行水平四等分，得到 5 个竖直高度等分点，画出相应的矩形截面，再画出三个截面的对应高度上竖直圆柱体的三个截面，找出三组截面的交点（成组截面越多，确定的相贯线越准确、流畅）及两圆柱体相交的最高点与最低点。最终用圆滑曲线连接这些交点得到相贯线。图 8-26 是两个圆台相交的状态，图中灰色部分是两个圆台重合的部分，它的边界就是两个圆台的相贯线。用同样方法，在两个圆台等高的部分做三个截面，分别是大圆台的 1、2、3 和小圆台的 1′、2′、3′，它们的交点就是相贯线上的点，圆台截取的水平横截面越多，得到的交点就越多，相贯线的形态也越准确。图 8-27 所示是圆台与圆柱相交的状况，形成两条独立的相贯线，两条相贯线呈对称状态。同样将圆柱进行竖直方向的水平分割，圆台在同样高度进行相同的水平分割，然后用找交点的方法确定相贯线上的点，再将交点用圆弧曲线进行连接就得到圆柱与圆台的相贯线。图 8-28 是手绘草图中对相交圆柱体的处理方式，在产品设计中，相贯线部分一般会以倒圆角的形式来处理。图 8-29 是一款倾斜相交的圆柱体造型电子设备，四个倾斜圆柱体与中间的竖直圆柱体相交，在大体确定相贯线的位置后，对相贯线进行相应圆角化处理。

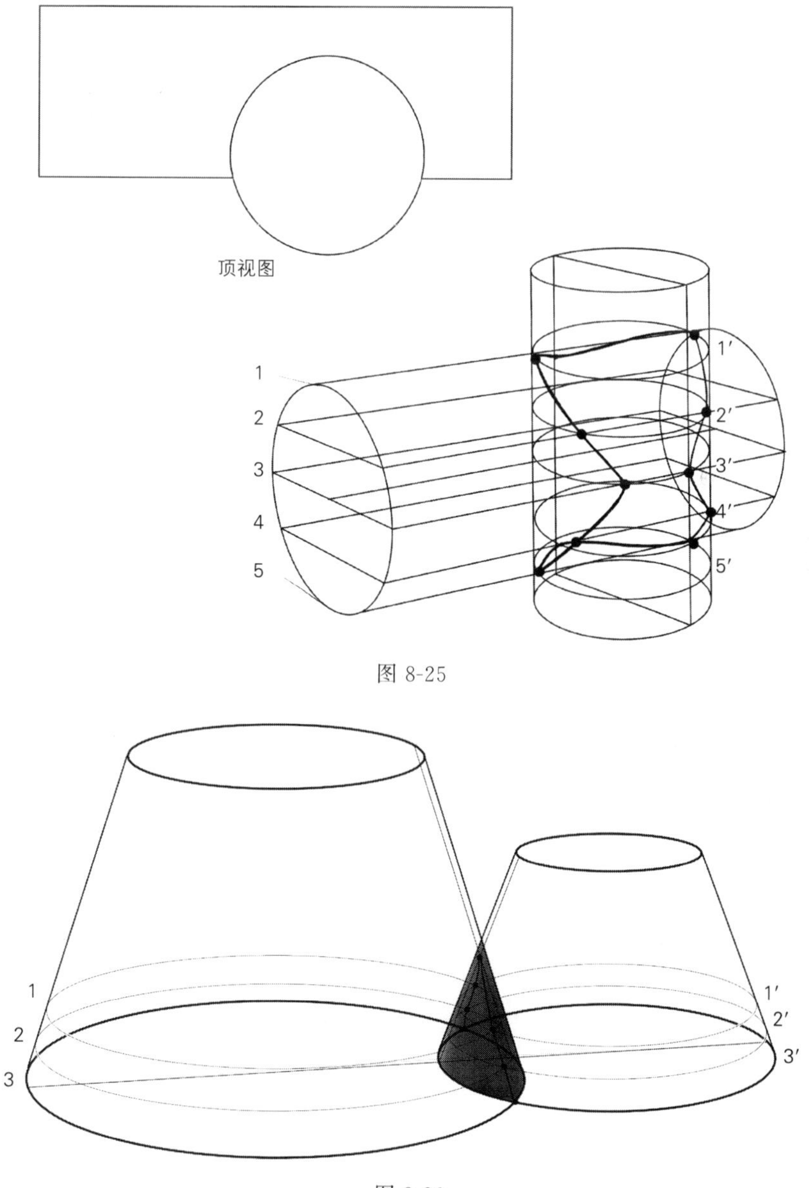

图 8-25

图 8-26

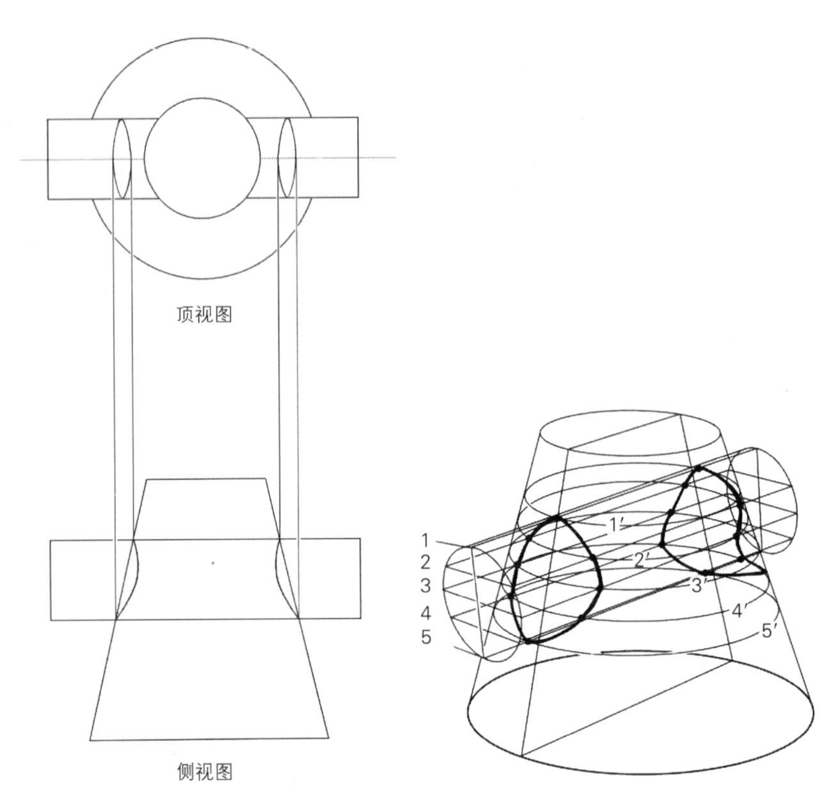

图 8-27

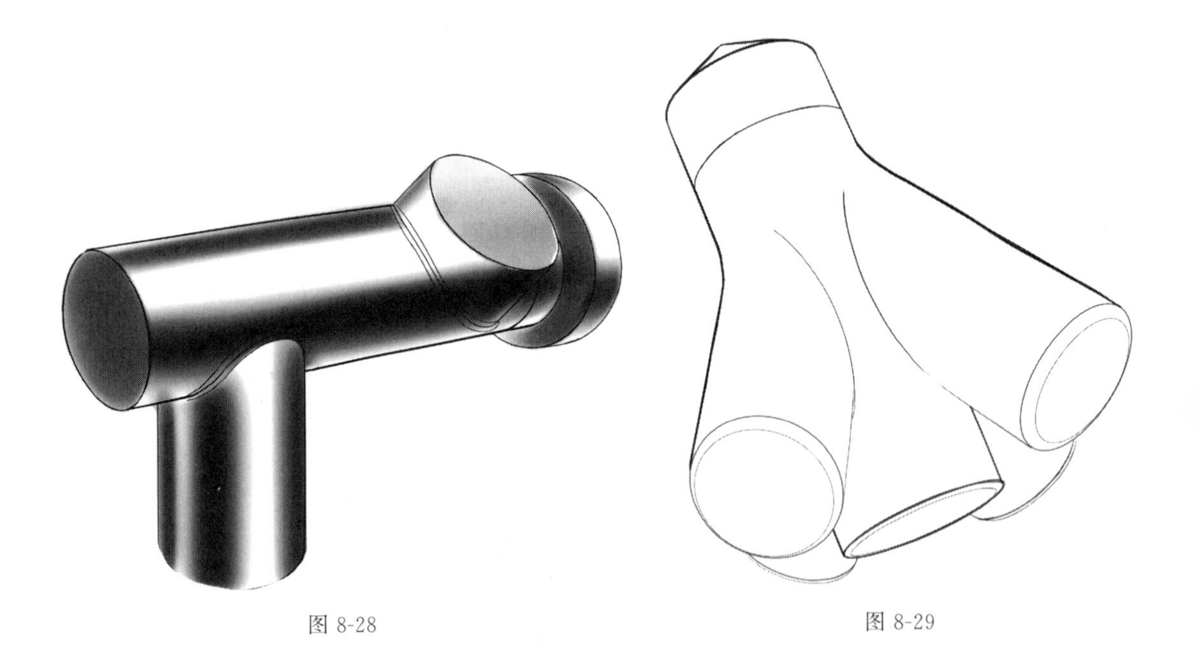

图 8-28

图 8-29

第二节 曲线透视

和圆形相比，曲线的自由度更大，把曲线归纳为方形内部的曲线，并找到与方形相对应的关键点来确定曲线的形态，是很好的方法，而且我们还可以借助方形的透视间接研究曲线的透视。

1. 平行曲线

画好空间中平行曲线的透视的关键是画好曲线的外接矩形，并找到与矩形相切的关键点，最终将这些关键点进行圆滑连接即可，如之前学习过的圆柱的顶面和底面的画法就是典型的平行曲线的画法。如图 8-30 所示是三个相互平行的汽车侧面轮廓，在绘制汽车的透视草图时，我们常常需要确定三个相互平行的汽车侧面图，并以此为依据进行透视图的绘制，这样可以很好地控制车辆透视图在宽度方向的曲面变化。图 8-30 中将相互平行的三个汽车侧视图置于三个相互平行的外接矩形中，在确定好曲线的关键点 a 至 h 后，将关键点进行圆弧连接就形成所要的车辆侧视图的透视图。

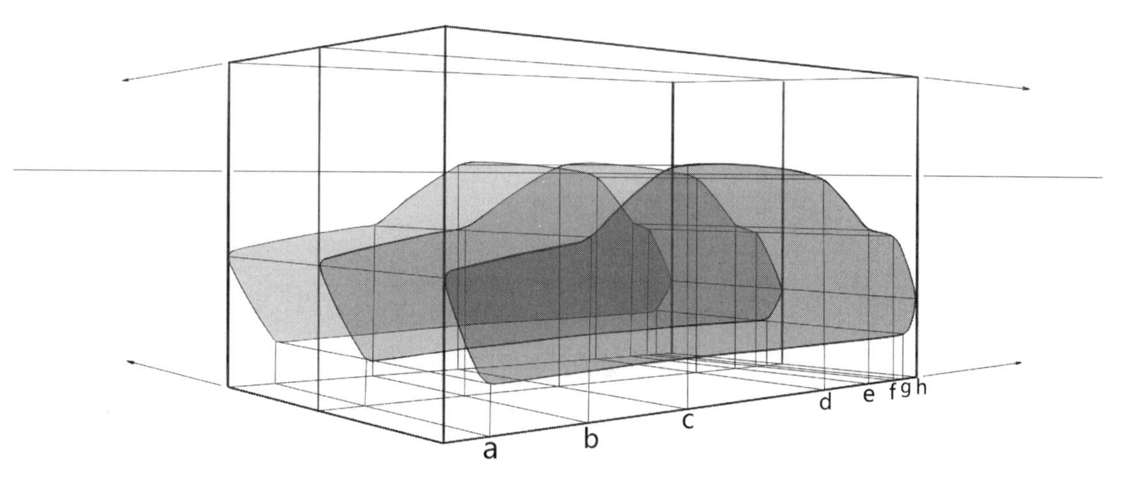

图 8-30

2. 螺旋曲线

螺旋曲线是一种优美的且很有数学韵律的形态，可以把它理解成是附着在圆柱侧面或圆台侧面的曲线形式，可以通过对圆柱或圆台的侧面进行透视分割而获得。图 8-31 所示为利用圆柱和圆台侧面的透视图画的螺旋曲线，图中 A 为圆柱，B 为圆台，在它们侧面表面绘制螺旋曲线的思路是一致的。首先将圆柱体的侧面沿竖直方向进行等分，得到 a、b、c、d、e 五个平面，其中 a 和 e 是圆柱的底面和顶面。在每个圆面的边缘取关键点 1、2、3、4、5，每个点的水平夹角是 90 度，然后用光滑曲线连接这五个点就得到圆柱体侧面上的螺旋线。圆台侧面上的螺旋线的绘制思路与圆柱侧面螺旋线相同，不同之处在于形成的螺旋线半径渐渐变小。在圆柱或圆台的侧面绘制螺旋曲线，水平等分的透视圆越多，所得到的螺旋线的形

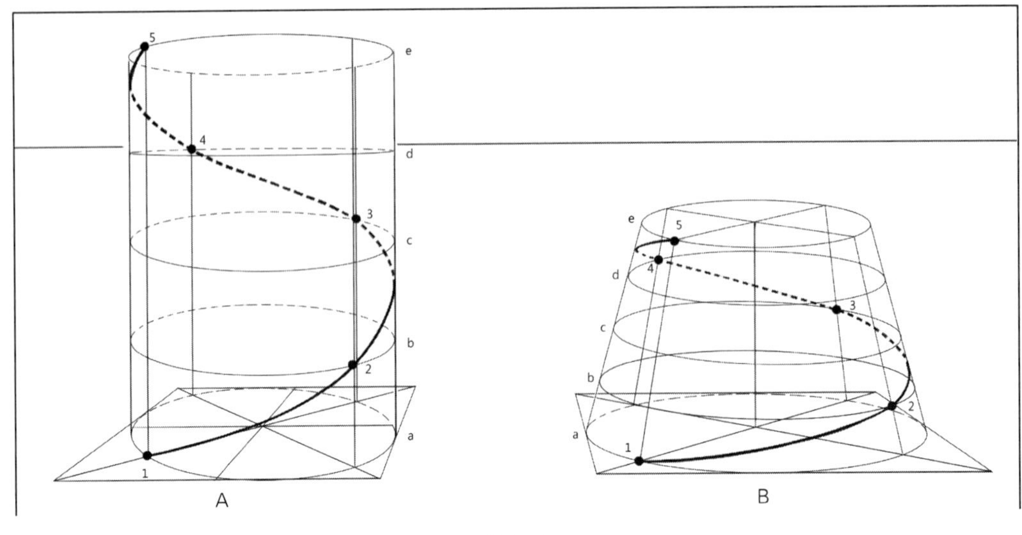

图 8-31

态越完美。

3. 轴对称曲线与曲面形态

轴对称曲线在产品设计中运用得最多，特别是车辆设计中应用得更普遍，绝大多数车辆都是左右轴对称的设计，我们在画轴对称曲线的透视图时，可以先确定曲线的外接矩形，再根据关键点绘制它的轴对称图形。如图 8-32 是蛟龙号[1]科考潜艇透视图的最初曲线构建图。

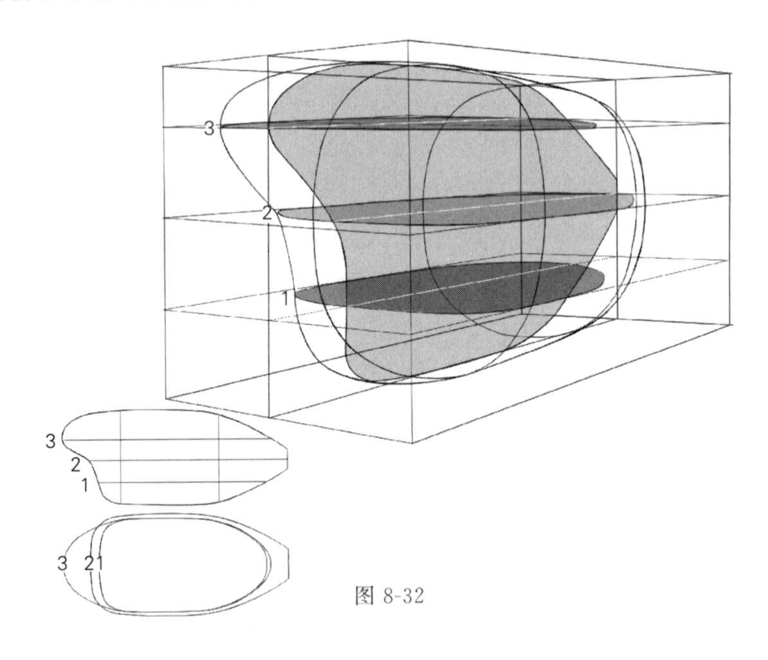

图 8-32

[1] 蛟龙号载人潜水器是一艘由我国自行设计、自主集成研制的载人潜水器，也是 863 计划中的一个重大研究专项。2010 年 5 月至 7 月，蛟龙号载人潜水器在我国南海中进行了多次下潜任务，最大下潜深度达到了 7020 米。

首先将蛟龙号的水平方向方向进行“切片”处理。分别得到 1、2、3 三个平面曲线。这三个曲线是对称形态，体现蛟龙号在三个不同水平位置的形态。在透视图中对应的水平高度绘制这三个水平曲线，并将边缘点进行曲线连接就得到蛟龙号的透视曲面形态。水平曲线的切片越多，得到的曲面形态越准确，图 8-33 是在此曲线基础上完成的蛟龙号透视草图。

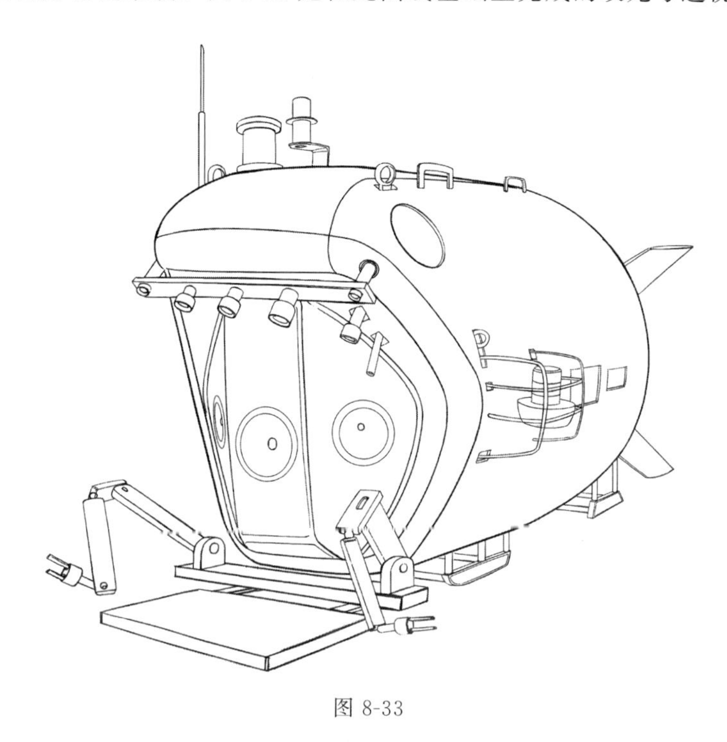

图 8-33

课后思考题及练习：

1. 思考曲面物体与方体的关联。
2. 设计几种不同形态的相贯体，并画出它们的透视图。

第九章

投影的透视

第一节　投影概述

投影是物体在光照环境下由于对光线的阻挡而形成的暗影，是在产品手绘表现中必不可少的视觉元素，它能够真实体现物体的体量感和空间关系，能够暗示物体所在承托面的位置和表面起伏，也能间接体现物体的形态。日光投影的真实形态也会在透视环境中遵循一定的透视规律，产生相应的透视变化。正确的投影透视可以使绘图的画面感更强。如图 9-1 所示的马蜂的形态草图，在加入准确的投影后，显得更加立体和生动。

物体投影是光线被物体遮挡后所形成的相对暗的区域，这个区域可能在物体所在的基面上，也可能在物体本身上，也可能在物体周围的环境上，具体位置需要根据具体情况而定。图 9-2 所示的台灯草图中，灯罩就分别在桌面和台灯本身上形成了投影。

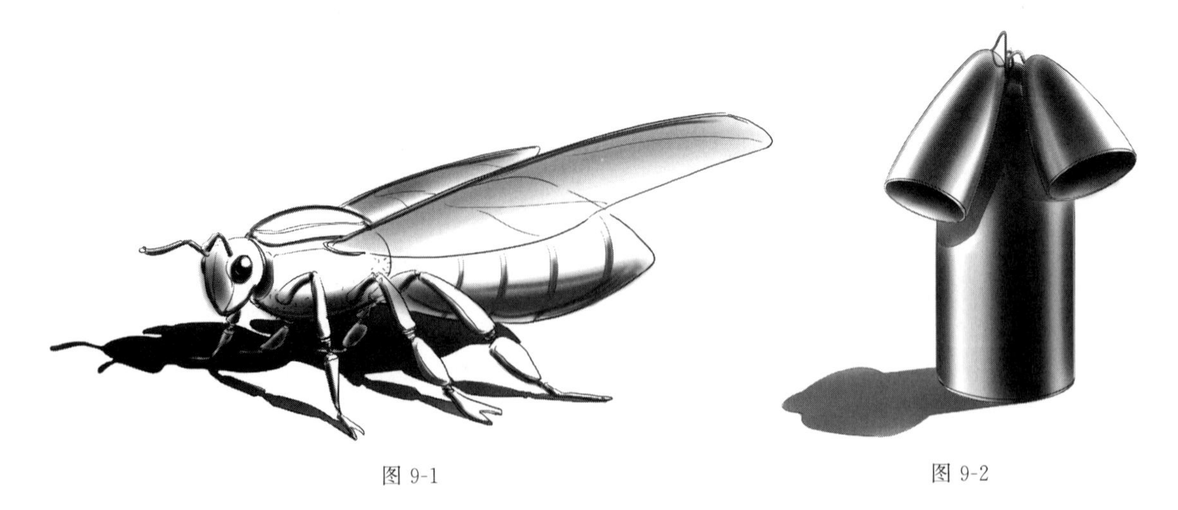

图 9-1　　图 9-2

在研究投影透视时，不同光源会产生不同性质的光线，从而形成不同特点的投影。根据光源的不同，我们将投影分成平行光投影和点光源投影，其中平行光投影主要指日光环境下的物体投影，点光源投影主要指人造光源，如日光灯及白炽灯环境下的投影，随后我们将对这两种投影分别进行研究。图 9-3 所示为阳光照射下的余角透视方体的投影状态。默认阳光为平行光线，在透视空间中，平行线汇聚向同一灭点，阳光作为平行光线也不例外，阳光光线的灭点就是太阳的位置，称为光灭点，可以理解成透视空间中的日光光线都向太阳这个灭点汇聚。在研究物体的投影时，为了方便起见，我们以竖直立在地面的杆子为研究对象，称其为直立杆，如图 9-3 右侧直立杆所示。阳光照射直立杆，在地面产生阳光投影。过光灭点的垂线与视平线相交的点，称为影灭点，影灭点是直立杆投影的汇聚方向，自光灭点向直立杆顶 P 引射线并延长，自影灭点向直立杆杆足引射线并延长，两条射线延长线交于 P′，则 P′就是直立杆杆顶 P 点在地面的投影点，直立杆杆足和 P′的连线就是直立杆的投影。如果将方体的四条竖直棱看做直立杆，阳光由右前方发出，那么影灭点就是方体四根竖直棱线投影的汇聚方向，影灭点在心点右侧的视平线上，影灭点离心点的距离由阳光光线具体偏右的角度决定。太阳在过影灭点的垂线上，具体高度由阳光与地面夹角决定。以图 9-3 中方体为例，方体的四个关键顶点 A、B、C、D 的投影决定了方体的投影形态，通过作图法得到它们的地面投影位置分别为 A′、B′、C′、D′，将它们依次连接，得到顶面 ABCD 在地面上的投影，并将它们与四个竖直棱的落地点相连，得到方体竖立面在地面上的投影，这两个投影的最外侧轮廓形状即方体的地面投影形态。从图 9-3 中可以发现，阳光光线的作图法和之前学过的斜线作图法类似。如图 9-4 所示，将斜线透视图与阳光透视图做类比，斜线底迹线余

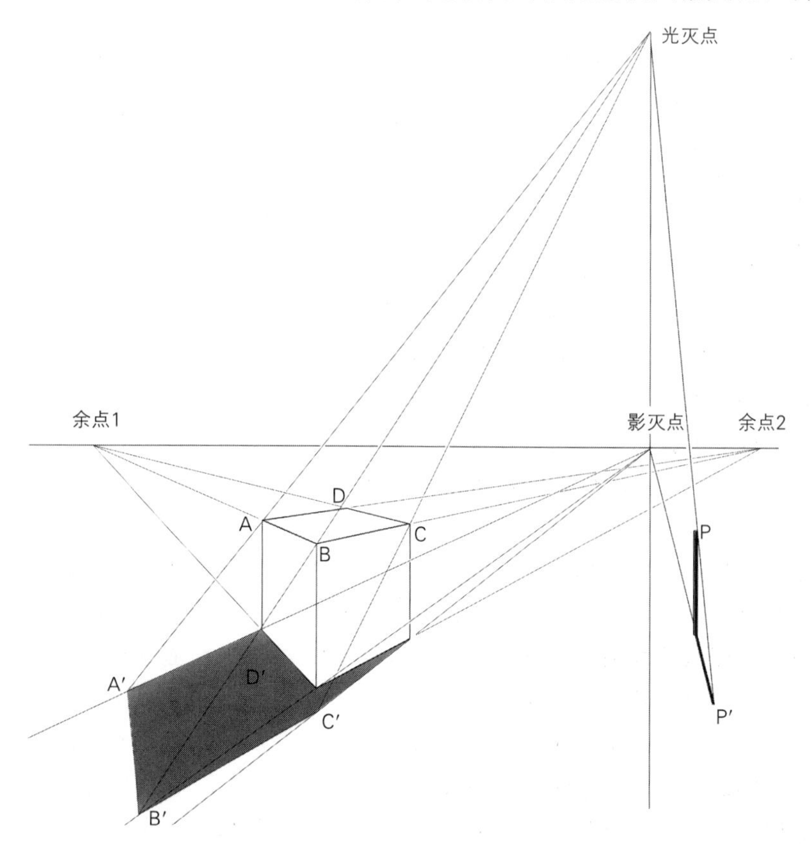

图 9-3

点类似于影灭点，斜线升点类似于光灭点，斜线类似于日光光线。所以，我们可以将斜线透视和日光透视归为一类，便于理解和运用。直立杆是研究物体投影的基础，是各种各样复杂产品的抽象形式，通过研究直立杆的投影特点，可以很好地将物体简化，并最终完成复杂物体的投影绘制。

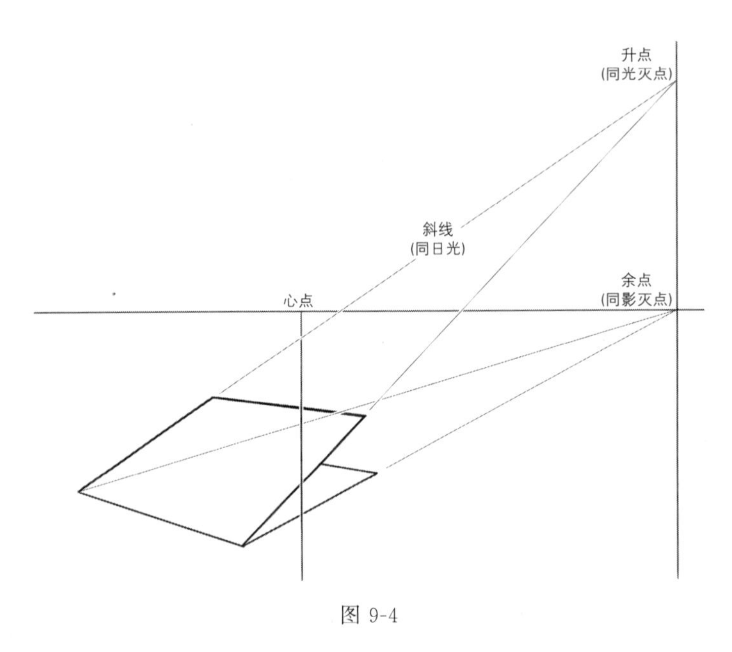

图 9-4

图 9-5 中的童车形态比普通方体要复杂，但日光投影的形成原理和方体是一致的。绘制日光下的童车投影同样需要先确定透视图中的光灭点和影灭点。之后从童车的结构关键点向基面引垂线，得到多条直立杆，再从直立杆杆足引线至影灭点，得到投影线，从杆顶引线至光灭点得到光线，延长投影线和光线相交的点就是直立杆对应童车关键点的投影位置，如图中童车的部分关键点位置 A、B、C、D、E、F 对应的地面投影位置分别为 A′、B′、C′、D′、E′、F′，其他关键点未在图中标注，总之关键点越多，投影的形态越精确，最后，将这些关键点相连就是童车在日光下地面的投影。随后的学习内容会具体介绍平行光投影的特点。我们在随后的内容中会着重对直立杆进行细致研究，它是研究物体投影的基础和根本，在直立杆投影的基础上更容易研究平行杆和倾斜杆的投影特点，直立杆、平行杆、倾斜杆统称为三棍杆，三棍杆的投影特点可以帮助我们更好地了解物体的投影规律。

图 9-6 为点光源下的物体投影示意图，即人造光源下的物体投影，这种类型的投影以光源为中心呈辐射状展开，透视空间中不再有光灭点和影灭点的概念，取而代之的是光源和光足的概念。光线源自光源，投影指向光足，若将方体的四条竖直棱看做直立杆，那么直立杆的投影汇聚向光足，光线汇聚向光源。光源就是发光体所在的位置，如图中的灯泡的位置。光足是光源向受影面做垂线所得的交点，即过光源的竖直线与地面的交点，图 9-6 中的光足就是竖直灯杆的立足点。从严格意义上讲，点光源下的投影不属于透视的范畴，虽然它也有光线的汇聚与影线的汇聚，但这种汇聚的点都不属于灭点，因此不是透视汇聚的概念。研究点光源的投影同样需要以直立杆投影为基础，并且还需要对平行杆和倾斜杆的研究作为辅助，在随后的内容中会详细阐述。我们是通过简单的几何关系来确定投影的具体形态的。由于点光源是人造光源，光强度会有明显的衰减性，照射范围有限，投影形态相对夸张，对物

图 9-5

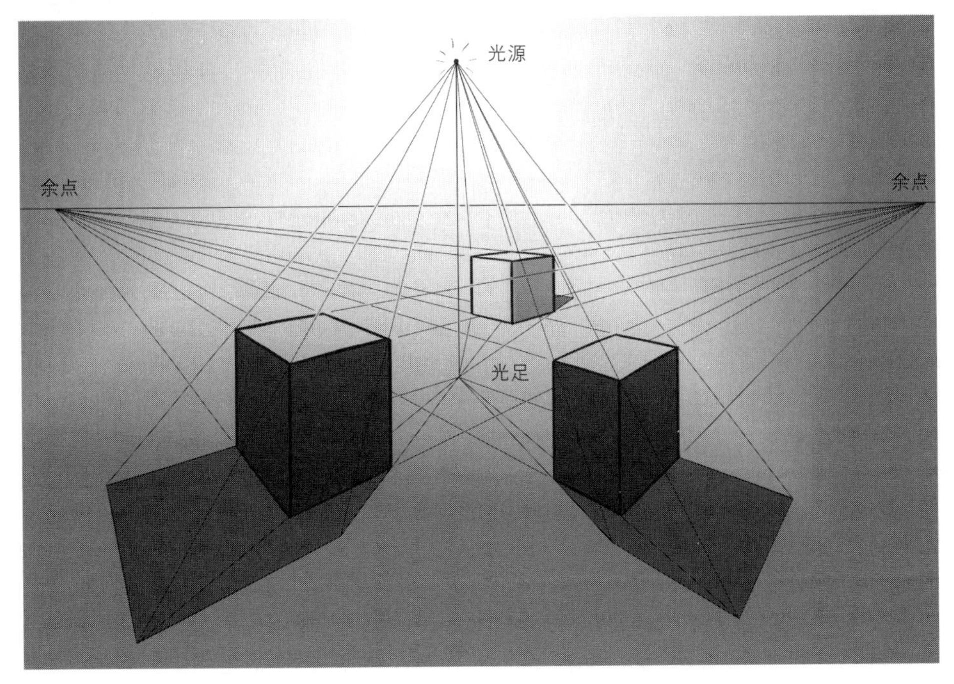

图 9-6

体形态的“雕琢感”更强，因此投影往往带有戏剧性、情趣性。特殊位置的点光源投影往往会营造意想不到的视觉效果，在进行产品的情景绘图时可以多尝试利用点光源投影的特点来提高产品的表现力与故事性。

图 9-7 所示为点光源下的车辆投影图例，从车身关键点向地面引垂线，得到直立杆，从直立杆顶向光源引直线，从直立杆足向光足引直线，分别得到光线方向线和投影方向线，将它们延伸后所得到的交点就是车身关键点在地面上的投影位置，连接所有投影点得到最终的点光源投影。从图中我们可以看出，点光源的投影以光足为中心，呈辐射状展开。

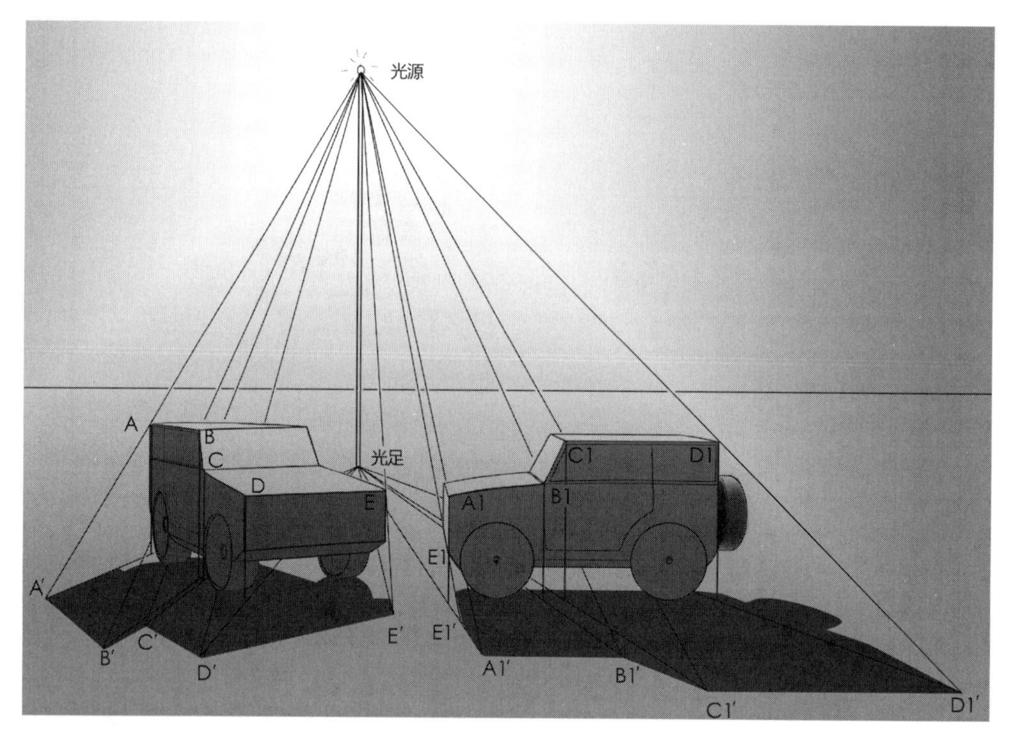

图 9-7

第二节　平行光投影透视

1. 引入三棍杆投影系统

所谓平行光投影，即日光环境下的物体的投影状态。由于太阳与地球的体量对比悬殊，距离遥远，因此，阳光虽然是向各个方向辐射，但照射到地球的部分是夹角很小的一部分，我们可以将其理解成平行的光束，如图 9-8 所示，覆盖地球的所有太阳光线的夹角几乎为零，在研究中可以按平行光处理。

物体投影的本质是物体表面对光线产生阻挡，从而在物体承托面上留下光线无法照射的部分，而决定投影透视形态的根本元素是构成物体表面的线。因此，体和面的投影透视研究归根结底是线的投影透视的研究。为此我们将物体进行抽象和简化，设计一个三棍杆模型

图 9-8

（前面提到的直立杆、水平杆和倾斜杆）。如图 9-9 所示很像一个足球球门，它由垂直于地面的直线段、平行于地面的直线段以及倾斜于地面的直线段组成。在这个模型中，地面称为受影面，平行于地面的水平杆称为平行杆，竖直立在地面的称为直立杆，倾斜于地面的斜杆称为倾斜杆，杆子与地面（受影面）的角度关系直接影响着投影的透视形态。图中以地面为受影面，杆 a 为平行杆，杆 b 为直立杆，杆 c 为倾斜杆，其中直立杆和倾斜杆统称为相交杆。直立杆、地面与阳光构成的透视形态与之前我们所学的斜线的透视形态一致，直立杆在地面的投影相当于斜线在地面上的底迹线，阳光相当于斜线，太阳就是光灭点，光灭点总是在过影灭点的垂线上。平视时，直立杆永远是原线，平行于画面，阳光和投影随着观察角度的不同，可能是原线也可能是变线。直立杆投影是研究物体投影的基础，倾斜杆和平行杆的投影往往通过构建辅助直立杆，从而得到棍杆端点投影，再连接端点投影而获得。如图 9-9 所示，在分别测得两根直立杆的杆头投影位置 A′、B′后，连接杆足和杆头投影就得到直立杆投影，倾斜杆与直立杆杆头重合，因此杆头投影也重合，那么两根倾斜杆的投影就是两根倾斜杆杆足分别与 A′、B′的连线。平行杆没有杆足，它的两个端点分别是两根直立杆的杆头，因此，平行杆的投影就是连接直立杆杆头投影的连线，即 A′B′。可见，图 9-9 的模型中如果没有两根直立杆，我们就要做两根辅助直立杆来确定 A′和 B′的位置，随后再做相应连接得到倾斜杆与平行杆的投影，因此，直立杆投影是研究平行杆和倾斜杆投影的基础。

图 9-10 是一组倾斜杆投影的研究，在画面中没有直立杆，我们从倾斜杆的杆头 A 向地面引垂线，制造一根辅助直立杆，并得到直立杆的杆足，通过辅助直立杆得到杆头 A 的投影 A′，随后分别连接倾斜杆的杆足和 A 的投影 A′得到倾斜杆在日光下投影。

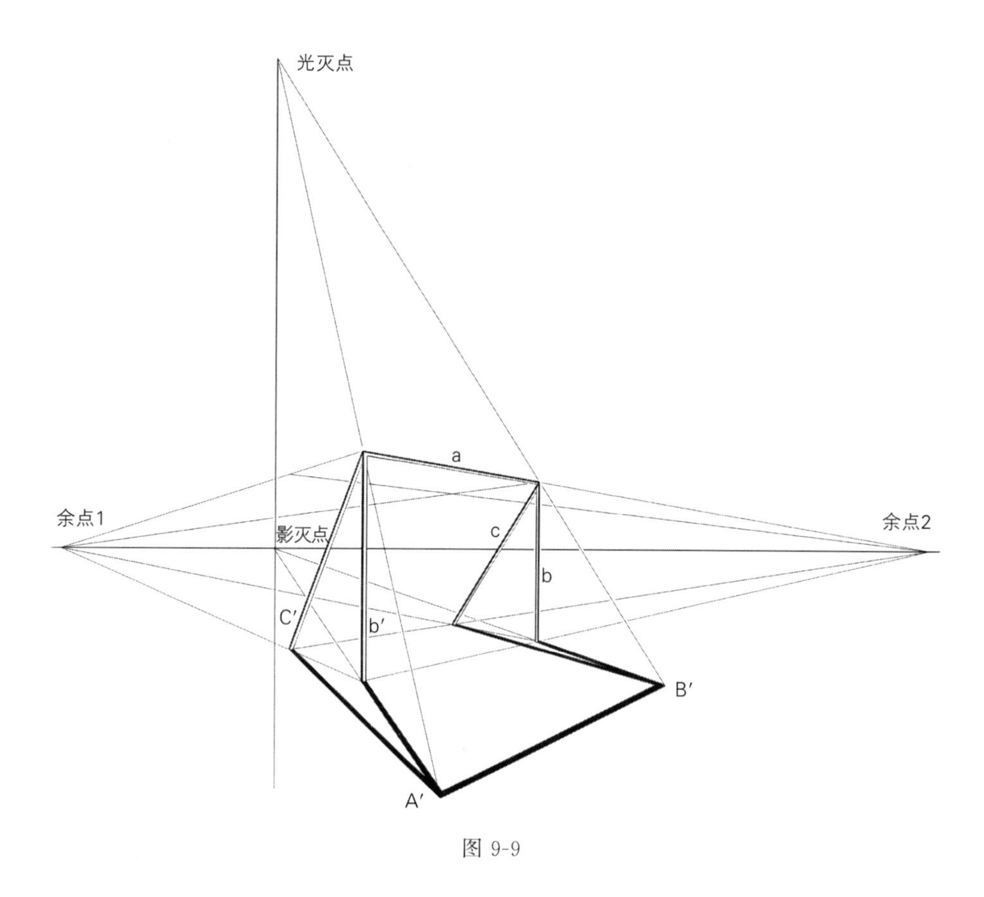

图 9-9

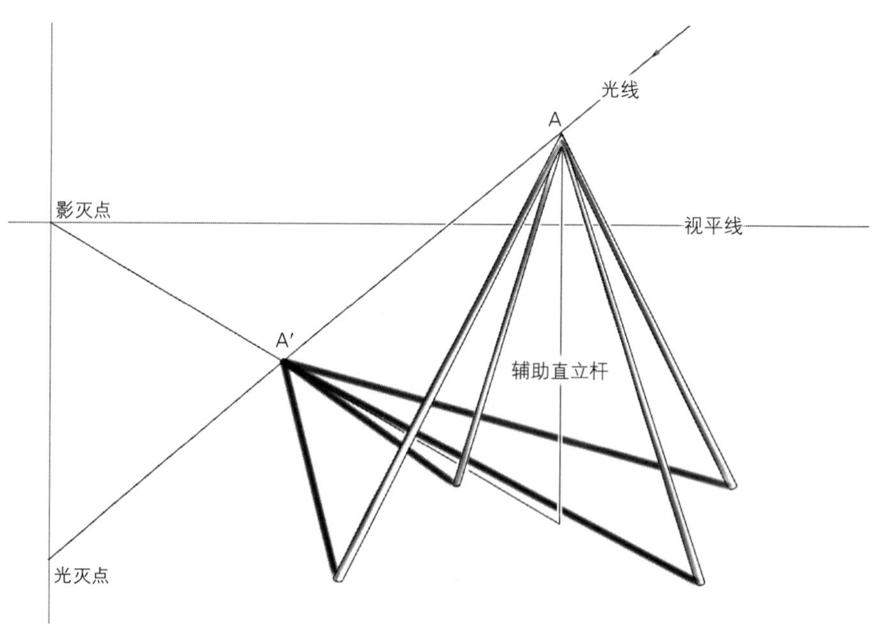

图 9-10

2. 直立杆投影方向

三棍杆中直立杆是基础，水平杆和倾斜杆的投影都是借助直立杆投影进行研究和绘制的。直立杆投影的特点可以借助之前学习的斜线的透视性质来理解，直立杆投影相当于斜线底迹线，光线相当于斜线。光线与地面的夹角决定了直立杆投影的长度，夹角越大，投影越短，夹角越小，投影越长，阳光与直立杆的夹角取决于太阳在天幕中的高低。如图 9-11 所示，A 和 B 代表不同高度的光灭点即太阳的高度，当光灭点在 A 位置时，阳光与地面的夹角 α_1 小，直立杆顶端的投影在 A′处，杆足至 A′的长度 OA′为其投影长度；当光灭点在 B 处时，阳光与地面的夹角 α_2 大，直立杆的顶端投影在 B′处，杆足至 B′的长度 OB′为其投影长度。可见随着光线与地面夹角的缩小，投影随之变长。我们生活中有这样的常识，日出和日落时，身影被拉长，夏日的正午身影被压缩得很短，这就是阳光与地面夹角的大小不同造成的。

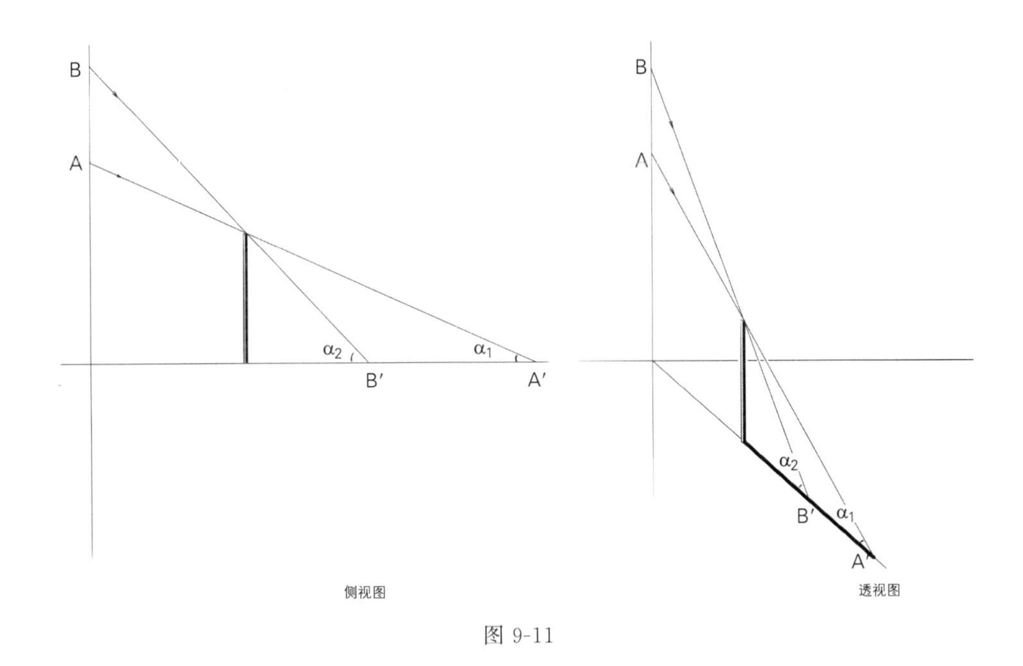

图 9-11

由于观察直立杆时人的位置和朝向的不同，光线相对于画面的位置方向可能来自各个角度，可能是正侧方、正前方、正后方，或者斜前方、斜后方，因此在透视图中，光线可以来自各个方向。

在研究光的方向与直立杆投影方向时，为了方便起见，假定人与画面及直立杆的位置不变，光线保持与地面固定的夹角围绕直立杆做 360 度旋转，人所观察到的光与投影的运动规律就是直立杆在阳光下投影与光线透视方向的规律。如图 9-12 所示，在假定的模型中，光线扫掠出一个标准的圆锥形，直立杆为锥体的轴线，投影为底面半径。当投影为水平原线时，分别指向水平左右方向，杆顶分别投影在 A 及 A′处，投影没有灭点，光线为倾斜原线，光线分别是正右侧光和正左侧光，如图 9-13 所示。投影方向垂直画面时，影灭点为心点，投影方向分别指向正前方和正后方，光线方向分别为正后方和正前方，杆顶投影为图 9-12 中 B 与 B′位置，图 9-14 分别是这两种情况在透视图中的投影表现，此时，光灭点在过心点

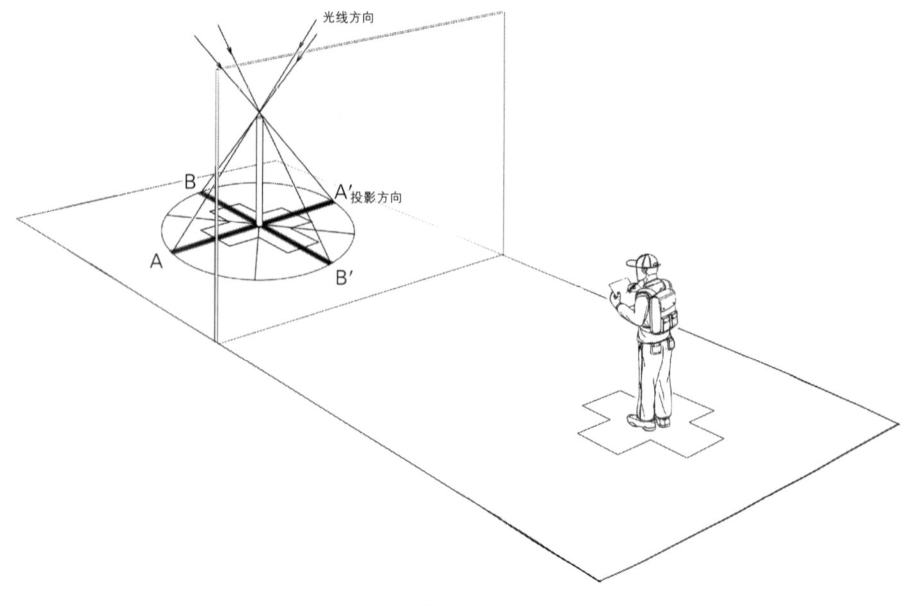

图 9-12

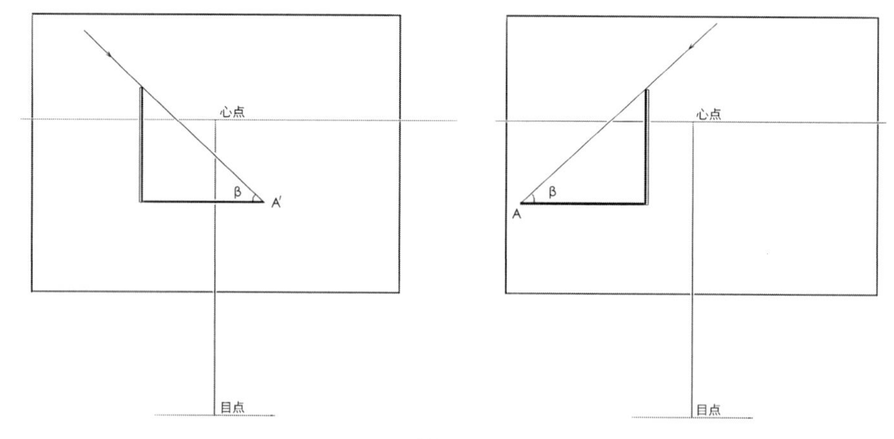

图 9-13

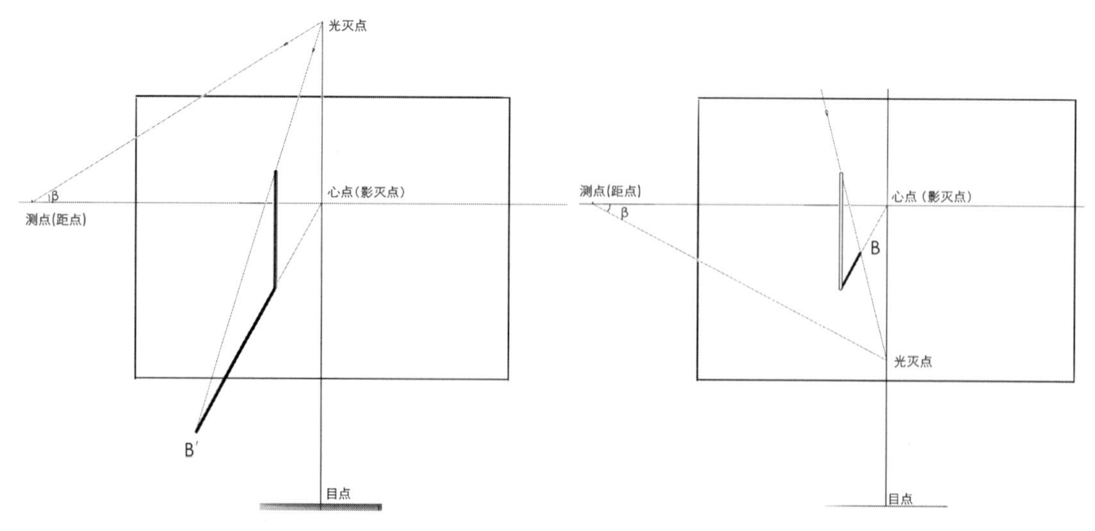

图 9-14

的垂线上，在透视图中，通过距点分别做与视平线向上向下夹角为β的灭点寻求线，交过心点垂线于升点和降点，即光灭点。其余光线状态下的投影为余角透视，随着光线位置的旋转，投影余点在心点左右两侧的视平线上滑动，光灭点在影灭点垂线上，当投影指向斜前方时，光灭点为降点，当投影指向斜后方时，光灭点为升点，如图 9-15 和图 9-16 所示。

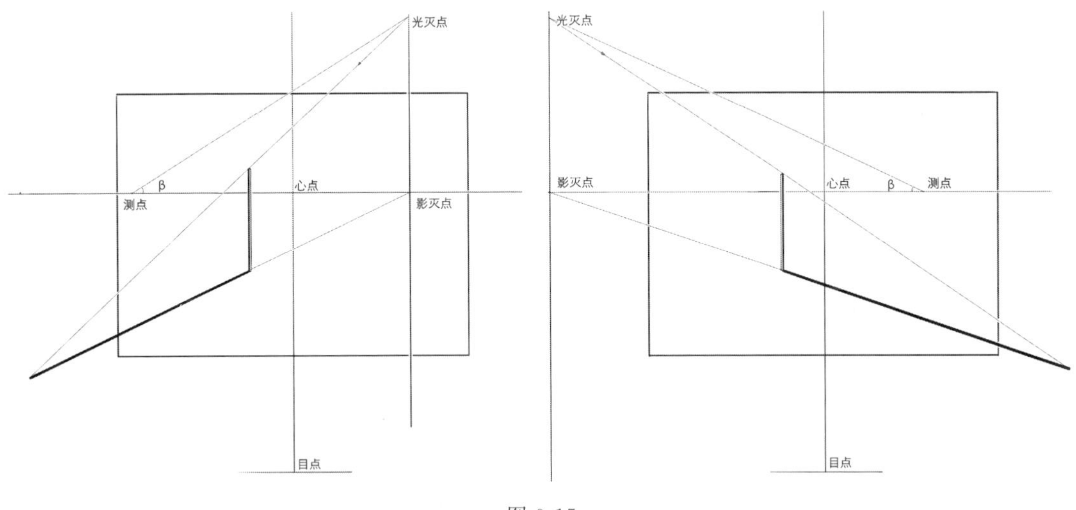

图 9-15

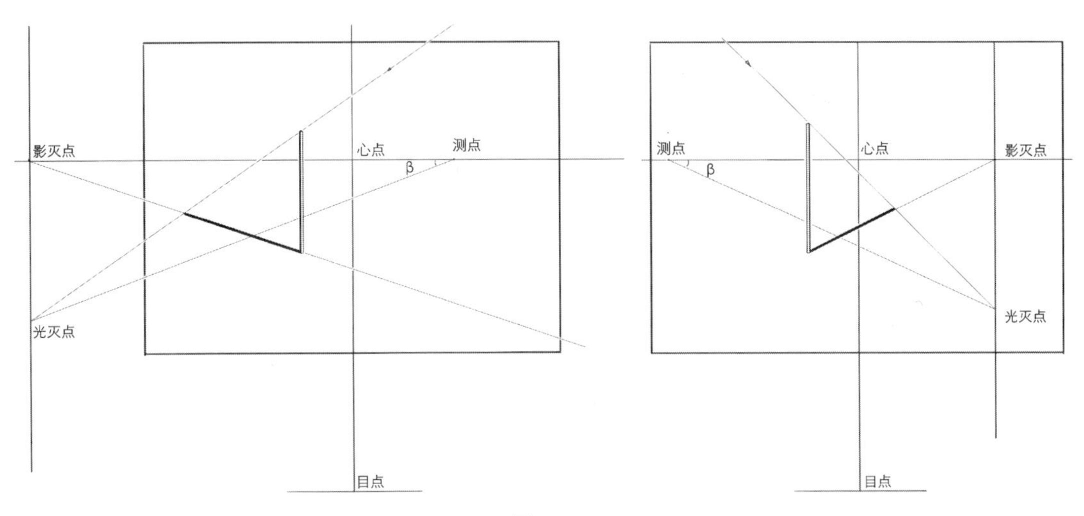

图 9-16

3. 直立杆光灭点规律

光线为原线，与画面平行，没有光灭点。光线由后方射入透视场景，光灭点在视平线以下，为过影灭点垂线上的降点。光线由前方射入透视场景，光灭点在视平线以上，为过影灭点垂线上的升点。

4. 直立杆影灭点规律

以直立杆为例，影灭点是棍杆在受影面上投影的火点，也就是投影的朝向。同一个场景中的所有直立杆的投影会汇聚向影灭点，形成透视汇聚。在现实空间中，相互平行的棍杆，在同一受影面上的日光投影也平行，它们的影灭点必在受影面的灭线上。在透视图中，棍杆的影灭点是棍杆光平面的灭线和受影面灭线的交点。在受影面平行于画面或光平面平行于画面的情况下，棍杆都不会有影灭点，棍杆投影为原线。

光平面灭线和受影面灭线的交点是影灭点，因此，这两条灭线缺少任何一条都不能得到影灭点。以下三种情况，棍杆是没有影灭点的。

① 棍杆和投影都是原线，光平面与画面平行，没有灭线。

② 棍杆和投影平行于受影面灭线，光平面和受影面平行，光平面灭线和受影面灭线重合。

③ 受影面与画面平行，受影面没有灭线。

表 9-1 对以上几种情况进行了汇总说明。

表 9-1

光线方向	光灭点位置	影灭点位置
原线	没有光灭点,光线不发生汇聚	没有影灭点,投影不发生汇聚
正前方	过心点垂线,视平线上方	心点
正后方	过心点垂线,视平线下方	心点
左前方	过影灭点垂线上,视平线上方	视平线上,心点左侧
左后方	过影灭点垂线上,视平线下方	视平线上,心点右侧
右前方	过影灭点垂线上,视平线上方	视平线上,心点右侧
右后方	过影灭点垂线上,视平线下方	视平线上,心点左侧

图 9-17 是以站立的宇航员为例绘制的不同方向的平行光照射下的投影特点。图中将宇航员抽象成直立杆的形态，得到他的确切投影形态。

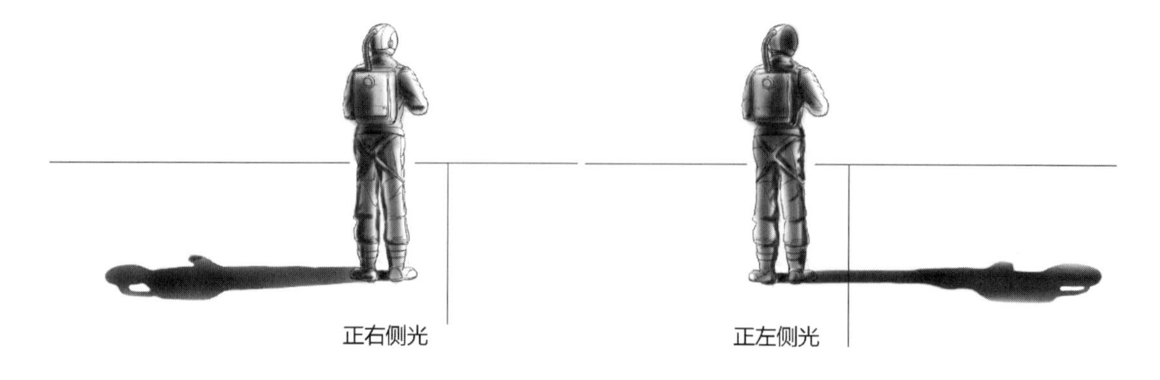

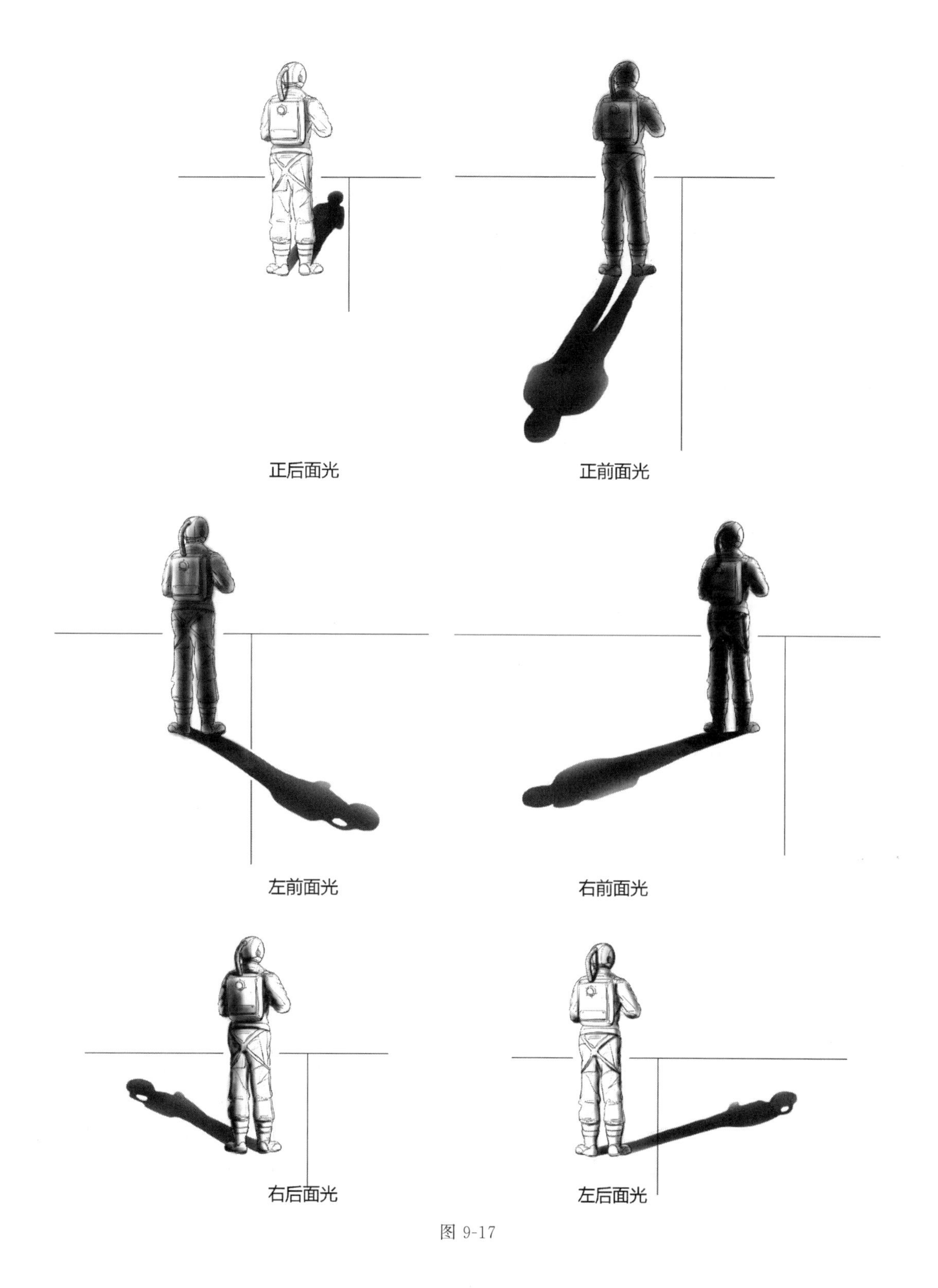

图 9-17

5. 平行杆投影方向

与受影面平行的棍杆称为平行杆，平行杆投影是通过直立杆投影间接求得的，即从平行杆的两个端点向地面引垂线，得到两个假想的直立杆，先寻得两个假想直立杆的投影，再通过连接投影顶点的方法，得到平行杆的投影。当平行杆为原线时，投影与杆平行，呈水平状，没有灭点。当平行杆为变线时，杆与影平行，都指向平行杆灭点。如图 9-18 所示的透视图，a、b、c 三根杆相对于地面都是平行杆，三根杆的性质不同。a 是垂直于画面的平变线，灭点为心点，它的投影与之平行，灭点也是心点。b 杆为平行于画面的原线，没有灭点，其投影也是平行于画面的原线，没有灭点，保持水平方向。c 杆为任意角度平变线，且不与画面垂直，其灭点是视平线上的余点，投影与其平行，也指向同一个余点。

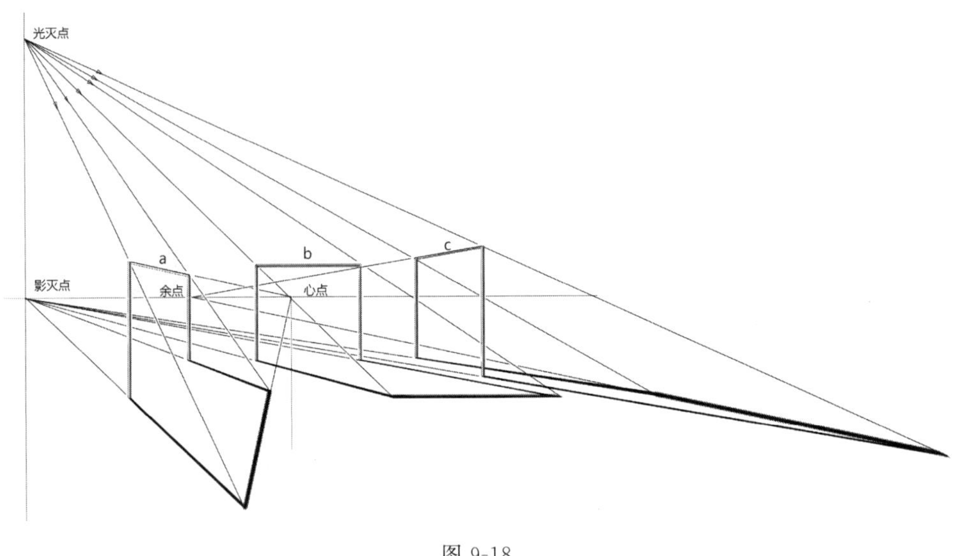

图 9-18

6. 倾斜杆投影方向

除直立杆和平行杆以外的棍杆形态我们称为倾斜杆，它与受影面成一定角度，但不垂直。我们发现，若将平行杆的两个端点做不等高处理，得到的就是倾斜杆，即不再与受影面平行，而是成一定角度。倾斜杆的投影同样通过直立杆来间接得到。首先，通过倾斜杆的两个端点向地面做垂线，得到两个假想直立杆，随后找出两个直立杆各自的投影，接着，连接两个投影的顶点就得到倾斜杆投影。当倾斜杆有一端与受影面相交时，则由交点向另一个投影的端点连线即可（其实这种情况可以理解成是倾斜杆的特殊情况，即其中一个端点的高度降为零，直立杆高度降为零，直立杆顶端投影位置就是倾斜杆与地面的交点处）。如图 9-19 所示，左侧倾斜杆通过直立杆得到倾斜杆两个端点 A 与 B 的地面投影 A′和 B′，连接 A′与 B′就得到其投影。右侧倾斜杆有一端在受影面（地面）上形成杆足 D，通过直立杆找到另一个端点 C 的投影 C′，连接 C′与杆足就得到其投影。

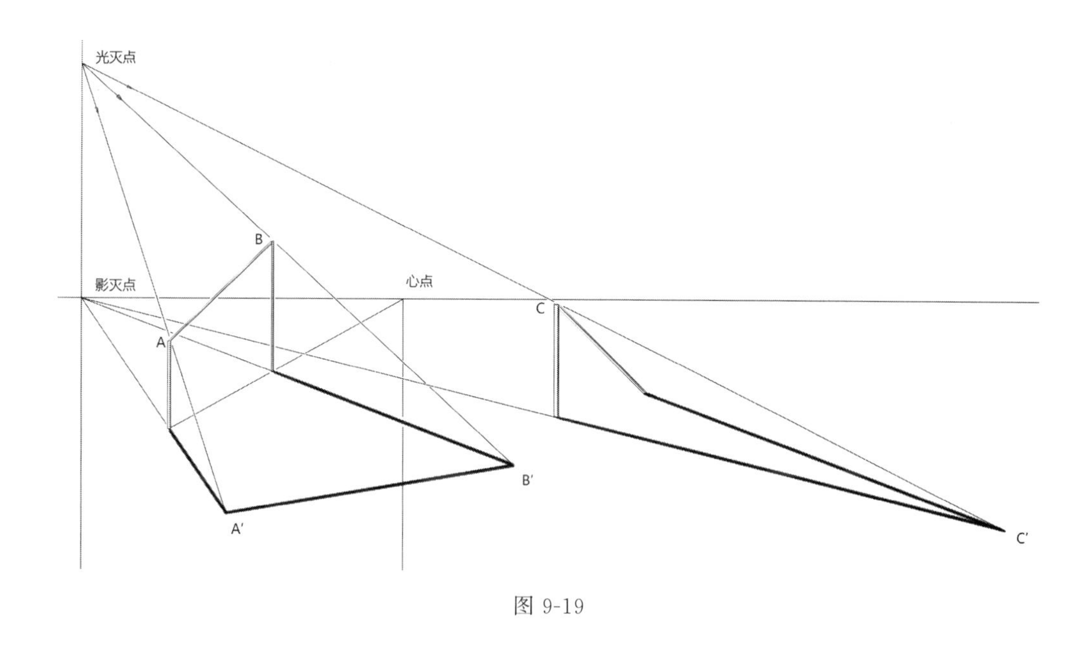

图 9-19

第三节 三棍杆对不同受影面投影画法

1. 光平面与受影面

直立杆的投影落在受影面上，投影的形态会随着受影面的形态变化而相应变化。这种变化可以简单理解成是“交线理论”。所谓“交线理论”是指直立杆在不同形态的受影面上的投影，实际是直立杆所在光平面与受影面的交线。如果受影面是平面，如地面，那么它在地面的投影也是平面的，即投影在地面上的投影是二维的直线，没有起伏。若地面发生起伏，如遇到墙面或凹坑，那么，它的投影也将发生起伏，形成三维形态。要研究棍杆在不同受影面上的投影形态，首先引入光平面的概念。在研究三棍杆在不同受影面上的投影时，光平面是我们假想的由光线、投影、棍杆组成的无限大的平面，如图 9-20 所示的灰色部分就是图中直立杆的光平面，光平面与受影面的交线就是直立杆投影所在的直线，杆足与杆顶投影之间的部分就是投影范围。在图 9-21 中，直立杆的受影面除了地面外还有一部分波浪曲面，当受影面不再是平面时，光平面与之的交线也会随之发生改变，从而直接影响投影的形态。在波浪形的曲面上，投影也呈波浪形，是光平面与受影面的交线的一部分。图 9-22 是直立杆投影在地面及熊猫背部的投影，可以看到投影在地面部分还是平面直线，遇到熊猫的背部后，开始沿光平面和熊猫体型曲面的交线发展成空间曲线，其本质还是光平面与受影面（熊猫后背）的交线。

直立杆、平行杆、倾斜杆都有自己对应的光平面，在研究受影面上三棍杆的投影规律时，仍然要通过直立杆来进行间接研究平行杆和倾斜杆，因此直立杆的光平面更具有研究价值和实际意义。直立杆的光平面是由直立杆、过杆顶的光线和投影组成的无限大的平面，如图 9-20 灰色区域所示。它与受影面的交线就是直立杆投影所在的直线，光线过直立杆杆顶，

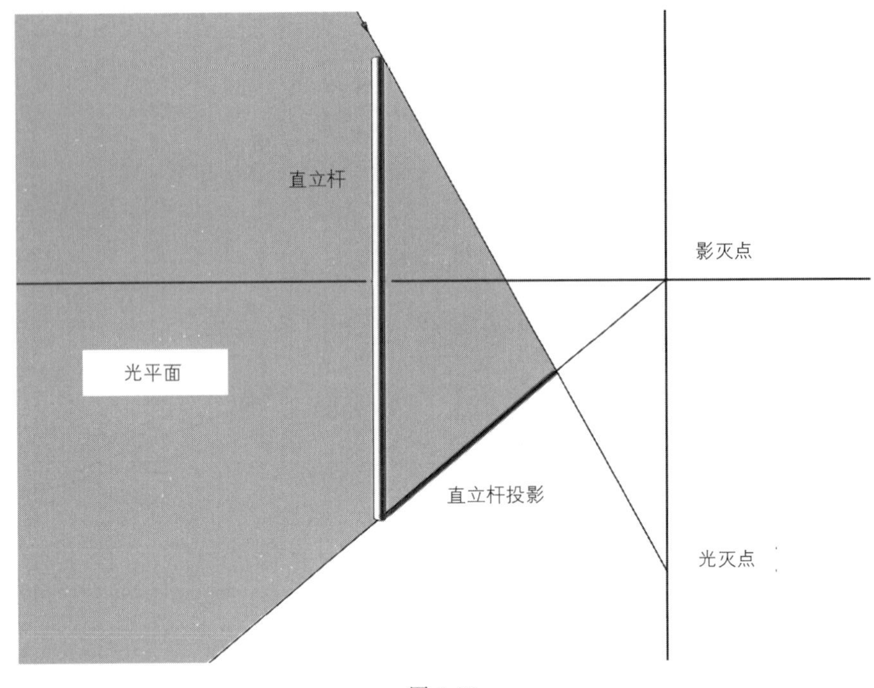

图 9-20

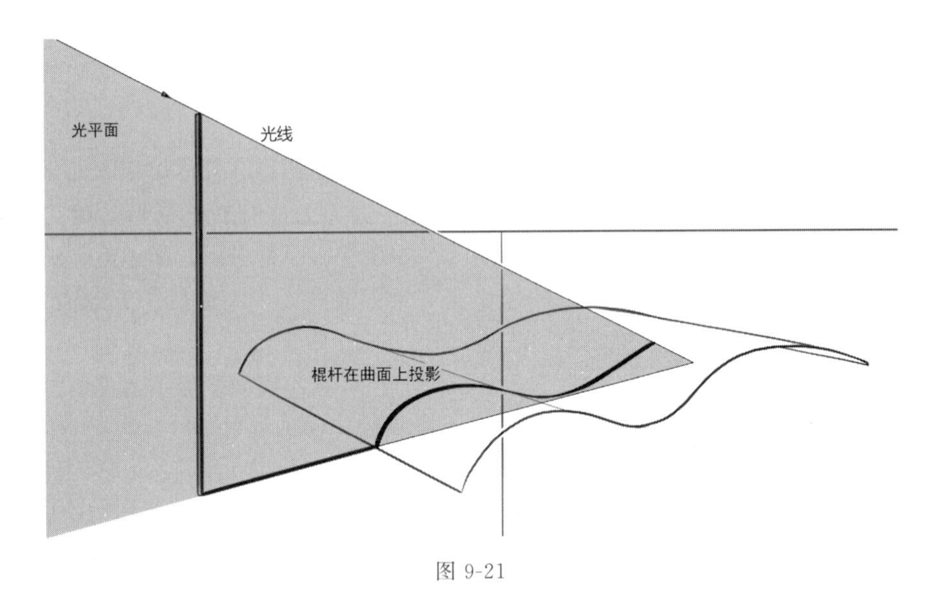

图 9-21

与投影方向线截得的部分就是直立杆的实际投影长度。直立杆投影的长度由直立杆高度和光线与地面的夹角决定，夹角越大，投影越短，直立杆越长，投影越长。当投影轨迹要经过不同的受影面时，投影会根据受影面方向和形态的不同而发生相应的改变，如图 9-23 所示。直立杆与阳光及投影组成的光平面将地面、方体及球体进行了“切割”，直立杆投影在三个受影面上留下的不同朝向和形态的投影实际就是光平面与它们的交线（图中方体和球体本身也有自己的投影，为了不影响对棍杆投影的研究，特此忽略）。

图 9-22

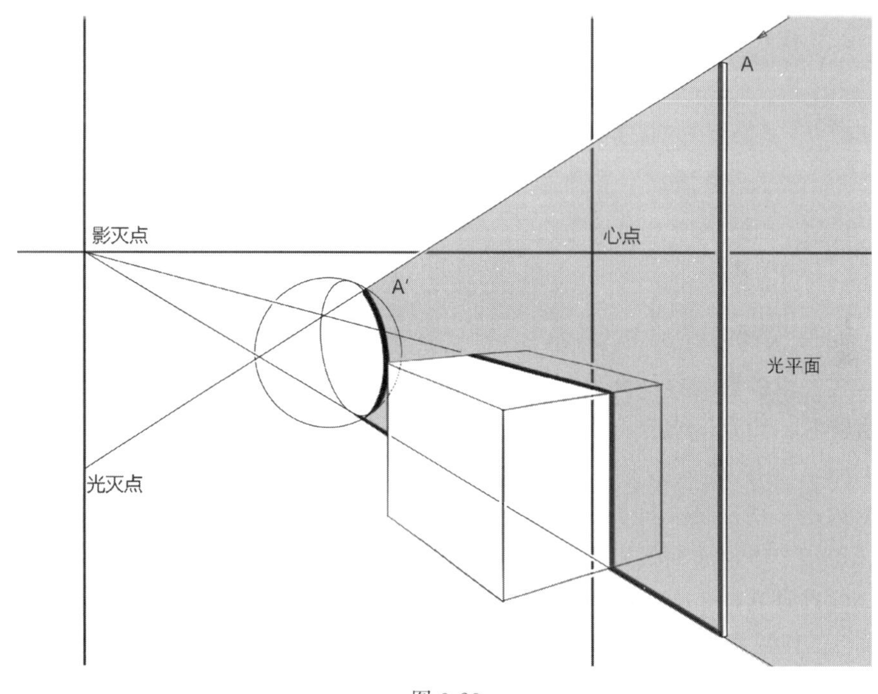

图 9-23

2. 直立杆在不同受影面的投影画法

墙面与地面

如图 9-24 所示是我们常见的地面（水平面）与墙面（竖直面）共同构成受影面的情景。设定光线从右后方射入，与画面夹角为 80 度，与地面夹角为 40 度，通过目点及测点引相应角度的射线，可以得到影灭点和光灭点。自直立杆顶引线向光灭点可得光线，自直立杆杆足引线向影灭点可得投影方向线。两线交点就是直立杆顶在地面的理论投影点。由于墙体挡住了部分地面投影，使得地面投影不得不改变方向，墙面基线与投影线的交点 D 就是直立杆投影的转折点。由于竖直墙面与直立杆平行，直立杆相对于墙面来说就是平行杆，因此投影与杆体平行。又因为直立杆是原线，因此过 D 做竖直线，与光线交于 A′，则线段 BDA′就是直立杆在地面及竖直墙面上的投影。

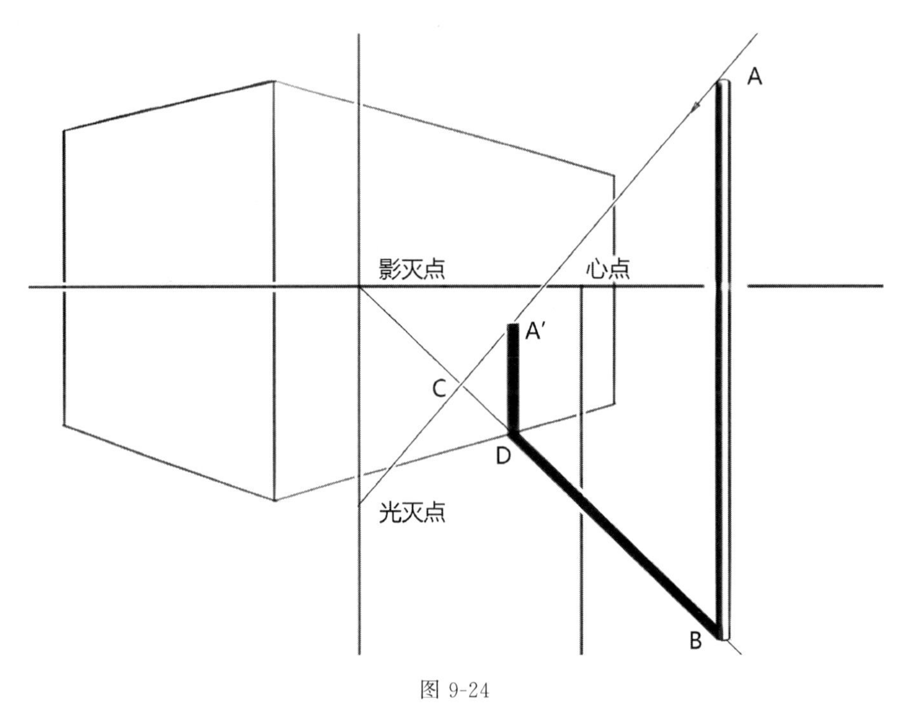

图 9-24

方体

图 9-25 所示为两根直立杆 AG 和 BD 与地面及方体的投影关系。与前一个场景的不同之处在于，这个场景的直立杆 BD 的投影延伸到了方体的顶端，直立杆 AG 的投影跨越了方体。先来看离我们较近的直立杆 BD，用之前画地面和墙面投影的方法得到地面和方体竖立面的投影 DEF。方体顶面与地面平行，因此直立杆在方体顶面的投影仍然指向影灭点。自 F 点连线到影灭点，就是直立杆 BD 在方体顶面的投影寻求线，其与过 B 点的光线的交点为 B′，就是杆顶在方体顶面的投影。至此，DEFB′就是直立杆 BD 在地面与方体上的投影。远处直立杆 AG 比直立杆 BD 高，投影跨过方体，顶端投影落在方体另一侧的地面上。直立杆 AG 在地面与方体顶面的投影为 GHIJ。自 J 点做竖直线，与地面交于 P，则 JP 可以看成新的直立杆，那么 J 点和光灭点的连线与直立杆 AG 的投影线交于 J′，J′就是直立杆 AG 在地面另一侧投影的起点。A′J′连线就是跨过方体后的地面投影。J′实际上是方体本身投影与直立杆 AG 投影的交点（图中方体本身也有自己的投影，为了不影响对杆投影的研究，特此忽略）。

斜面

我们来继续研究直立杆在斜面上的投影的画法。如图 9-26 所示，通过给定的光线与画面的夹角以及光线与地面的夹角，找到影灭点和光灭点的具体位置，随后确定光平面，即由光线、直立杆以及投影线形成的假想平面。光平面与地面、墙面的交线是 BDE 线段。当加入斜面后，斜面与光平面相交于 CE 线段，CE 就是直立杆在斜面上的投影方向线。直立杆

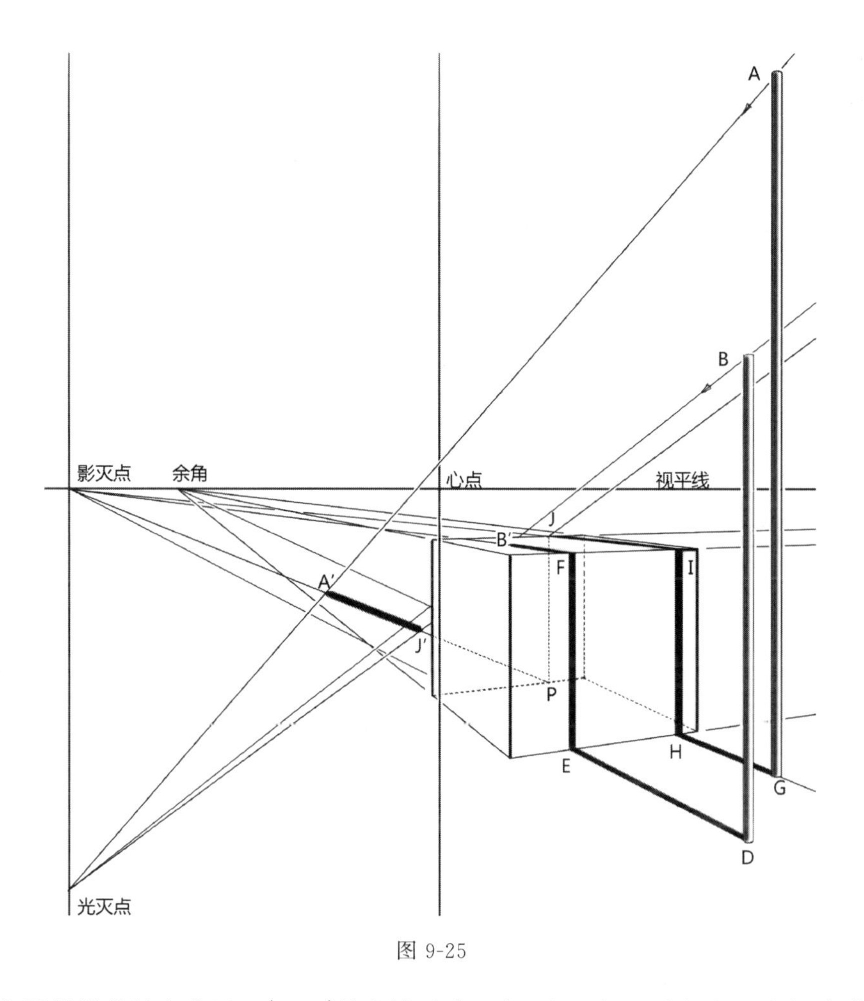

图 9-25

的高度决定了投影的端点位置 A′，A′是光线过直立杆顶 A 点，引向光灭点的直线与 CE 的交点，由此得到光线截得的直立杆投影是 BCA′段。

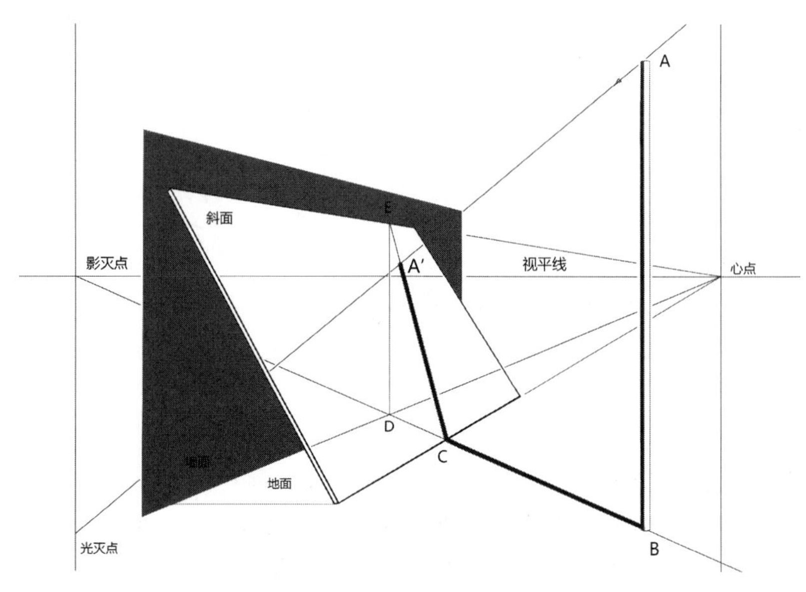

图 9-26

圆柱体

圆柱体作为受影面，除了平面还有曲面的部分，和之前的几种受影面相比增加了一些难度，但基本原理是一致的。如图 9-27 所示，我们通过画圆柱的外接方体的方法可以得到直立杆投影在地面上和圆柱外接方体上的轨迹，在经过圆柱体外接方体的时候，它同样遵循光平面与方体的相交规律，并在方体上留下相交线，通过方体上的相交线，以及关键点，我们可以得出光平面与圆柱体的相交线是类似于椭圆形的封闭曲线，如图 9-28 所示。这个相交线以及地面投影共同构成了直立杆的投影线轨迹。最后通过光线角度以及直立杆高度，利用光线准确找到直立杆端点的投影位置，从而确定直立杆整个投影的形态。

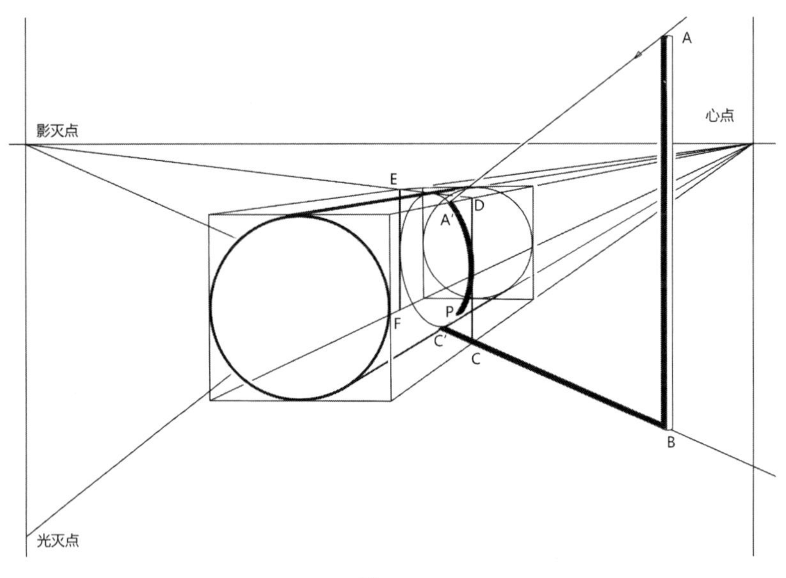

图 9-27

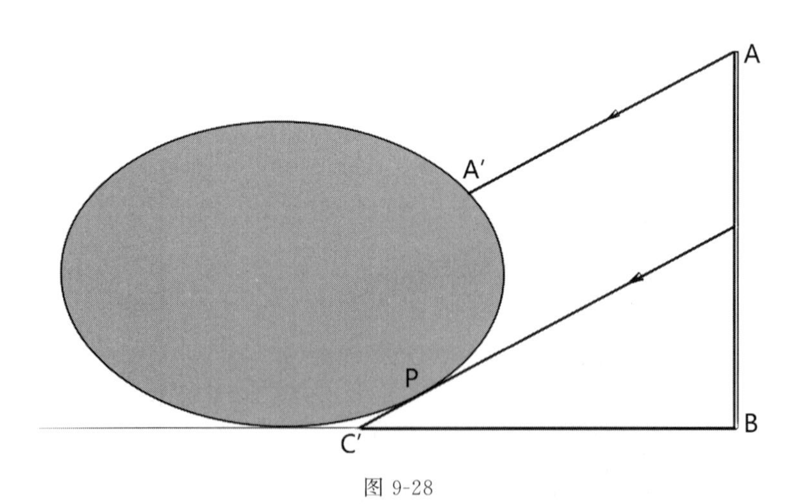

图 9-28

图 9-27 中，直立杆的杆足是 B，根据光线角度可顺利找到光灭点和影灭点及光平面。首先绘制圆柱外接方体，可得到光平面与方体和地面的交线为 BCDEF，其中 CDEF 是光平面与外接方体的交线，是与圆柱顶面和底面不平行的方形平面，它的内接封闭曲线（并非椭圆形，类似于椭圆形）就是光平面与圆柱的交线，即直立杆的理论投影轨迹。通过连接直立

杆顶与光灭点，得到过杆顶直线，它与圆柱交于 A′，就是杆顶在圆柱上的投影点。则线段 BC′A′就是直立杆在地面和圆柱上的投影，P 点是光线与圆柱的切点，圆柱上的投影线在这里断开。

通过以上几个图例我们了解到，在三种杆棍中，直立杆在不同受影面上的投影比较简单和纯粹，是研究其他杆型投影的基础。基本思路是，首先根据光线角度确定光灭点和影灭点，从而确定光平面。然后找到光平面与所有受影面的交线，该交线就是直立杆投影的理论轨迹线，即直立杆的投影一定是这个交线上的某一段。再通过过杆顶的光线将轨迹线截取出准确的投影长度即可。

3. 平行杆在不同受影面的投影画法

平行杆往往没有杆足，即杆体本身并不与受影面接触，可以把平行杆理解成是架在两根等长的直立杆的端点的横杆，它的投影形态直接由两根直立杆的投影决定。平行杆投影在跨越不同的受影面时，通常会发生方向的改变。需要根据情况进行分析和绘制，下面来分析几种受影面上的水平杆的投影画法。

墙面与地面

当杆体与受影面平行时，就称其为这个受影面的平行杆。平行杆的投影是在得到对应的两个直立杆的基础上，连接两个直立杆投影的顶点得到的。在处理墙面与地面受影面时会遇到两种情况。一种是两根直立杆的投影都投射到地面和墙面，顶点投影都在墙面上，这种情况比较简单，按之前的直立杆投影方法得到它们的投影后，用直线连接两个直立杆杆顶投影就得到了水平杆在墙面上的投影，如图 9-29 所示，具体过程不再赘述。

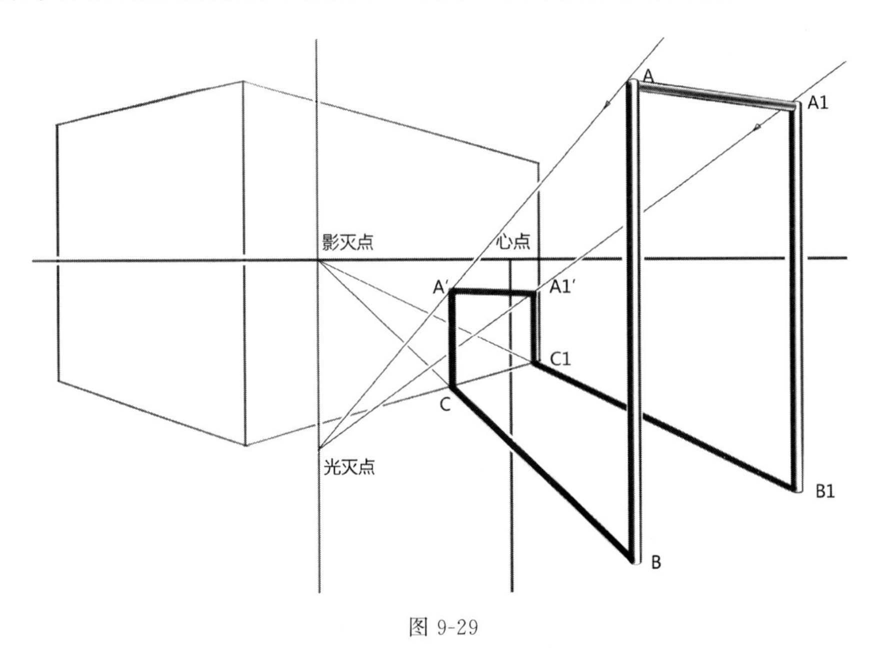

图 9-29

另一种情况是水平杆对应的两根直立杆的投影中，一根投射到地面和墙面上，杆顶投影落到墙面上，另一根直立杆的投影完全投射在地面上，没有触及到墙面，这种情况稍微复杂一些，造成平行杆的投影位于墙面和地面，如图 9-30 所示。首先将接受投影的墙面沿纵深方向进行延伸，如图中虚线所示，这时所得到的场景和图 9-29 一致，我们可以得到假想的 B 点在墙面上的投影点 B1，连接 A′B1 从而得到平行杆在墙面上的投影，如图中加粗虚线所示的部分。然后擦除虚拟墙面部分的投影，并将远处直立杆在地面的投影补齐即可。

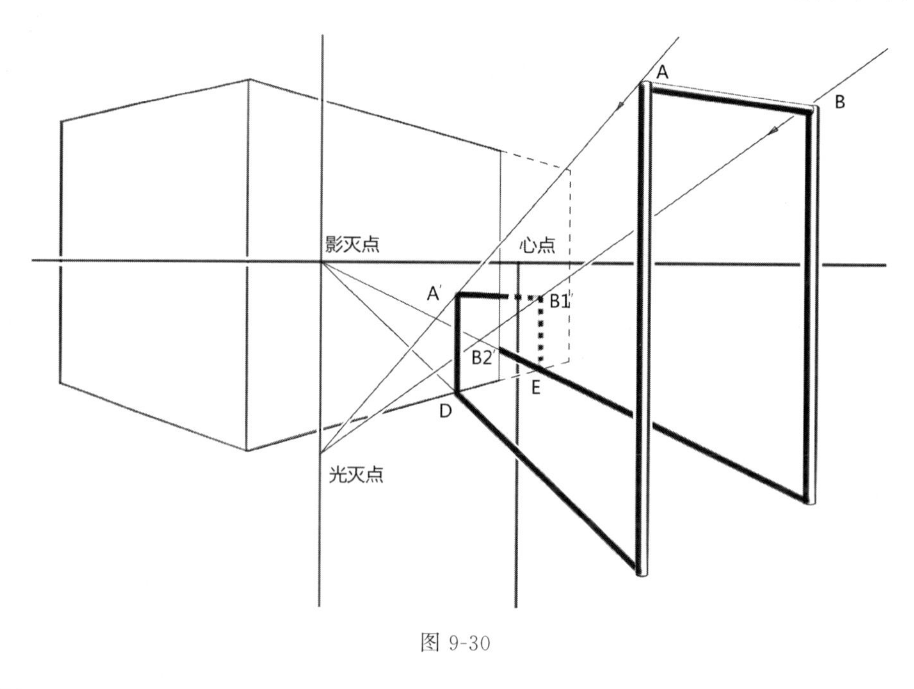

图 9-30

斜面

在墙角立一块斜置的平板，就形成一个斜面，墙面、地面、斜板形成了三个相连接的受影面，水平杆在这三个受影面上的投影也会涉及几种不同的情况，其中整根平行杆投影落在斜面的情况比较简单，图 9-31 是绘图过程及分析，分别利用之前学习的寻找直立杆在斜面上投影的方法，找到两根直立杆杆顶的投影 A′和 B′，再连接 A′和 B′即得到平行杆在斜面上的投影。具体过程不再赘述。

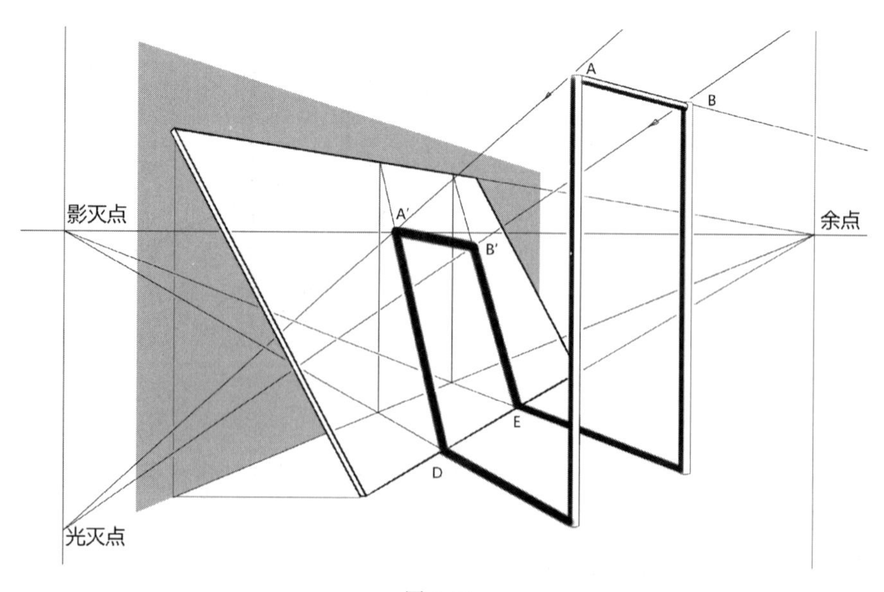

图 9-31

另一种情况相对复杂些，即墙面和斜面都是横杆的受影面，横杆对应的两根直立杆的杆顶投影一个落在墙面上，一个落在斜面上。如图 9-32 所示，从平行杆的位置和斜面及墙面的位置判断，平行杆的投影一部分落在斜面上，一部分落在墙面上。这种情况下我们先假设斜面不存在，画出平行杆在墙面的完整投影线，通过图 9-29 所示的方法可以得到平行杆在墙面的投影是 A2′、B2′的连线。然后将斜面延长，再做两条直立杆的地面投影线，这两条投影线与斜面基线分别交于 C 和 D，两条直立杆地面投影线与墙面基线分别交于 E 和 F。再分别由 E 和 F 做垂线，交斜面顶边于 G 和 H，则 CG 和 DH 分别为两根直立杆在斜面上的投影方向线，再分别由直立杆杆顶 A 和 B 向光灭点引线，交 CG 于 A1′，交 DH 于 B1′，连接 A1′和 B1′所得线段就是平行杆在假想延长后的斜面上的投影，最后以斜面边缘为边界，保留实际可见投影，得到平行杆在斜面、墙面及地面的完整投影。

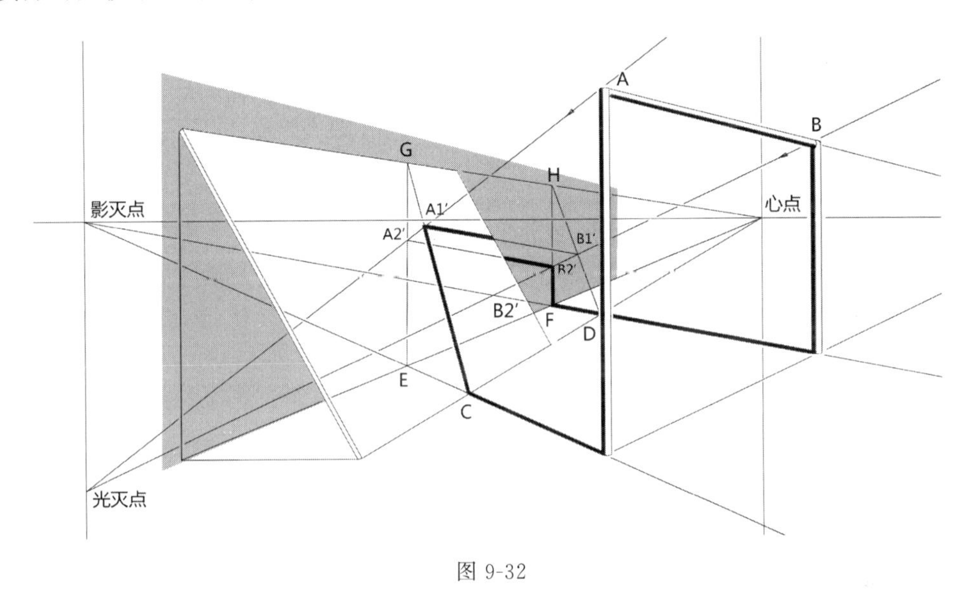

图 9-32

方体

方体放在地面上构成了一个复杂的受影面组合，方体最多有三个面可以被看到而成为受影面，算上地面的话，这个受影组合最多可以有四个受影面，我们同样会遇到几种情况，首先是水平杆投影以方体顶面、侧面以及地面为受影面，无论水平杆投影跨越两个受影面还是三个受影面，基本绘制方法都是用之前学习过的知识可以解决的，如下图 9-33 所示，我们也不再赘述。

其次是水平杆在方体两个可见面和地面上都有投影的情况，如图 9-34 所示。光线来自画者正后方，影灭点指向心点，光灭点在过心点垂线上。平行杆 AB 的两个端点在地面投影分别为 A′和 B′，连接 A′B′即得到平行杆在地面的投影。我们发现这根投影与方体有相交的部分，这部分投影不会再留在地面上，而是会沿着方体表面进行相应的改变。E1 和 E2 分别是平行杆投影与方体左侧棱和右侧棱的交点，E1 是平行杆上 E 点在地面的投影，可见平行杆上紧挨 E 点的位置的投影会落在方体竖立面上，于是，我们选取 E 点附近的 C 点，做直立杆 CD，通过 CD 的投影可以找到 C 点在方体竖立面上的投影点。通过之前学习的直立杆投影特点，找到 C 点在方体上的投影点 D2′，则连接 E1 和 D2′并延长其至方体竖直棱线交于 D1′，最后，连接 D1′和 E2 得到平行杆在方体右侧竖立面上的投影，至此，平行杆在地

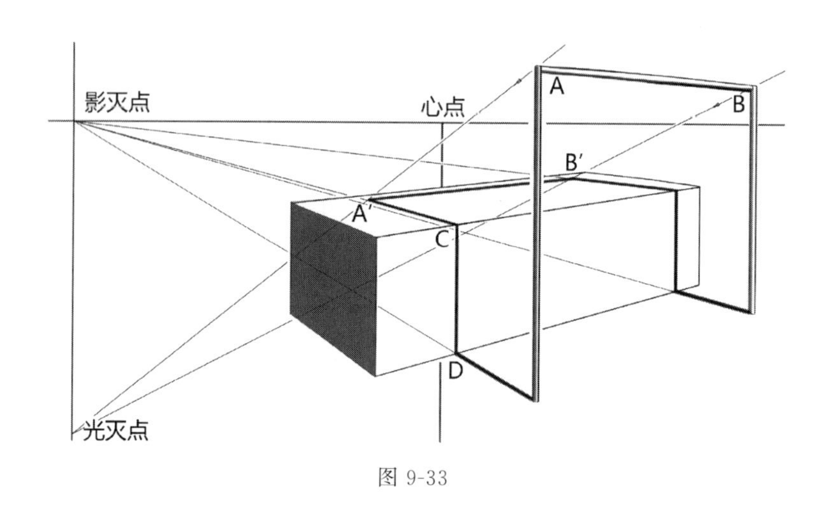

图 9-33

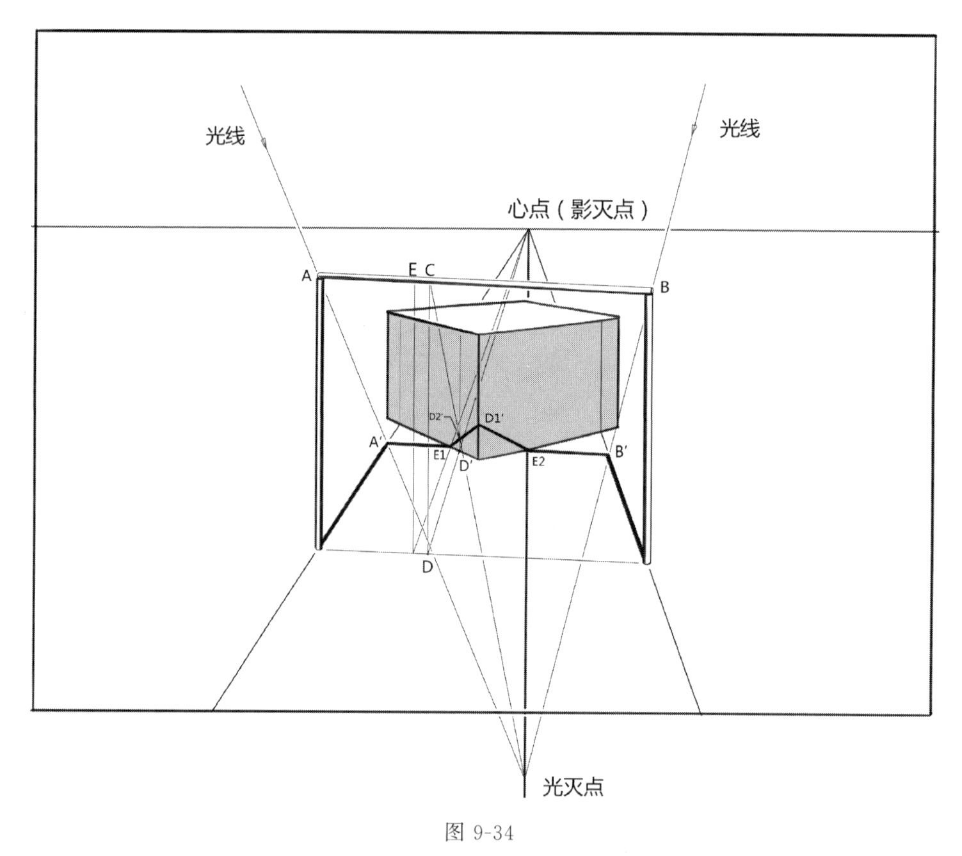

图 9-34

面和方体上的投影就完成了。

图 9-35 是另一种平行杆在方体上的投影情况，通过这个图例我们引入分光足的概念，即同一个光源在不同的受影面都有自己的光足，这样在同一个场景中就会有多个光足，于是在进行不同受影面上的投影绘制时，可以运用各自的光足确定直立杆在不同受影面上的投影起始点。我们首先通过图 9-36 来了解分光足的概念，直立杆立于地面上，C 点是直立杆在地面上的光足，平面 a 和平面 b 是不同高度的水平面，将它们进行延伸后的平面与直立杆分别交于 A 和 B，则 A 与 B 就是直立杆在平面 a 和平面 b 上的光足，相对于地面光足 C 来讲，

我们称 A 和 B 是“分光足”，那么通过 A 和 B 向影灭点引直线，得到直立杆在平面 a 和平面 b 上的投影方向线。利用分光足的概念，我们可以在图 9-35 中利用透视缩尺法确定方体顶面的分光足 E 和 F，然后再确定方体顶面上的平行杆投影形态。

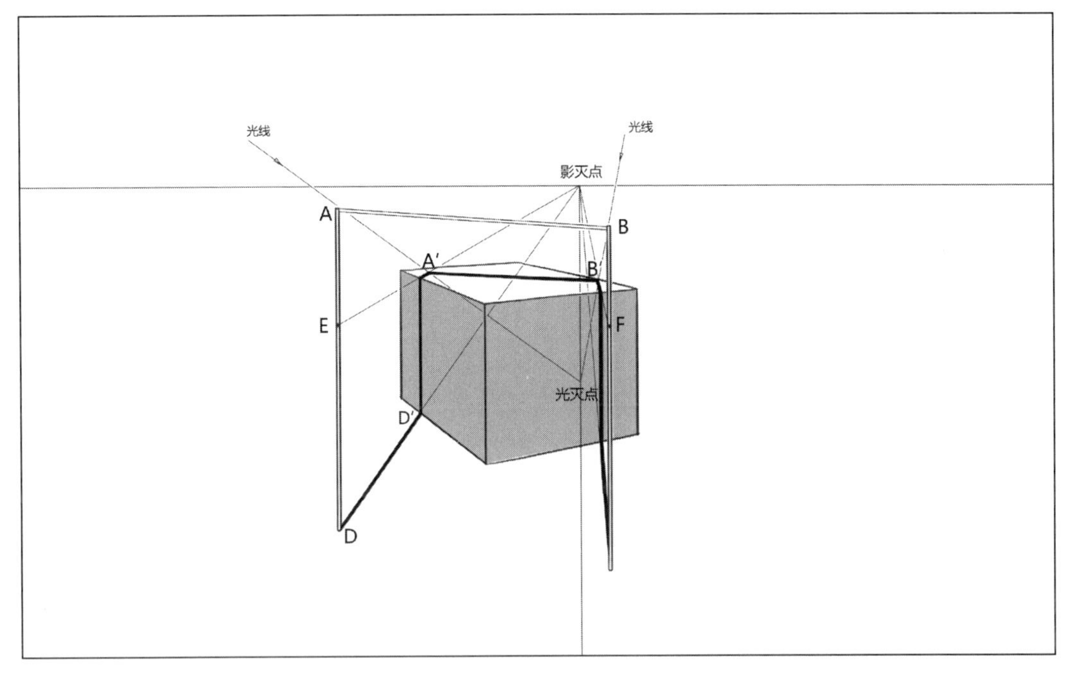

图 9-35

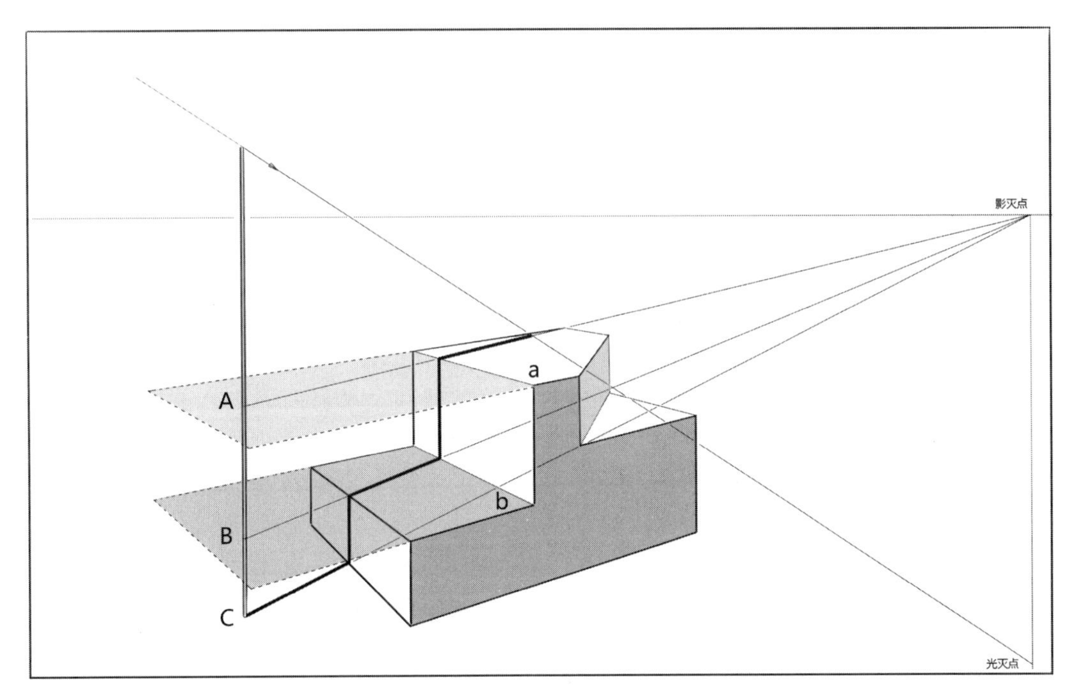

图 9-36

最后我们要讨论的是一种比较特殊的情况，如图 9-37 所示，平行杆以方体顶面和地面为受影面，平行杆在地面、方体顶面和侧面都有投影。这是我们之前没有遇到过的情况，也就是说，平行杆分别在两个不同高度的受影面上有投影，这种情况看似复杂，实际上并没有超出我们之前的知识范围，我们来分析一下就可以很容易解决。这种情况相当于在图 9-33 状态下，将方体截去了一部分，使得方体顶面的部分平行杆和竖直杆投影重新投射到了地面，方体顶面剩余的部分还保留着原来的投影，形态不变，投影在顶面的边界处终止。地面的投影也会在方体顶面边界处终止。图 9-37 中，D 点是直立杆地面投影线与方体底边的交点，过 D 点做竖直线与方体的边交于 C 点，从 C 点向影灭点引线得直立杆在方体顶面投影线，该投影线与通过直立杆 A 点引向光灭点的光线交于 A′，即平行杆端点 A 在方体顶面投影是 A′。通过缩尺法得到直立杆 b 的分光足 E，从 E 向影灭点引直线，和过 B 点引向光灭点的光线交于 B′，则 B′就是 B 点在方体顶面的理论投影点（如果方体顶面足够大的话），随后连接 A′B′就得到平行杆在方体顶面投影，该投影在与方体边的相交处截断。平行杆 AB 会有一部分投影落在地面上，并且在图中视角下被方体棱边的投影截断，在图 9-37 中这部分投影被方体本身遮挡住了，无法看到，有兴趣的朋友可以尝试将方体透明化，从而画出被遮挡的部分。

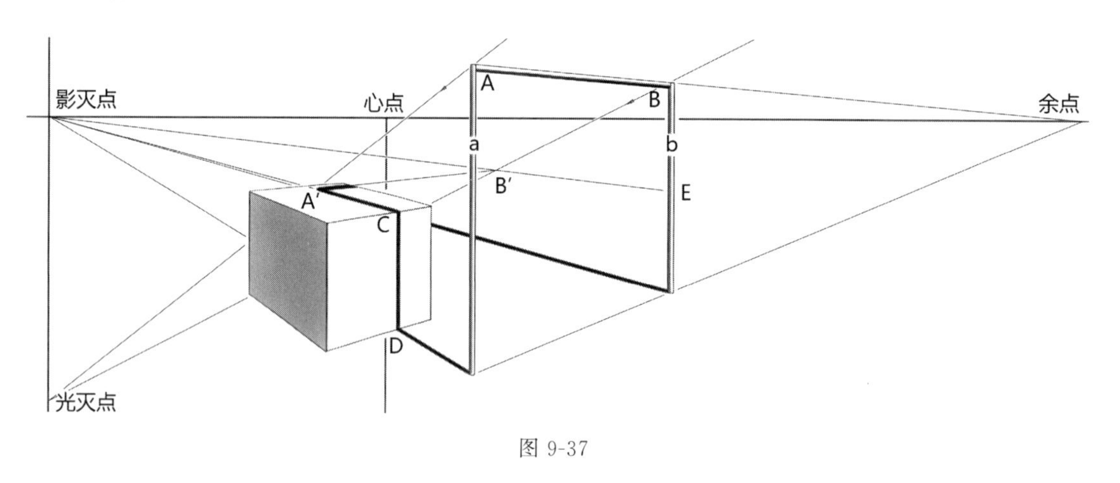

图 9-37

圆柱

圆柱作为受影面出现，丰富了投影受影面的形态，但是基本原理和方体其实是一致的。在直立杆投影的学习中，我们已经接触过圆柱作为受影面的投影画法。主要思路是把圆柱理解成方体的内接圆柱，在研究方体的水平杆投影特点基础上来研究圆柱上的投影就方便多了，不同之处在于，投影在圆柱曲面上的投影也是曲线，这些投影总是水平杆光平面与圆柱相交所得截面线的一部分。如图 9-38 所示，水平杆的投影分别落在地面上和圆柱侧面，其中地面部分的投影有一段被圆柱的投影覆盖，圆柱侧面向光的一面留有平行杆的投影，其投影形态是过平行杆的光平面与圆柱侧面的交线的一部分，平行杆在圆柱上的投影位于圆柱向光的一面，背光的一面没有投影。图 9-38 中，过直立杆 AC 和 BD 的顶点 A 和 B 分别向光灭点引光线，再分别从 C 点和 D 点向影灭点引光线，两组光线的交点分别是 A 点和 B 点在地面的投影 A′和 B′。连接 A′B′得到水平杆 AB 在地面的投影。过影灭点分别向圆柱底面圆做切线，两条切线之间的灰色部分就是圆柱本身的投影，它将 A′B′截断。下面来确定平行杆在圆柱体侧面的投影，关键在于找到过 AB 的光平面与圆柱的交线，AB 在圆柱体上的投影一定是这个交线的一部分。做辅助线 C1D1 和 C2D2 确保它们与圆柱底面圆相切并与 AB 平行即汇聚向 AB 相同的灭点。过 C1 做竖直线与过 A 点光线交于 A1，用同样方法得到 A2、B1、B2，则线段 A1B1、线段 A2B2 与圆柱相切的切点就是过 AB 的光平面与圆柱的交线的两个关键点。用相同的方法通过在 C1D1 和 C2D2 中绘制更多的平行线可以得到更多的关键点，最后将它们用曲线相连，得到最终过平行杆 AB 的光平面与圆柱的交线，是一个类似于椭圆形的封闭曲线。在光线与圆柱相切的位置，它被截断，在向光的一面得到平行杆 AB 在圆柱侧面的投影。

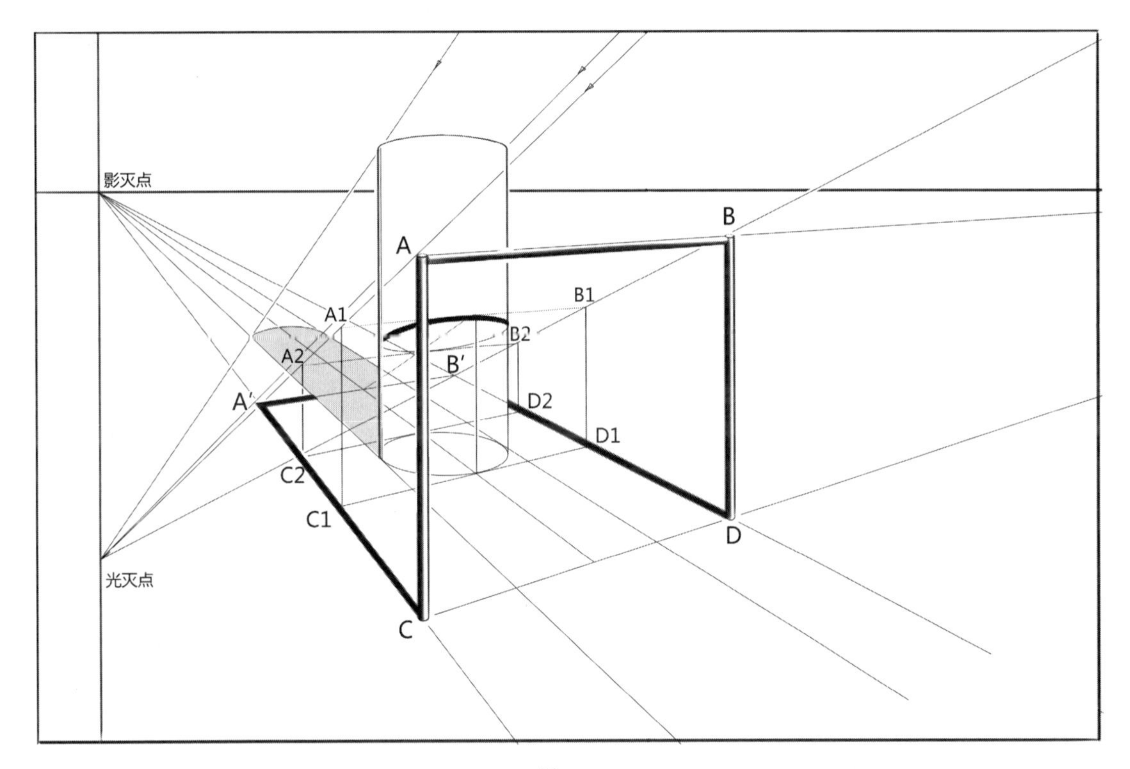

图 9-38

下面我们通过图 9-39 来学习平行杆在圆柱体上的另外两种投影。先来看看情况一：圆柱体放倒在地面上，平行杆投影落在圆柱体侧面上，圆面上以及圆柱体两侧的地面上。通过圆柱外接方体与光线、投影线的几何关系，首先找到平行杆所在光平面与圆柱的交线（完整的交线是一个封闭的类似于椭圆形的形态），这个交线就是平行杆在圆柱上的投影线，当这条投影线遇到圆柱圆面时会发生方向的改变，且圆柱与地面接触部分附近的区域会形成光线无法照射的阴影区域，这个区域也没有水平杆投影。

在图 9-39 中首先绘制圆柱的外接长方体，它对确定关键点的位置具有很好的指导作用。通过之前的知识我们可以顺利得到平行杆 AB 在地面的投影 A′B′，随后，圆柱体圆面上的投影实际是外接长方体侧面上的投影的一部分，由之前的方法可以得到，然后在圆柱体圆形顶面的边缘截断就得到平行杆 AB 在圆柱圆形顶面的投影。AB 在圆柱侧面的投影可以用采集关键点的方法得到。首先，ABB′A′是过 AB 的光平面的一部分，它与圆

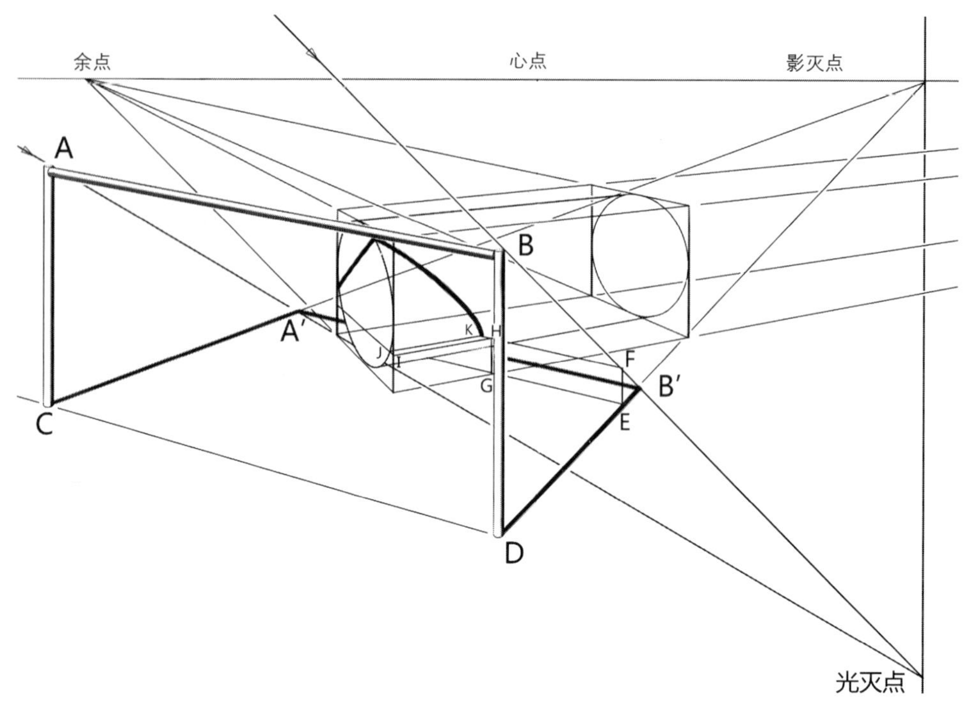

图 9-39

柱的交线就是 AB 在圆柱上的投影所在的曲线。在 BB′上任选一点 F，自 F 点向 AB 的灭点引直线，则该直线与 AB 平行，那么它与圆柱体的交点就是 AB 在圆柱体上的投影的关键点之一，于是我们随后的工作就是找到这个关键点。首先，自 F 做 DB′垂线交于 E，过 E 向 AB 的灭点引直线，该直线与圆柱外接长方体底边交于 G，过 G 做竖直向上直线，该直线与过 F 点向 AB 灭点引的直线交于 H，过 H 向圆柱右侧余点引直线，该直线反向延长线与圆柱体外接长方体竖直棱交于 I，再从 I 向 AB 灭点引直线，该直线与圆柱体底面圆周交于 J，自 J 向圆柱的右侧余点引直线，交过 F 点向 AB 灭点引的直线于 K 点，则 K 点就是 F 点对应的 AB 在圆柱上的关键点之一。使用同样的方法得到更多的关键点，然后进行圆滑曲线连接就得到平行杆 AB 在圆柱上的投影，其中光线与圆柱相切的部分将投影线截断。

情况二：圆柱体放倒在地面上，平行杆投影的一个端点落在圆柱圆面上，另一端点落在圆柱一侧的地面上。这种情况下的平行杆投影看上去更复杂一些，但其产生的原理同图 9-39 一样，由于平行杆一个端点的投影落在了圆柱的圆面上，即图中 A 的投影 A′，造成直立杆的部分投影也投射在该圆面上，从而使圆柱体圆面上的投影形态成为折线形，如图 9-40 所示。

4. 倾斜杆在不同受影面的投影画法

倾斜杆的状态是通过平行杆演变而来的，即平行杆有一个端点的高度发生了改变，使原有的与受影面等高的两个端点不再等高，这样就形成了倾斜杆。其中一个端点着地的情况就是最极端的状态。如图 9-41 中呈不同状态的杆 a、b 都属于倾斜杆。倾斜杆 a 是一般状态下的倾斜杆，倾斜杆 b 呈极端情况下的状态，即有一个端点在受影面上。和直立杆一样，b 杆

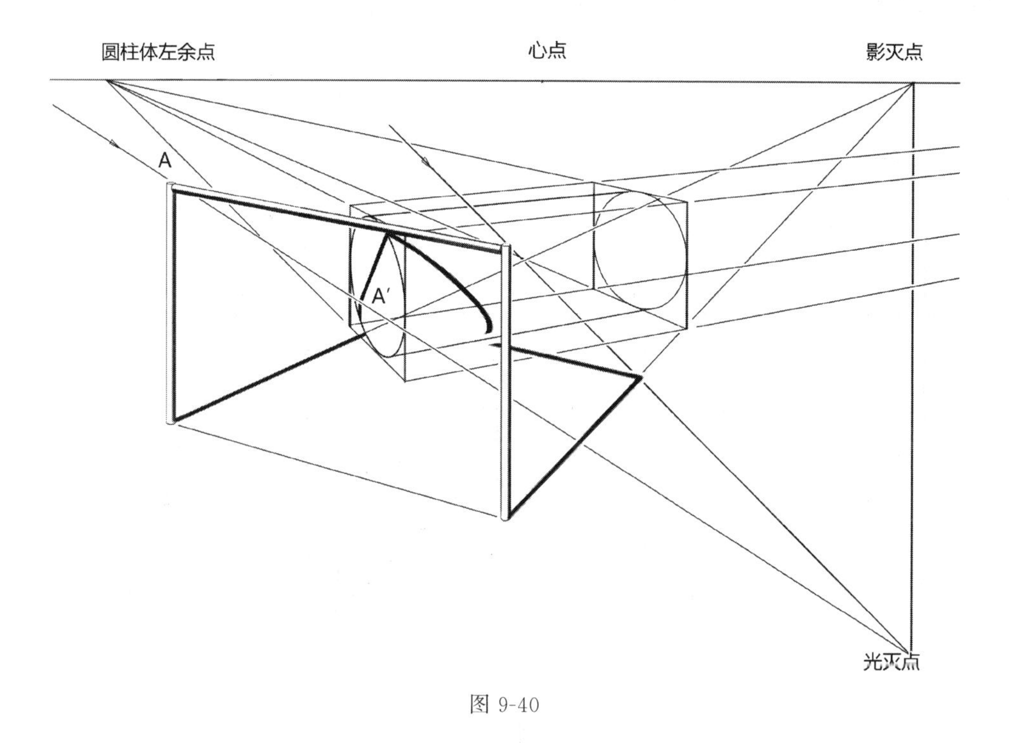

图 9-40

杆足是倾斜杆投影的一个端点，其投影指向其杆足。下面我们来研究一下倾斜杆在不同受影面上的投影特点。

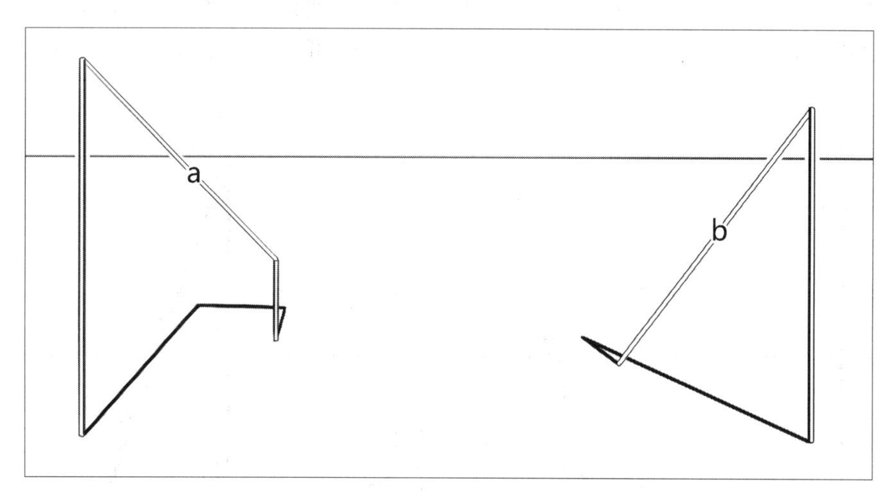

图 9-41

以下图例中主要以一端着地的倾斜杆为例，两个端点都不着地的倾斜杆情况可以通过延长的方式使其形成着地倾斜杆来研究。

墙面与地面

图 9-42 中是典型的倾斜杆在竖直墙面上的投影，倾斜杆 AC 在竖直杆 AB 的支撑下立在地面上，首先通过前面学习的知识在墙面上确定直立杆顶端 A 在墙面的投影位置 A1′，再确定 A 在地面上的理论投影位置 A′，连接倾斜杆杆足 C 与 A′得到倾斜杆 AC 的投影方向线，

其与墙线交于 C1，连接 C1 与 A1′得到倾斜杆 AC 在竖直墙面上的投影。

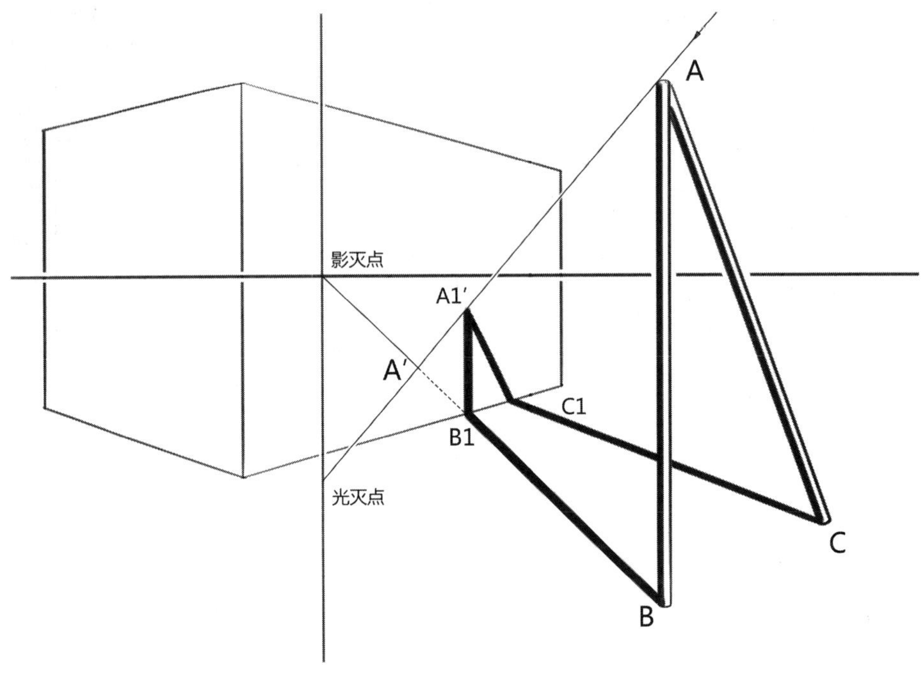

图 9-42

图 9-43 是倾斜杆投影线与竖直墙面底边没有交点的情况，即竖直墙面比较短，这种情况下我们将墙面延长，找到墙面底边与倾斜杆投影线的理论交点 C1，从而得到倾斜杆在墙面上的理论投影，随后再去掉延长部分墙面上的投影即可，A′是倾斜杆顶端 A 在地面上的

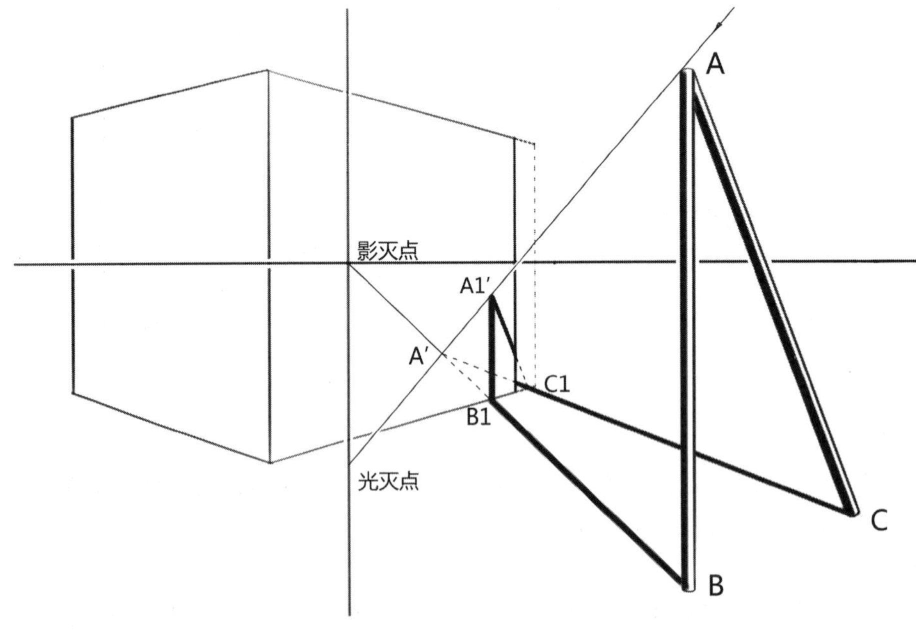

图 9-43

理论投影点，连接倾斜杆杆足 C 与 A′得到倾斜杆在地面上的理论投影，倾斜杆地面上的投影会一直延伸到墙体遮挡的地面部分，从图中视角观察，地面投影在竖直墙面的直立边处截止。

斜面

倾斜杆在斜面上的投影也是通过直立杆的辅助，以及竖直墙面的辅助得到的。如图 9-44 所示的图例中倾斜杆 AC 依靠直立杆 AB 竖立在地面上，首先通过直立杆杆足向影灭点引直线得到直立杆在地面的投影方向线，随后通过 A 点引直线向光灭点，与地面投影方向线交于 A′，A′即 A 点在地面的理论投影点，从倾斜杆杆足 C 点引直线向 A′就得到倾斜杆在地面的投影方向线。这条投影方向线在倾斜面的底边 C1 处被截断，随着倾斜面而改变方向，C1 点就是倾斜杆投影改变方向的起点，现在需要确定 A 点在斜面上的投影点，然后连接到 C1 点就能完成倾斜杆在斜面的投影了。那么，要确定 A 点在倾斜面的投影，首先要确定直立杆 AB 所在光平面与倾斜面的交线，这需要辅助的竖直墙面来完成。在倾斜面的两个角点引竖直线到底面形成辅助墙面。B2′是直立杆投影线与辅助墙面底边的交点，由 B2′做竖直线与斜面顶边交于 B1′，则根据之前学习过的光平面的概念，A-B-B2′-B1′所在的平面就是直立杆 AB 的光平面。那么连接 B1 点与 B1′点得到的直线就直立杆 AB 的光平面与斜面的交线，也就是直立杆 AB 在斜面上的投影方向线，那么过 A 点的光线与 B1B1′的交点 A1′就是 A 点在斜面上的投影，连接 C1A1′就得到倾斜杆在斜面上的投影。

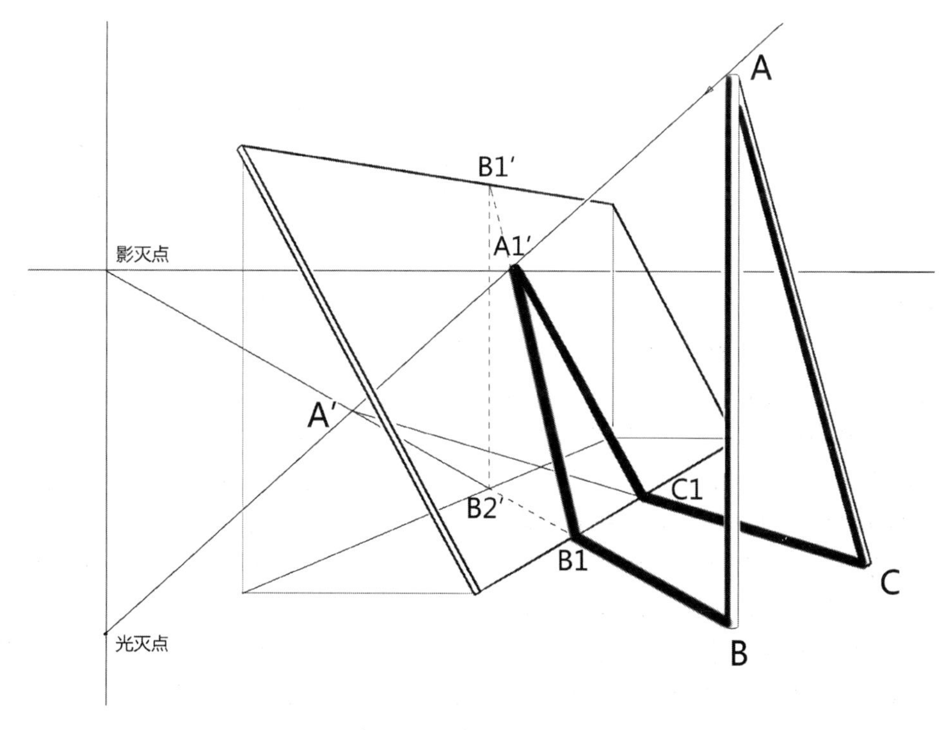

图 9-44

图 9-45 是倾斜杆投影一部分落在倾斜面上，其余部分落在地面和墙面的情况。首先将倾斜面延长，使其能够充分接受倾斜杆的投影，斜面延长后所得的场景就和图 9-44 的形态相似了，用同样的方法得到倾斜杆在虚拟斜面上的投影 C1A2′，延长部分的斜面投影不存

在，将其擦除，只保留实际斜面上存留的部分。从倾斜杆杆足向 A′引直线，得到倾斜杆地面投影方向线，其与墙底边线交于 C2，此时，地面投影线在 C2 处发生方向改变，其在墙面上应该指向 A 点在墙面的投影点。此时，我们假设斜面不存在，场景中只有竖直墙面、直立杆与倾斜杆，那么直立杆顶端 A 点在墙面上的投影就是 A1′点（具体原理参见前面直立杆投影部分）。于是连接 C2 点与 A1′点得到倾斜杆在墙面上完整的理论投影，随后，将斜面遮挡部分擦除，就得到最终投影结果。

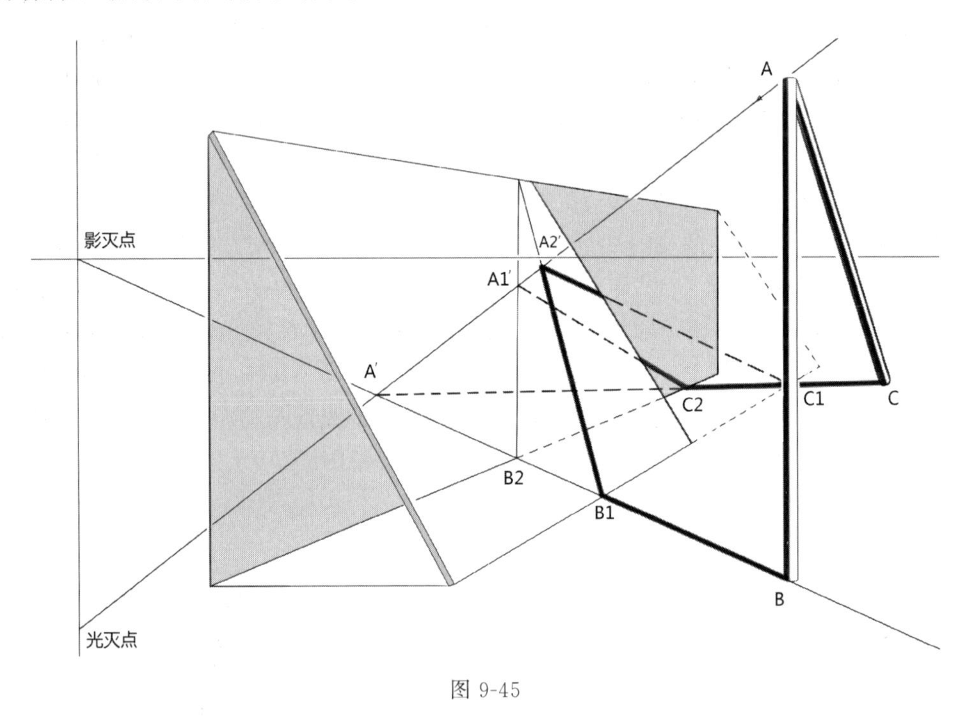

图 9-45

方体

通常情况下方体在透视图中可以显示三个面，理论上，根据光线和倾斜杆位置的不同，倾斜杆在方体的三个面上都可能产生投影。我们举例了解以下几种不同情况下的倾斜杆投影特点。如图 9-46 所示的倾斜杆 AC 由直立杆 AB 支撑，首先要确定 A 点在地面的投影 A′，通过直立杆足 B 向影灭点引直线得到直立杆在地面投影方向线，连接 A 点到光灭点得到过 A 点光线，其与 B 点指向影灭点的投影方向线交于 A′。连接 C 点与 A′点得到倾斜杆 AC 在地面的投影方向线。直立杆与倾斜杆的投影方向线都在方体底边处被截断，不得不随着方体竖立面改变方向。直立杆地面投影线与方体底边交于 B1，沿 B1 做竖直线与方体顶面边线交于 B2，B1B2 就是直立杆 AB 在方体竖立面上的投影。由于方体顶面与地面平行，因此直立杆在顶面的投影方向仍然指向影灭点，B2 至影灭点的连线就是直立杆在方体顶面的投影方向线，过 A 点的光线与其交于 A1′，则 A1′ 就是 A 点在方体顶面的投影点。至此，直立杆 AB 在方体和地面上的投影就确定了。确定直立杆投影的主要目的是确定端点 A 在方体上的投影位置 A1′。接下来我们要确定的是倾斜杆投影在 C1 与 A1′之间是如何连接的。首先要确定自 C1 点引出的方体竖立面上的投影方向线。若方体竖立面足够高的话，A 点的投影点会在方体竖立面上，那么连接 C1 点和 A 点投影点就能得到倾斜杆在方体竖立面的投影方向线。因此，我们将方体竖立面延长，使其能够接受 A 点投影，如图 9-46 中虚线部分所示。

于是将直立杆投影线B1B2向上延长，与过A点光线交于A2′，则A2就是A点在方体竖立面上的理论投影点，连接C1A2′得到倾斜杆在方体竖立面上的投影方向线。由于方体本身的高度并没有超过A2′点，于是实际投影线在方体顶面与竖立面转折处截断，即C2点处。那么C1C2就是倾斜杆在方体竖立面的实际投影方向线。最后，连接C2A1′得到倾斜杆在方体顶面的投影，至此，得到倾斜杆在方体及地面上的完整投影。

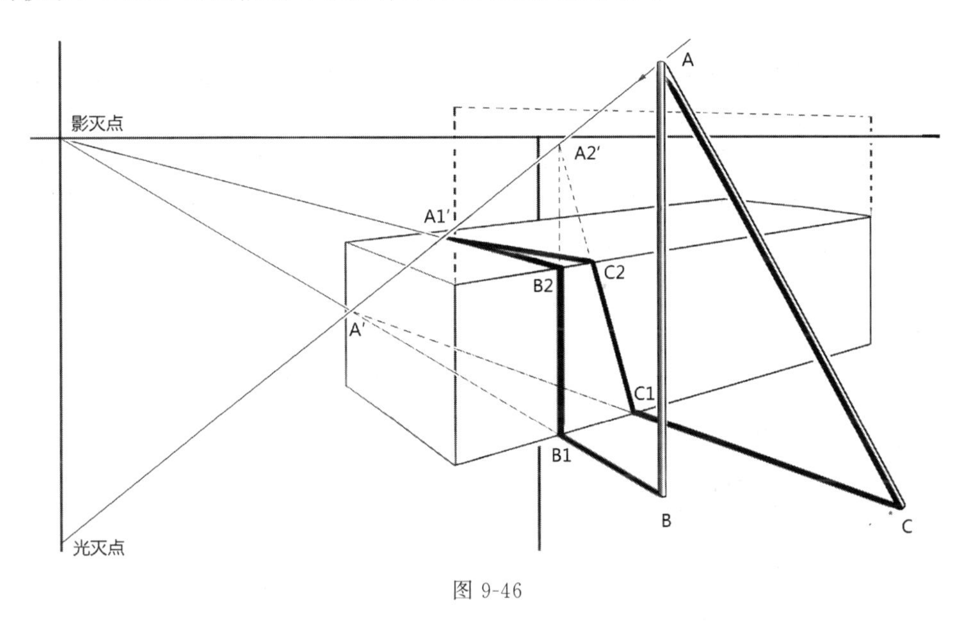

图 9-46

图9-47的情况是倾斜杆在方体竖立面没有投影，这种情况我们可以通过延长方体，使其形成图9-46的状态，再按图9-46的方法得到投影，随后根据实际情况截取投影即可，我们不再赘述。另外一种方法是，首先确定A点在地面及方体顶面的投影点A′及A1′，具体方法同图9-46中相同。随后，我们需要知道倾斜杆在方体顶面的投影方向，在已经确定了A1′点的情况下，根据两点确定一条直线的原则，只要找到倾斜杆上另外一点在方体顶面的

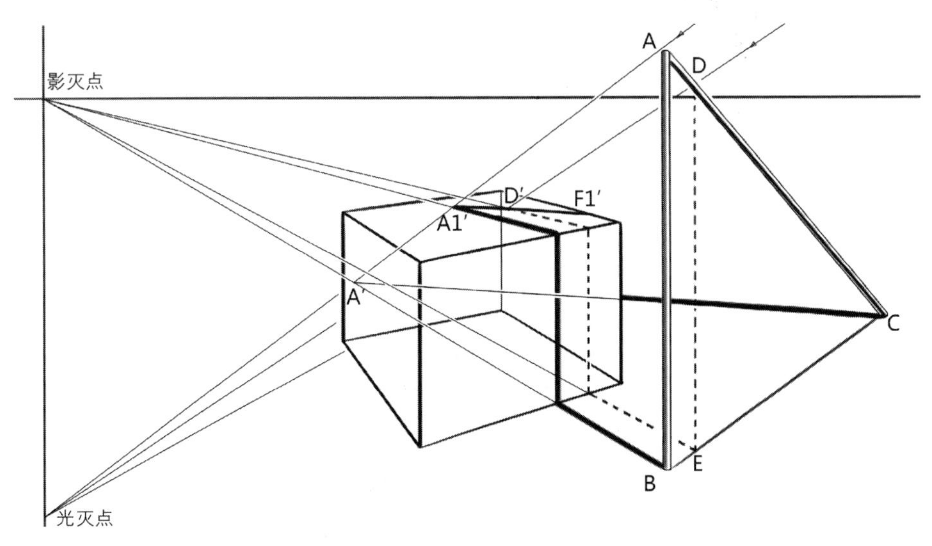

图 9-47

投影点就能确定整个倾斜杆在方体顶面的投影。取倾斜杆上 A 点附近的点 D（距离 A 点近能保证其投影点在方体顶面），从 D 做竖直线交地面于 E 点，DE 相当于另一个竖直杆。那么，我们很容易找到 DE 在方体顶面的投影 D′，则连接 A1′D′并延长其至方体顶面边缘交于 F1′，则 A1′F1′就是倾斜杆在方体顶面的投影。再连接倾斜杆杆足 C 与 A 点地面投影 A′就得到倾斜杆在地面投影，擦除方体遮挡的部分，就得到场景中实际可视的倾斜杆投影。

第三种情景如图 9-48 所示，倾斜杆在方体的两个竖立面上都有投影。首先确定直立杆顶 A 的地面投影位置 A′，分别连接 BA′和 CA′得到直立杆和倾斜杆在地面的投影。其中倾斜杆投影被方体的一个角截断，断点分别为 C2 和 C1，也就是说倾斜杆投影会在这两个点改变方向并指向方体竖立棱的同一个点 D。只要确定 D 点的位置，倾斜杆完整的投影就可以确定了。我们可以理解成 D 点是倾斜杆在方体竖立面投影方向线与竖直棱线的交点，那么首

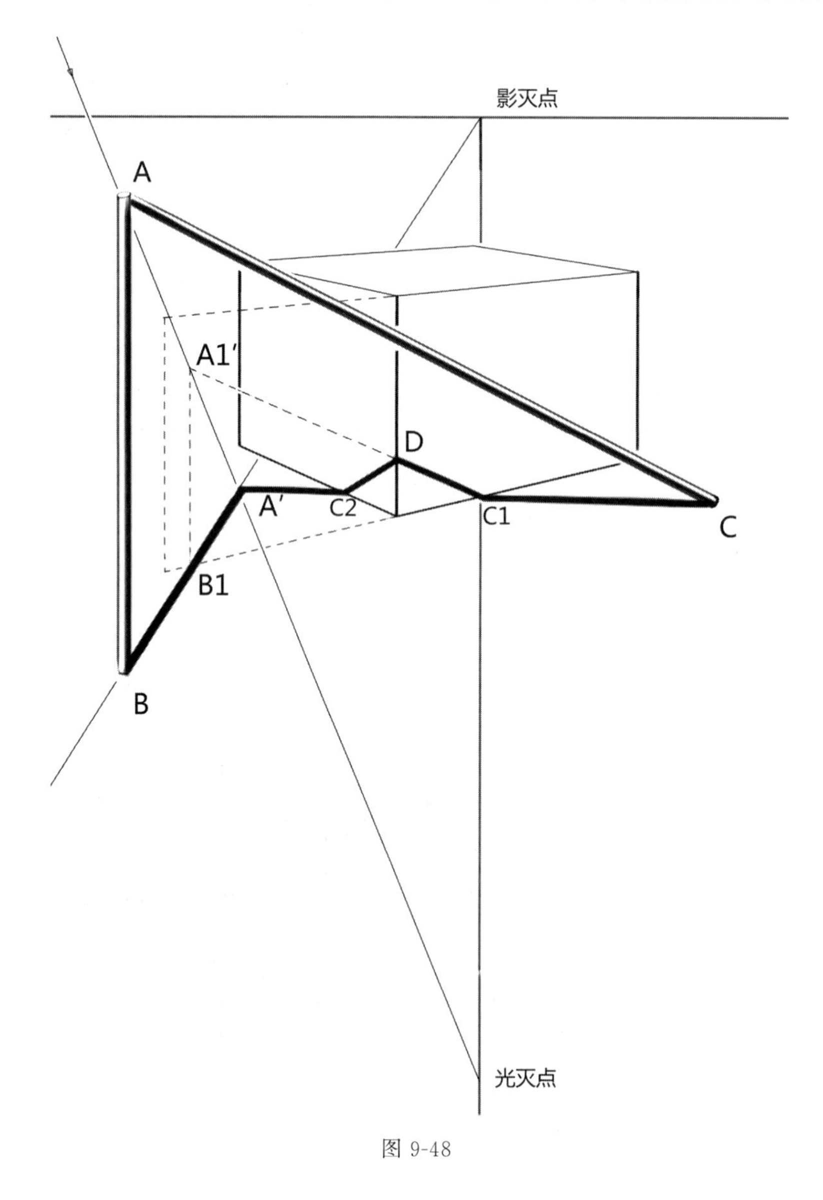

图 9-48

先需要找到倾斜杆在竖立面上投影方向线，随后就能顺利得到 D 点。于是将方体延长，使 A 点可以投影在竖立面上，如图中虚线部分所示，得到 A 点在方体竖立面上的投影点是 A1′，那么连接 C1 点和 A1′点就得到倾斜杆在方体竖立面上的投影 C1A1′，投影线和方体竖直棱线的交点是 D 点。C1D 就是倾斜杆在方体一个竖立面上的投影，连接 C2D 得到倾斜杆在方体另一个面上的投影。至此，倾斜杆在地面和方体上的完整投影完成了。

5. 几何体的平行光下投影

方体

方体的投影可以通过直立杆和平行杆的投影来间接得到，如图 9-49 所示的方体平放在水平地面上，它在阳光下的投影可以通过方体棱线的投影得到，首先忽略方体的面，把方体理解成是由竖直棱和水平棱组成的框架。方体的四根竖直方向的棱是标准的直立杆，顶面的四条棱是平行杆，底面的四条棱不参与投影的形成，因此，我们只要得到四根竖直棱和四根水平棱在地面的投影就得到了方体整体的投影形态。

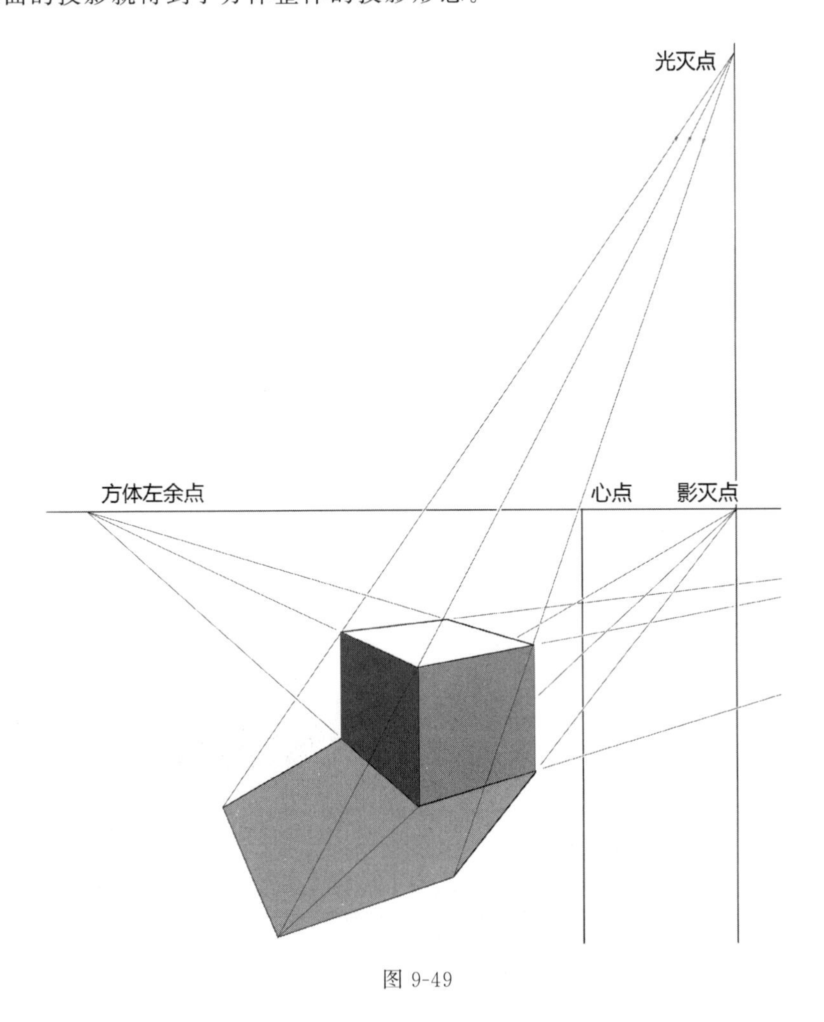

图 9-49

圆柱

圆柱体由上下圆形底面和侧面组成，圆柱体投影可以理解成是两个圆面投影通过直线连接形成的。圆柱体圆面投影形态的确定同样需要直立杆的辅助。如图 9-50 所示，以圆柱体靠近画面的圆面为例，首先画出其外接正方形，圆面与正方形的四个切点是圆面投影的关键点，其中 A、B、C 三个切点在地面上都有相应的关键投影点，D 点位于地面上，没有投影。我们分别从 A、B、C 三个点向地面引竖直线，形成直立杆，通过直立杆的投影画法确定它们在地面上的投影。地面上的 A′、B′、C′三个点就是圆面在地面投影的三个关键点。在圆周其他位置再多取几个关键点，向地面引竖直线，通过直立杆的投影求法得到更多的关键点投影点。最后用圆滑曲线连接这些关键点投影点就得到圆面投影，关键点投影点越多，圆面的投影越准确，用同样的方法得到远端圆面的地面投影。最后画地面上两个圆面的公切线，得到的封闭形态就是圆柱体在地面上的投影。

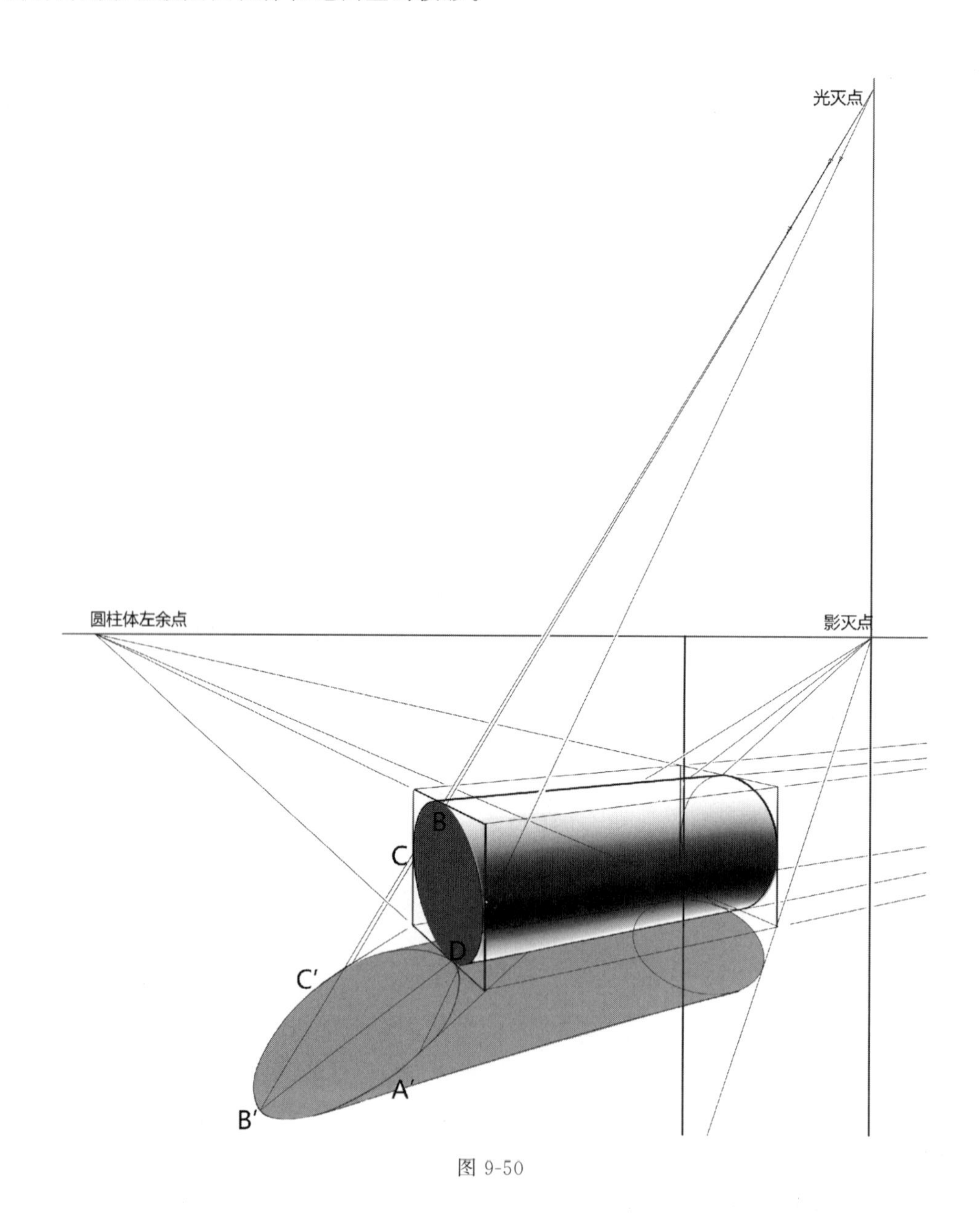

图 9-50

圆锥

圆锥的投影同样是通过直立杆的辅助得到的，如图 9-51 所示。水平放置在地面上的圆锥体，要得到顶点的投影，从圆锥顶点向地面引竖直线，随后通过直立杆投影的寻求方法得到直立杆杆顶的投影，即圆锥顶点的投影，然后从顶点投影向底面圆形引切线，就得到圆锥在地面的投影。

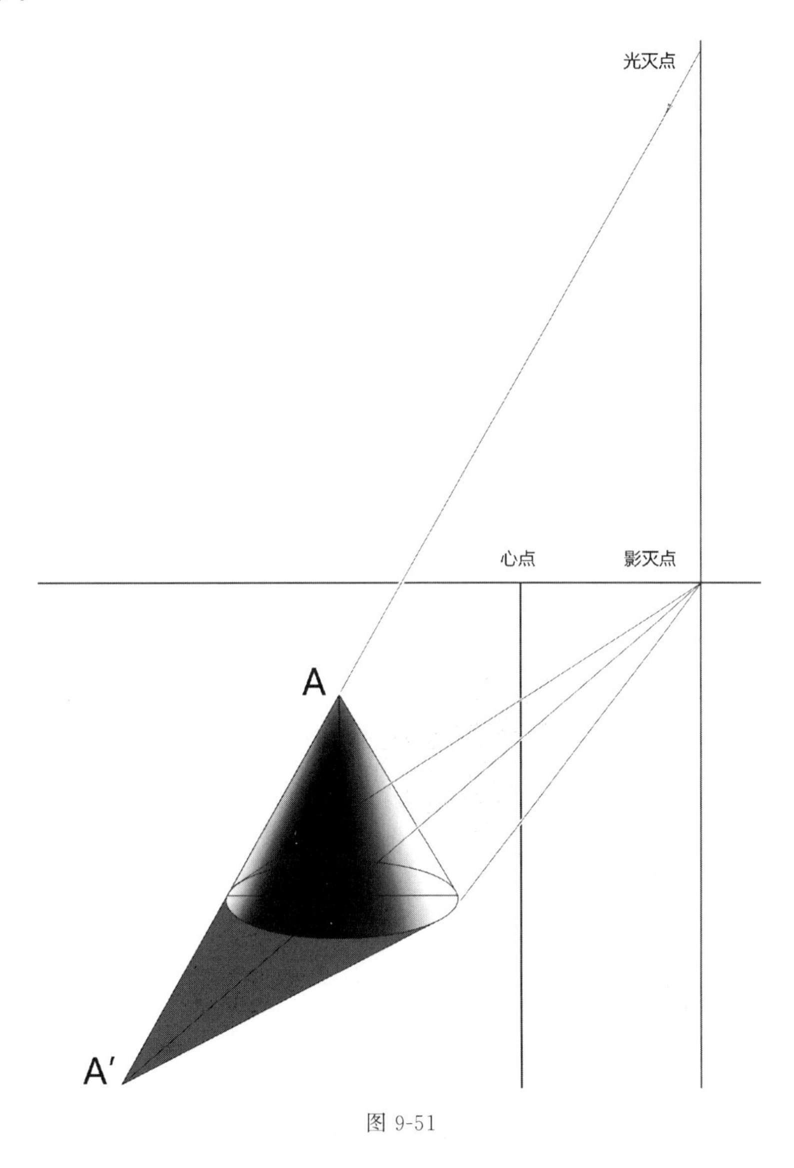

图 9-51

圆球

圆球投影相对复杂一些，因为圆球形态完全是曲线，要求得圆球的精准投影只能通过关键点投影曲线连接的方法来实现。我们将圆球进行竖直和水平两个方向的切割，得到不同大小和朝向的圆形，通过求这些圆形在地面的投影，间接得到球体的地面投影，如图 9-52 所示。

玩具投影案例

图 9-53 是一辆玩具小车的日光投影分析过程，玩具小车作为一件产品，由不同部分组

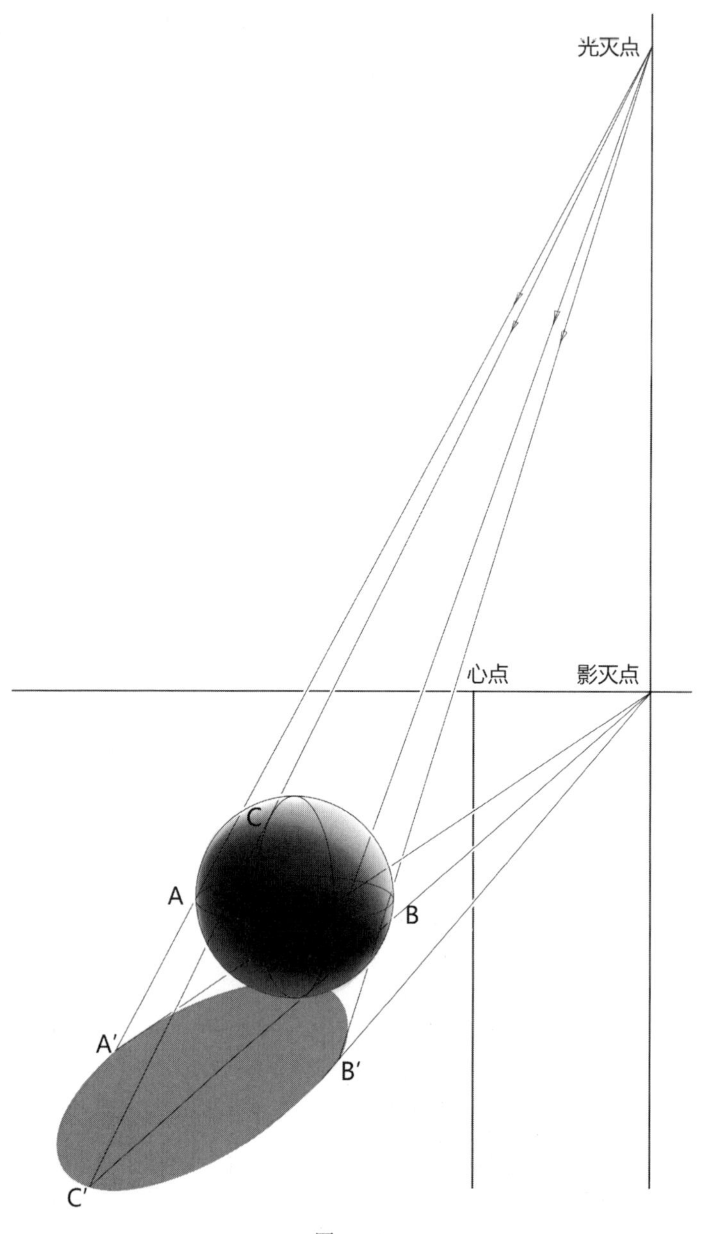

图 9-52

成，包括不规则形态的车身以及圆柱体的车轮。在进行投影绘制时，我们将车身与车轮分别独立分析。首先，车身虽然不是规则几何形状，但也是标准的拉伸形态，即左右两边的车身截面形态是完全相同的。因此，我们分别画出左右车身截面形状的投影，再将左右投影中相对应的点相连，就得到车身的完整投影，如图 9-53 中（1）和（2）所示。车轮可以看做圆柱体，四个车轮中有三个可以看到投影，那么分别把三个车轮的圆形底面投影绘制好，再通过切线将它们相连就得到车轮的投影，如图 9-53 中（3）和（4）所示。最终的投影效果如图 9-54 所示。

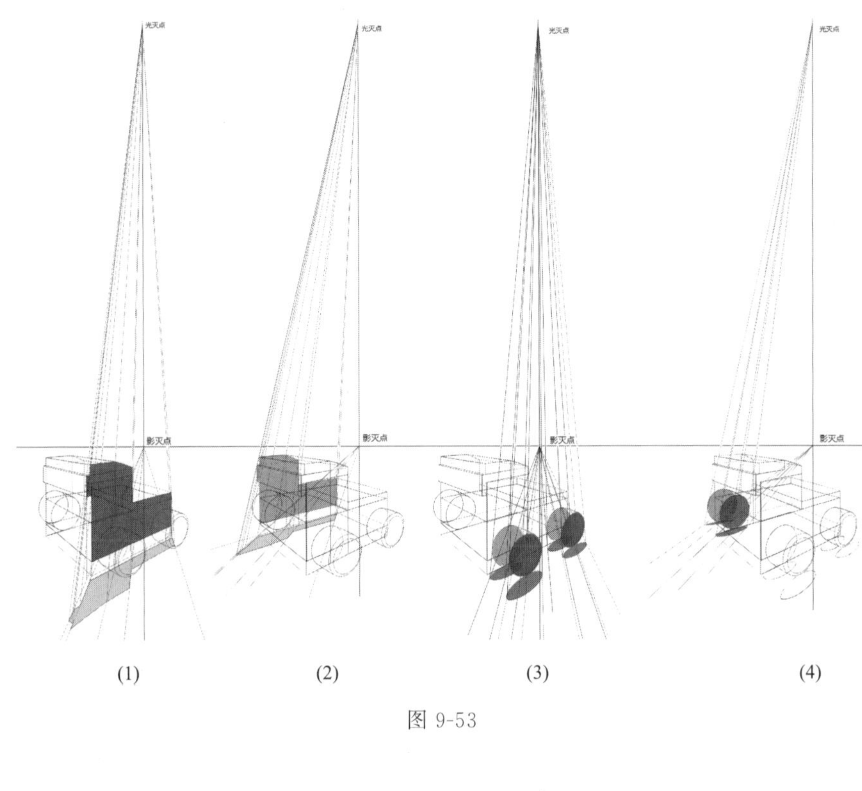

(1)　(2)　(3)　(4)

图 9-53

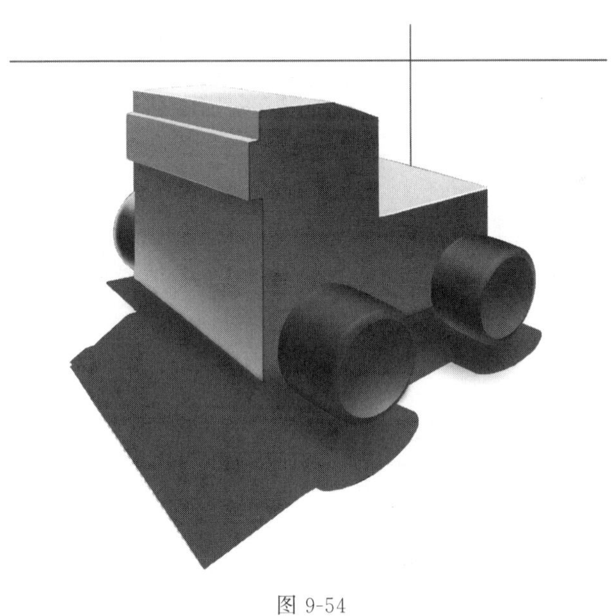

图 9-54

第四节　点光源投影透视

日光投影是平行光投影，灯光投影是点光源投影，这两种投影方式在产品设计表现中都是常用的。本节我们来学习灯光投影，即点光源投影的特点。日光投影的整体趋势是投影指向影灭点，光线指向光灭点。点光源一般是人造光源，有一定的高度，光线由光源向各个方向辐射，因此，点光源的所有光线都汇聚向光源。光平面的概念在点光源投影中同样适用，而且也是重要的投影绘制辅助工具。图 9-55 所示为点光源下的直立杆和水平杆投影场景。

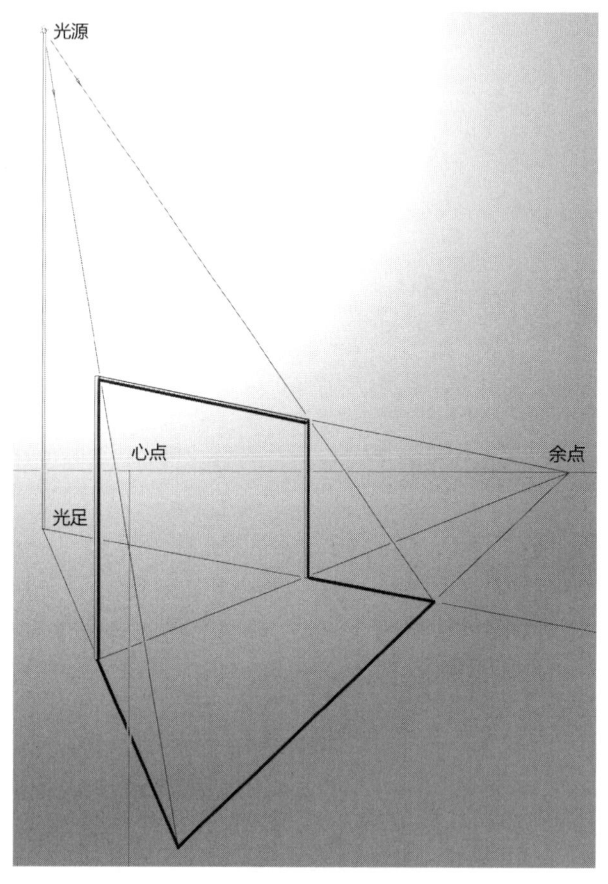

图 9-55

1. 点光源下直立杆在不同受影面上的投影

直立杆在墙面投影

如图 9-56 所示，两根直立杆在点光源照射下产生在地面及附近竖直墙面上的投影，光足分别连接直立杆杆足 A 和 B，并延长得到直立杆的投影线方向，两根投影方向线与墙面底边分别交于 A1 和 B1，则 AA1 和 BB1 是两根直立杆各自在地面上的投影。分别从 A1 和 B1 引竖直线，就是直立杆在墙面上的投影方向线，随后再从光源到直立杆顶引光线，光线与墙面上的投影方向线的交点就是直立杆顶端在墙面上的投影，分别是 A1′和 B1′，则 A1A1′和 B1B1′分别是两根直立杆在墙面的投影。我们发现墙面投影就是分别过两根直立杆的光平面与墙面的交线，这种交线原理在随后的各种点光源投影场合都适用。

直立杆在斜面投影

图 9-57 是两根直立杆在倾斜面上投影的场景，要确定直立杆在倾斜面上的投影可以借

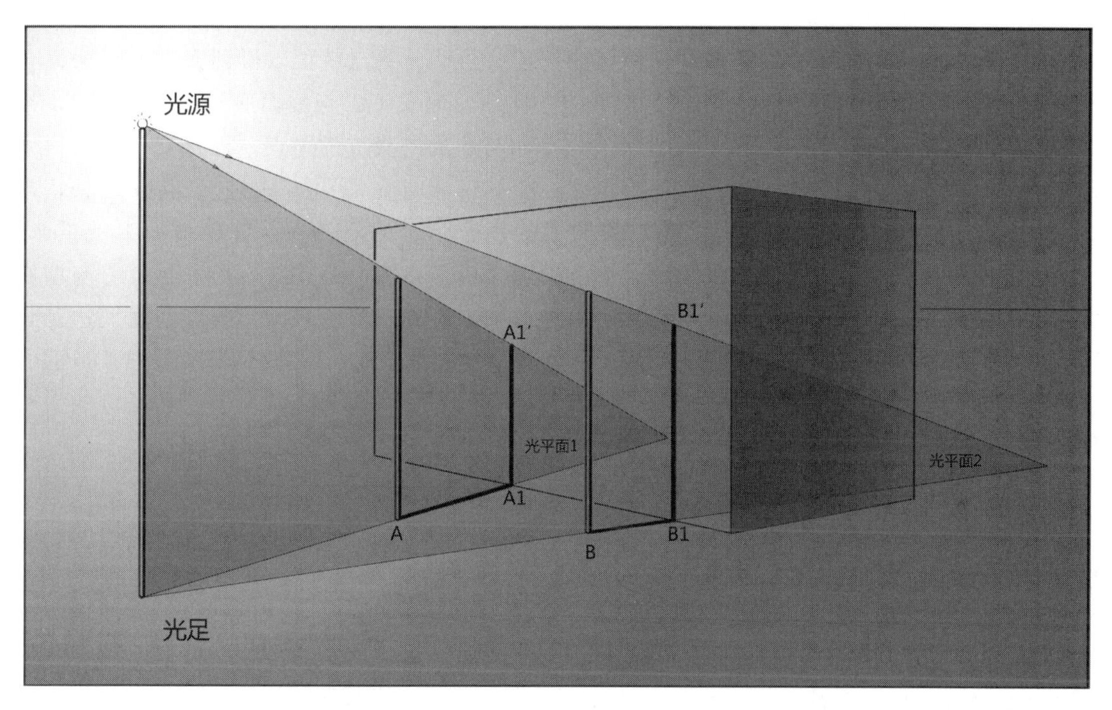

图 9-56

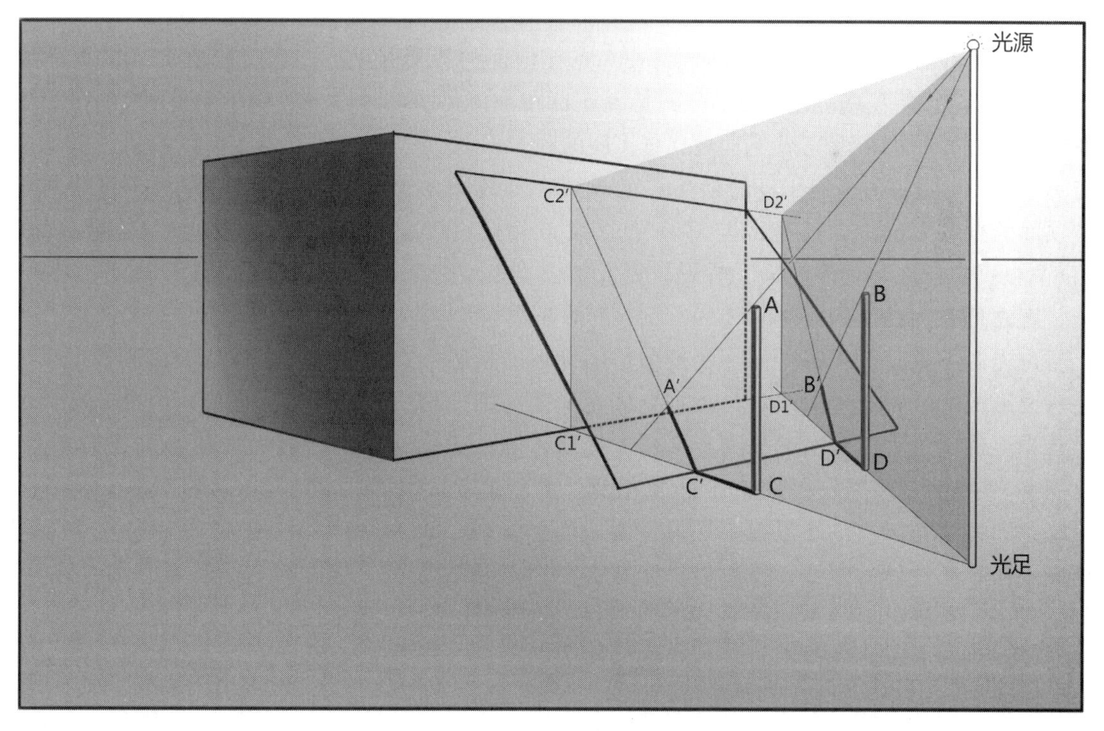

图 9-57

助光平面的概念，通过光平面与斜面的交线得到投影方向线，再通过过直立杆顶的光线截取投影的实际长度。首先看直立杆 AC 的投影。连接光足和 AC 杆杆足 C，并将其延长得到直立杆在地面上的投影方向线，投影方向线与斜面底边交于点 C′，C′是投影发生转折的点，C′点也是直立杆 AC 的光平面与倾斜面交线的起点，再确定终点就可以得到完整的光平面与倾斜面的交线，也就是直立杆在斜面上投影的方向线。延长 CC′与墙面底边线交于 C1′，过 C1′做竖直线交斜面顶边于 C2′，则 C2′就是光平面与斜面的交线的终点，连接 C′与 C2′得到完整交线，即直立杆在斜面上投影的方向线。接下来通过光源引直线过 A 点并延长，与 C′C2′交于 A′，则 A′即直立杆杆顶 A 在斜面上的投影，C′A′就是直立杆在斜面上的投影。用同样方法可以确定直立杆 BD 在倾斜面上的投影，由于过直立杆 BD 的光平面没有与墙底边和斜面顶边相交，因此将墙底边和斜面顶边延长，从而得到直立杆地面投影与墙底边延长线的交点 D1′，过 D1′做竖直线与斜面顶边线交于 D2′，则连接 D′D2′得到过直立杆 BD 的光平面与斜面的交线，随后的操作与直立杆 AC 的投影操作相同，最终确定直立杆 BD 的完整投影 DD′B′。

直立杆在方体上的投影

如图 9-58 所示是两根直立杆在方体上的投影，两根直立杆的高度不同造成投影的形态也有所不同。首先看直立杆 AB，连接点光源光足与直立杆 AB 杆足 B 并延长得到直立杆 AB 的投影方向线，它与方体的底边交于 B1，过 B1 做竖直线与方体顶面的边交于 B3，则 B1B3 就是直立杆 AB 在方体竖立面上的投影。为了确定直立杆在方体顶面的投影线方向，需要借助过直立杆 AB 的光平面，找到光平面与方体的交线。该交线就是直立杆在方体顶面投影的方向线。延长 BB1 与方体另外一条底边交于 B2，过 B2 做竖直线与方体顶面另一条边交于 A1，则 B2A1 是过直立杆光平面与方体相交的另一条交线。连接 A1B3 所得的线段就是直立杆在方体顶面的投影方向线。A1 点在地面的投影是 A1′，直立杆顶端 A 在地面的投影是 A′，连接 A′A1′所得的线段就是直立杆在方体另一侧地面的投影。至此，直立杆 AB 在方体及地面的投影就完成了。直立杆 CD 的投影画法与 AB 相同，由于 CD 的位置和高度与 AB 不同，造成直立杆 CD 的顶端 C 的投影在方体顶面上，线段 D3D4 是直立杆 CD 在方体顶面的投影方向线，过光源与 C 点的直线与其交点 D3 就是投影的截取点。至此，AB、CD 两根直立杆在方体和地面上投影就完成了。

直立杆在圆柱上的投影

点光源下直立杆在圆柱面上的投影与阳光下的投影形态相似，直立杆都会沿圆柱表面发生弯曲形成弧线，这些弧线就是过直立杆光平面与圆柱相交的交线的一部分，因此，在绘制时首先要确定过直立杆的光平面与圆柱的交线，随后根据光线的位置截取恰当的投影线段。以图 9-59 为例，该场景和图 9-58 非常相似，两根高低不同的直立杆，AB 杆较长，它的投影跨越圆柱体，A 点的投影在圆柱另一侧地面上。CD 杆较短，C 点投影在圆柱体上。要寻求光平面和圆柱体的交线，需要借助圆柱体的外接方体帮忙，这样就完全变成图 9-58 的绘制过程了，首先可以绘制出两根棍杆的光平面与圆柱外接方体的交线（分别是两个矩形），随后的工作就是确定这两个矩形与圆柱体的截面。我们在之前的章节学习过如何通过关键点的方法绘制圆柱体相贯线，大家可以返回去重温一下，随后就可以顺利绘制出过直立杆光平面与圆柱的交线了。接下来要注意，和平行光下的直立杆在圆柱上的投影类似，投影仍然在光线与截面线相切的部分被截断。如图 9-59 中直立杆 AB 所示，由光源分别引两条光线与截面封闭曲线（类似于椭圆，不是椭圆）相切，切点分别是 B3 和 B2，那么 B3B2 间标黑的部分是直立杆在圆柱表面的投影，其余部分不会受到直立杆投影的影响，因为这一部分本身

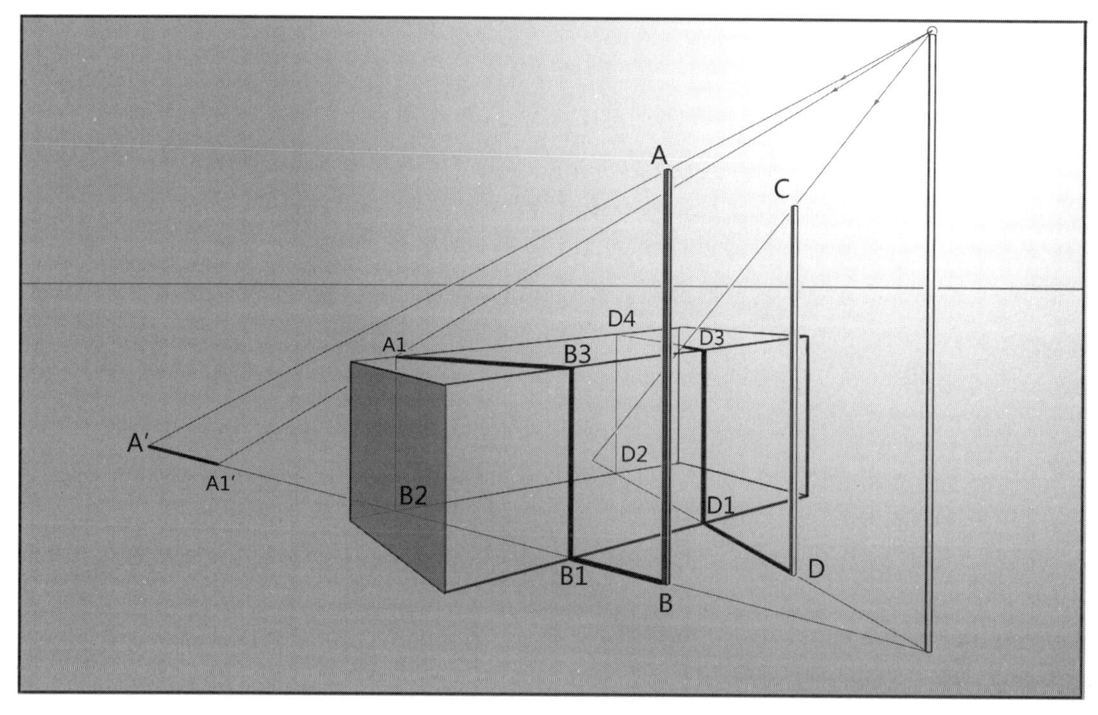

图 9-58

不会受到光照，是圆柱体本身的暗部。过 B3 和 B2 的两条光线与地面的交点是 A1′和 B1，则 A′A1′与 BB1 是直立杆在地面上的投影。用同样方法得到直立杆 CD 在圆柱及地面上的投影 D3D2 和 D1D，由于投影没有跨越圆柱体，直立杆 CD 在圆柱体侧面的投影只截取了 D3D2 段的部分。

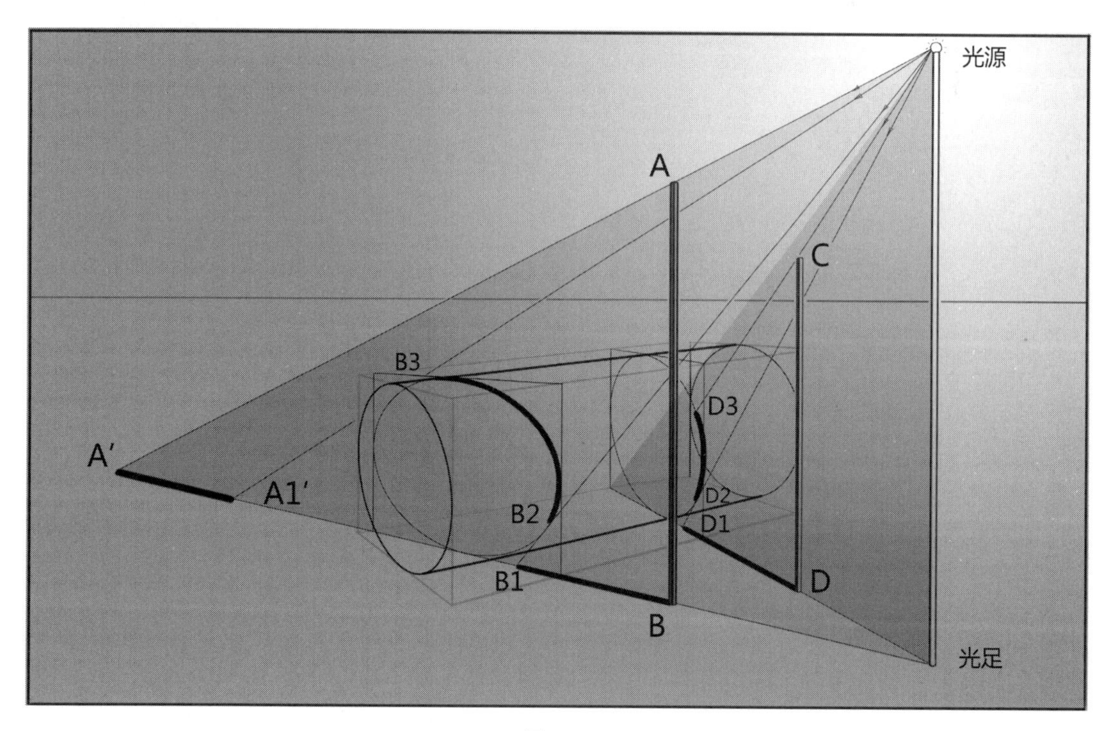

图 9-59

直立杆在圆台上的投影

直立杆在圆台上的投影要比在圆柱上的投影复杂一些，我们仍然用之前学习过的相贯线思路去解决。如图 9-60 所示，要确定直立杆 AB 和 CD 在圆台上的投影形态，首先要找到过直立杆的光平面与圆台的交线，投影就是在交线上截取的向光的部分。首先看直立杆 AB 的投影情况，仍然是过光足与直立杆杆足 B 做直线并延长，穿过圆台底面，形成直立杆 AB 的投影方向线，再过光源做直线通过杆顶 A，并延长交于投影方向线上的 A′点。可见直立杆的投影跨越了圆台，在圆台两侧的地面上都有投影，圆台上也会有一部分投影。下面关键问题是确定圆台上的投影形态。过直立杆 AB 的光平面是一个竖直平面，AB 的投影方向线就是光平面与地面的交线，而要寻求光平面与圆台的交线，需要通过关键点来确定。首先将圆台还原成圆锥，找到圆锥的顶点 P，自 P 点引一条直线至底面圆周上一点 M，再从 M 向底面圆心引直线，交于 AB 投影方向线于 M1，自 M1 引竖直线交 PM 与 M1′，则 M1′就是光平面与圆台相交线上的一点。用同样方法可以通过 N 点找到相交线上另一点 N1′。总之，类似于 M 与 N 这样的采样点越多，得到的相交线上的点就越多，最终将其用弧线连接就形成图中所示的形态——类似于抛物线的一条流畅曲线，这条曲线就是光平面与圆台的交线，它的端点分别是投影方向线和底面圆形的两个交点。整条交线被光线相切截断，形成投影部分，图中 B2 点是自光源向交线引切线的切点，过 B2 的光线与投影方向线交于 A1′，则 A′A1′是直立杆在圆台一侧的地面投影，B2-M1′-N1′-B1-B 是直立杆在另一侧地面及圆台上的投影。直立杆 CD 的投影情况稍复杂一些。用同样的方法得到光平面和圆台的交线，我们发现交线跨越了圆台顶面，该交线其实是圆台与光平面的交线，它与圆台顶面的圆形交于 D3 和 D4，那么连接 D3 和 D4 就得到光平面与圆台顶面的交线，也就是直立杆在圆台顶面的投影方向线。再通过光源引光线过 C 点与 D3D4 连线交于 C′点，则 C′点就是 C 点在圆台顶面的投影。

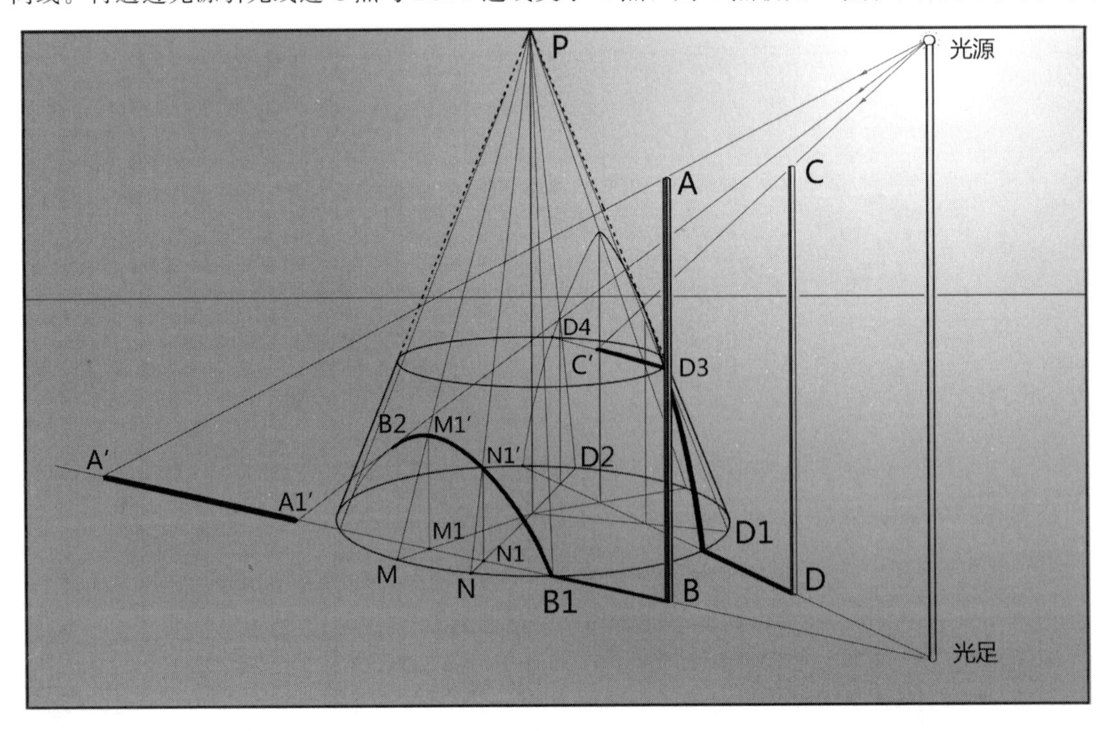

图 9-60

至此，D-D1-D3-C′就是直立杆 CD 在地面与圆台上的投影。其中，DD1 是地面上的投影，是直线。D3C′是圆台顶面投影，也是直线。D1D3 段是光平面与圆台的交线的一部分，是弧线。

直立杆在波浪面上的投影

图 9-61 是直立杆在波浪面上的投影情况，波浪面的四角 HJKI 是标准的矩形，两组边分别指向各自的余点。对于这种相对自由的曲面上的直立杆投影，我们往往需要进行关键点的绘制，得到光平面与曲面的交线，从而得到投影线。以直立杆 AB 的投影为例，首先过光足连接 B 点并延长，得到一条跨越波浪线底面的直线，这条直线就是直立杆 AB 在地面的投影方向线。这条线与 JH 交于 Q 点，与 HI 交于 B1，则通过直线 QB1 上的点向上引竖直线，这些线与波浪面的交点的集合就是过直立杆 AB 的光平面与波浪面的交线，也就是直立杆 AB 在波浪面上的投影所在的曲线。我们仍然通过找关键点的方法得到这条交线。首先在线段 QH 上取几个关键点 P、N、M，通过这三个点可以找到曲面上相应交线上的三个点。以 M 点为例，过 M 点做直线与 HI 平行，即指向 HI 相同的余点。该直线与 QB1 交与 M′，过 M 做竖直线与波浪线交于 M1，过 M1 做直线平行于 HI，即指向相同余点，再过 M′做竖直线，两线交于 M1′，则 M1′就是过直立杆 AB 的光平面与波浪面的交线上的一点，用同样方法以 N、P、Q 点为采样点，得到光平面与波浪面的交线上的另外三个点，最终将这些点用圆弧线连接就得到如图所示的 Q′B1 之间的交线。由于波浪面的遮挡，交线不能完全被看到，被遮挡的部分用虚线表示。其中 Q′点在地面的投影是 A1，则 A1A′是直立杆 AB 在地面一侧的投影，Q′-B1-B 是直立杆 AB 在波浪面和另一侧地面上的投影。直立杆 CD 的波浪面投影寻求方法与直立杆 AB 相同，由于 CD 杆能够完整投影在波浪面上，情况更加简单一些，只需要按采样点寻找光平面与波浪面相交线上的关键点再曲线连接即可，最终投影为 C′D1D 部分。

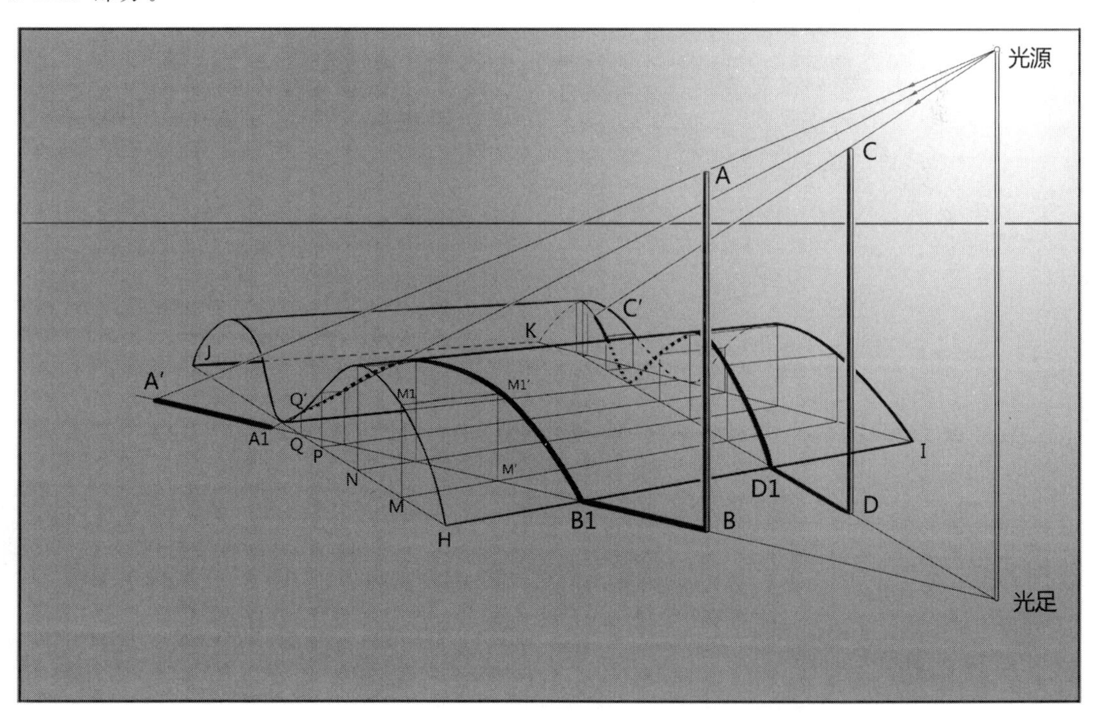

图 9-61

2. 点光源下平行杆在不同受影面上的投影

平行杆在墙面上的投影

在学习了直立杆在不同受影面上的投影方法后，学习平行杆的投影就相对容易一些了，因为平行杆总是借助相应的直立杆来完成投影线的寻求。如图 9-62 是平行杆 AC 在墙面的投影寻求图例。首先假设墙体不存在，分别做直立杆 AB 和 CD 在地面的投影并连接 A′C′得到平行杆 AC 在地面的理论投影。DC′是直立杆 CD 在地面的理论投影，它被墙底边在 D1 处截断，在此投影改变方向形成墙面投影，过 D1 做竖直线就得到直立杆 CD 在墙面的投影方向线，过 C 点的光线与其交于 C1′，D1C1′就是直立杆 CD 在墙面的投影。C1′点是平行杆 AC 在墙面投影的起点，只要再找到一个 AC 杆在墙面的投影就可以通过两点确定一条直线的原则得到 AC 在墙面的完整投影。在平行杆 AC 上 C 点附近找任一点 E，过 E 点做竖直线交地面于 F，EF 实际是帮助我们寻求平行杆上另外一个投影点的辅助直立杆。用寻求 C1′的方法得到 AC 在墙面的投影点 F1′，则连接 C1′F1′并延长至墙体竖棱处得到 AC 在墙面上投影。AC 的地面投影被墙面遮挡后只剩一小部分，剩下的地面投影不会延伸到墙底边，因为墙体本身也会产生投影，从而会将平行杆地面投影“吞并”一部分。墙体距离画面最近的竖直棱的投影就是墙体投影的边界，因此，找到竖直棱投影与 A′C′的交点 P，则 A′P 就是水平杆 AC 在地面的投影。

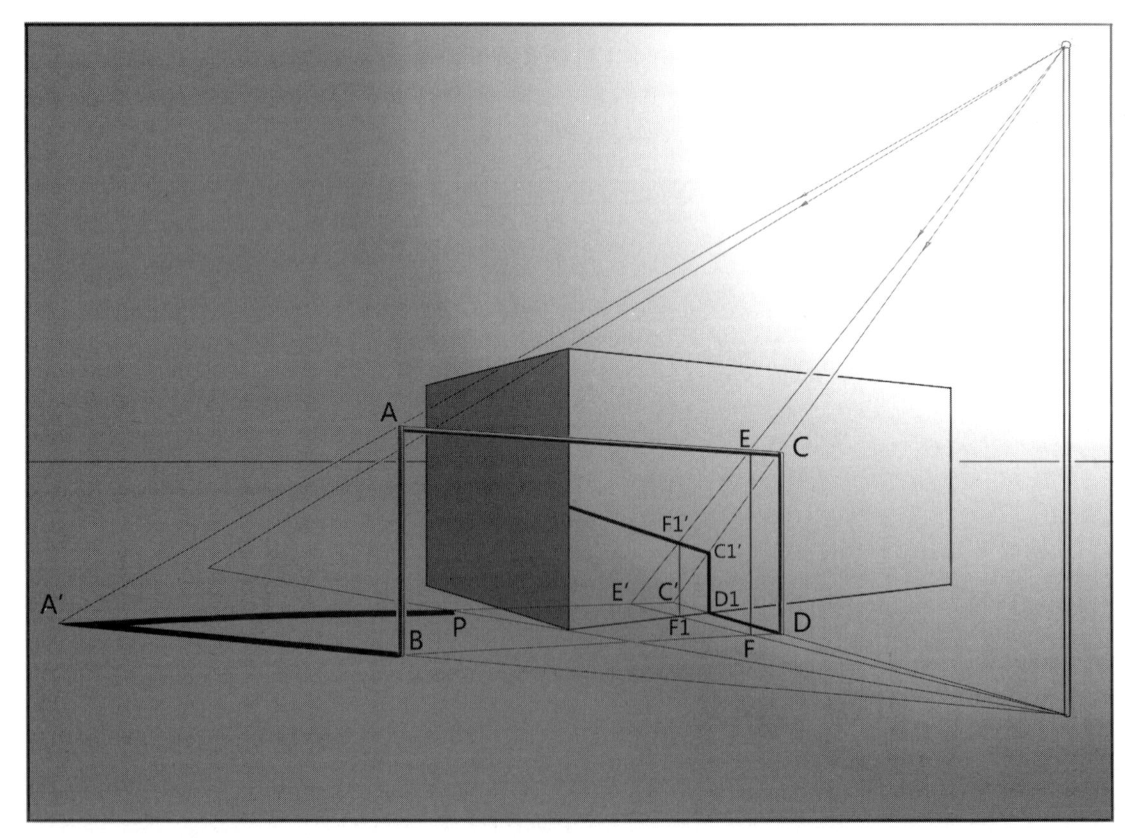

图 9-62

平行杆在倾斜面上的投影

图 9-63 是平行杆在倾斜面上的投影寻求图例，在之前竖直杆投影的基础上，平行杆投影可以迎刃而解。确定竖直杆 AB 的投影，地面部分投影是 BB1，倾斜面部分利用光平面与斜面交线的方法得到投影方向线 B1B3，再通过过 A 点光线的截取，得到 B1A1′为斜面部分的投影。随后确定 CD 在地面投影 CD′，连接 D′与 A′得到平行杆 AD 在地面的理论投影，A′D′与斜面底边的交点 P 是投影从地面向斜面转折的点，连接 P 与 A1′就得到平行杆在斜面上的完整投影。

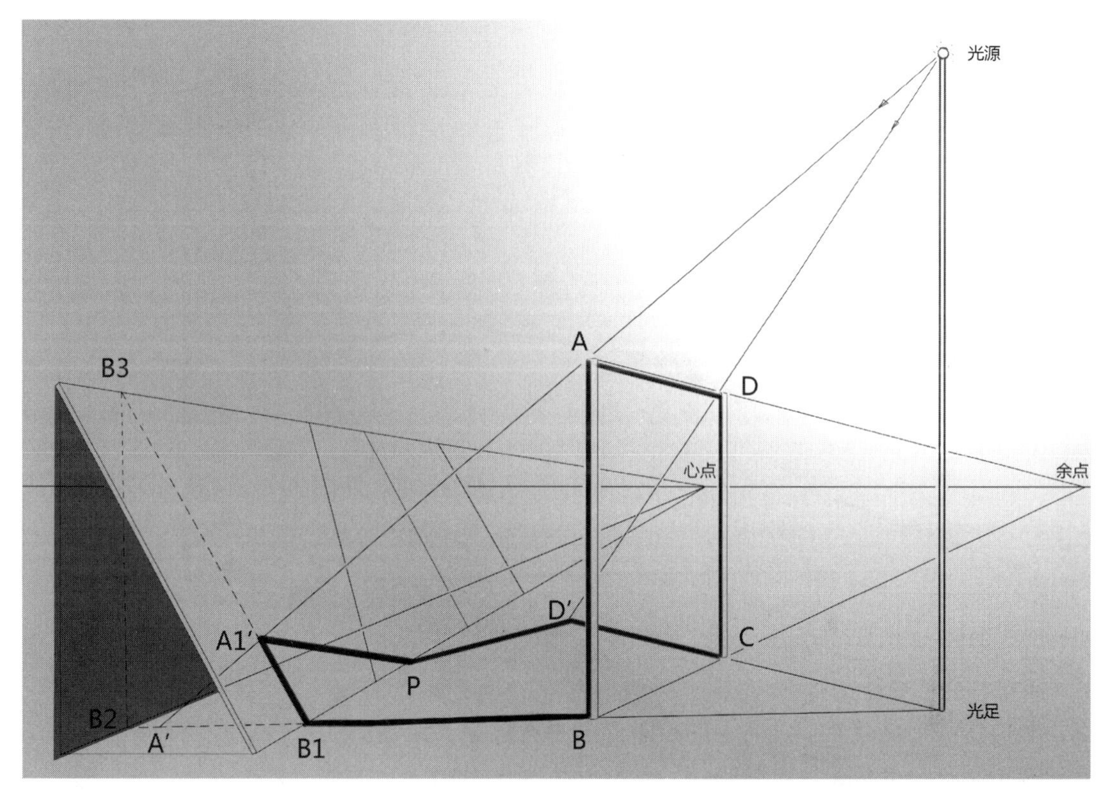

图 9-63

方体

图 9-64 是平行杆在方体上的投影寻求图例，首先假设方体不存在，在地面上确定平行杆投影 A′C′，具体方法不再赘述。直立杆 AB 的地面投影没有受到方体的阻碍，可以在地面形成完整的投影。直立杆 CD 的地面投影在 D1 处被方体截断，过 D1 做竖直线与方体顶面边交于 D2，则 D1D2 就是竖直杆 CD 在方体竖立面的投影。竖直杆投影在 D2 处转向顶面，竖直杆 CD 在方体顶面上的投影方向如何确定呢？我们采用之前学过的分光足方法，即找到方体顶面对应的光足位置，然后连接 D2 点和分光足就可以确定顶面投影方向了。通过透视缩尺法，我们从光足引线经过方体一个竖直棱的底端，交视平线于 Q，再从 Q 引直线过方体竖直棱顶端交灯柱于 Q1，则光足至 Q1 的高度与方体等高，则 Q1 就是方体顶面的分光足。连接 Q1D2 并延长得到直立杆 CD 在方体顶面投影方向线，它与过 C 点光线交于 C1′，则 C′就是 C 点在方体顶面的投影，连接 D2C′得到直立杆 CD 在方体顶面的投影。平行杆 AC 在方体顶面的投影的起点是 C1，再确定 AC 在方体顶面上的另一个投影点就可以通过两

点连线并延长的形式来确定 AC 在方体顶面的投影了。在平行杆 AC 上取一点 F，自 F 做竖直线交地面于 E，则 FE 是辅助直立杆，通过 FE 可以确定 F 点在方体顶面的投影 F′，连接 C′F′并延长至方体顶面边界处得到 AC 在方体顶面的投影。AC 的地面投影 A′C′除了被方体截断的部分外，还会受到方体本身投影的影响，方体顶面的棱 c 的投影线 c′将 A′C′截断在 P 点，则 A′P 是 AC 在地面的投影。

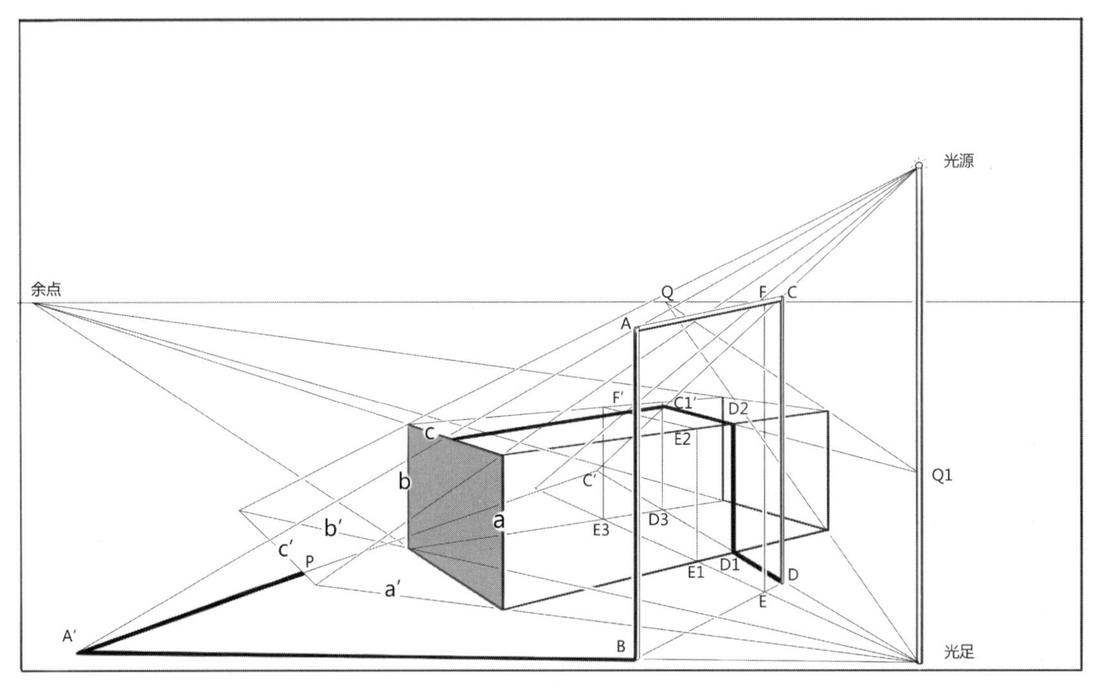

图 9-64

平行杆在圆柱上的投影

图 9-65 是平行杆在圆柱体上的投影寻求图例，主要运用的还是借助直立杆在圆柱体上投影的方法，关键思路在于要在平行杆 AC 上多取一些采样点做竖直杆，从而确定这些点在圆柱上的投影位置，如图中取了 E 点，通过我们熟悉的方法，得到 E 点在圆柱体上的投影点 E1′。在 AC 上取点越多，最终形成的圆柱表面投影 A1′C1′越准确，最终 A1′和 C1′是以流畅的弧线连接的，而不是以直线连接，这一点大家需要注意。

平行杆在圆台上的投影

图 9-66 是平行杆在圆台上投影的图例，运用的方法在之前的图例中都有所涉及，其中分光足的运用是本案例的关键。首先，和之前的案例相同，假设场景中没有圆台，通过直立杆 AB 和直立杆 CD 可以很容易确定平行杆 AC 的地面投影 A′C′。自光足 P 向直立杆 CD 杆足引直线并延长，交视平线于 N 点，则 PN 是过 CD 的光平面与地面的交线，也是直立杆 CD 地面投影的所在线，N 点是它的灭点。随后我们要通过分光足的方法确定 C 点在圆台顶面的投影位置，首先，通过缩尺法确定灯杆上与圆台顶面等高的位置 P1，从 P1 向 N 点引直线，则 P1N 与 PN 平行并且与圆台顶面等高。从光源引直线过 C 点与 P1N 交于 C1，则 C1 就是平行杆 C 点在圆台顶面的投影。在 AC 上靠近 C 点的位置去采样点 E，用同样的方法得到 E 点在圆台顶面投影 E1，连接 C1E1 并延长至圆台顶面边缘得到 AC 在圆台顶面的完整投影。

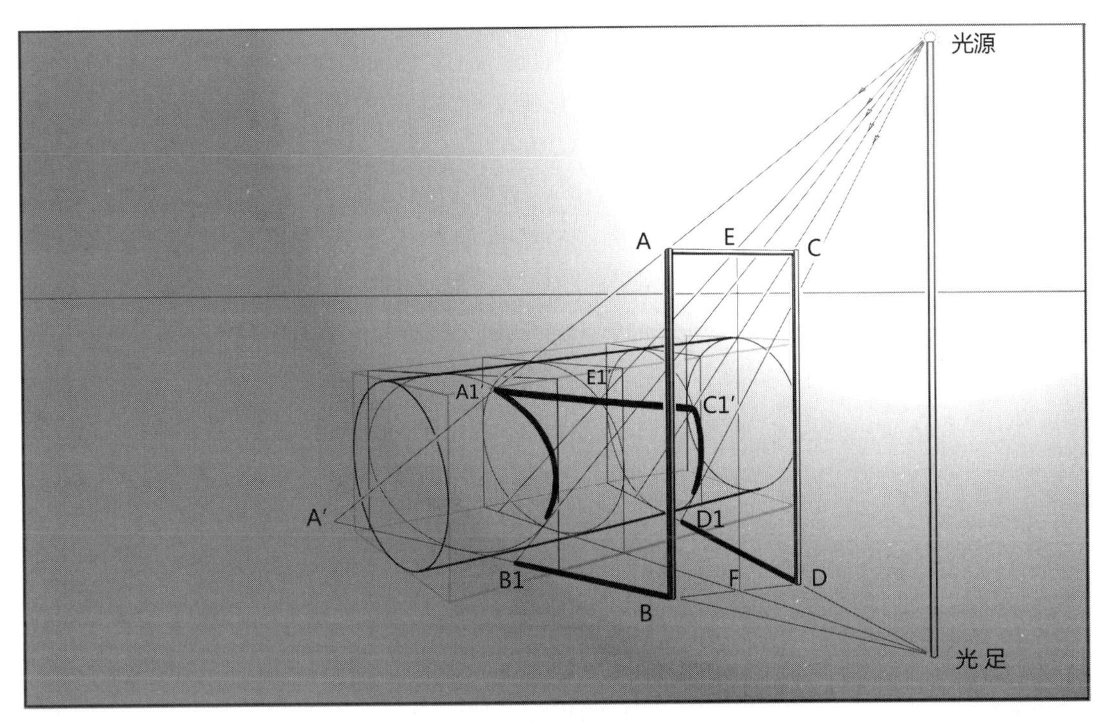

图 9-65

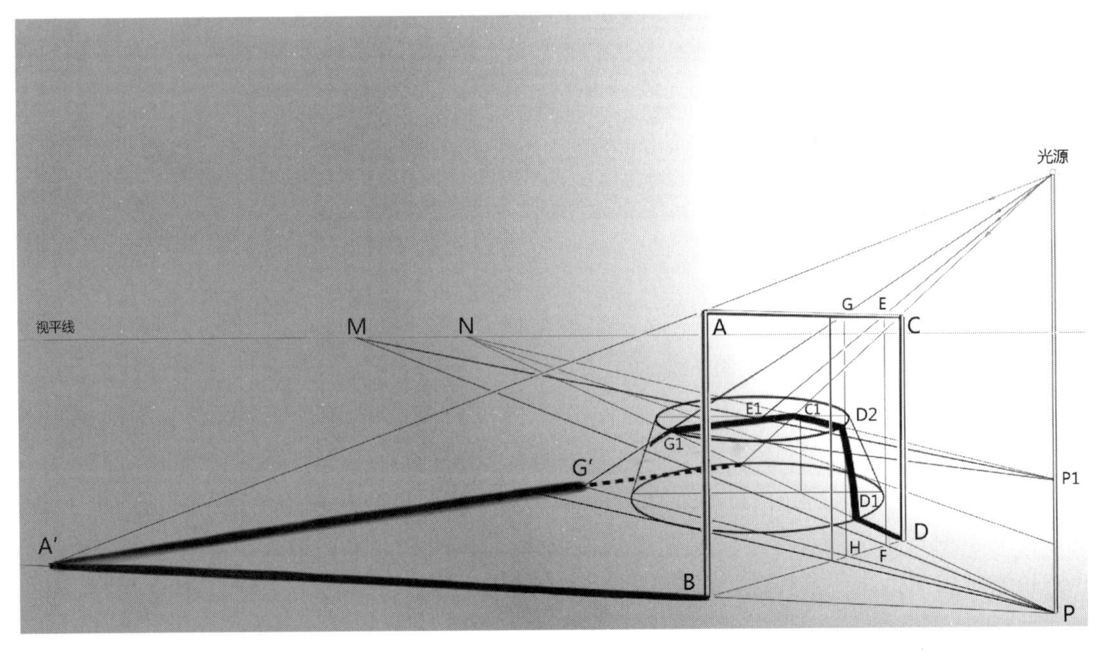

图 9-66

3. 点光源下倾斜杆在不同受影面上的投影

倾斜杆在墙面

倾斜杆同样需要在直立杆的辅助下才能确定其投影的形态。图 9-67 是倾斜杆 AC 在墙面和地面投影的案例。首先假设墙面不存在，运用之前学习的知识，在直立杆 AB 的辅助下，我们可以很容易确定倾斜杆 AC 在地面的投影 A′C。墙面的存在使得 A′C 在右侧被墙体底边截断，端点为 C1，墙体的竖直棱 a 的投影线又将 A′C 的左侧在 A1′处“截断”。因此倾斜杆在地面的投影被分成两段，分别是 A′A1′和 C1C。下面来确定 AC 在墙面的投影，C1 点是墙面底边与 AC 投影的交点，也是 AC 在墙面投影的起点，通过作图法，我们确定 C1 点是倾斜杆 AC 上的 F 点在墙面上的投影。取 AC 上 F 点附近的点 D，得到 D 点在墙面上的投影 D1 点，则连接 C1D1 并延长至竖直棱 a 处，得到 AC 在墙面的投影。

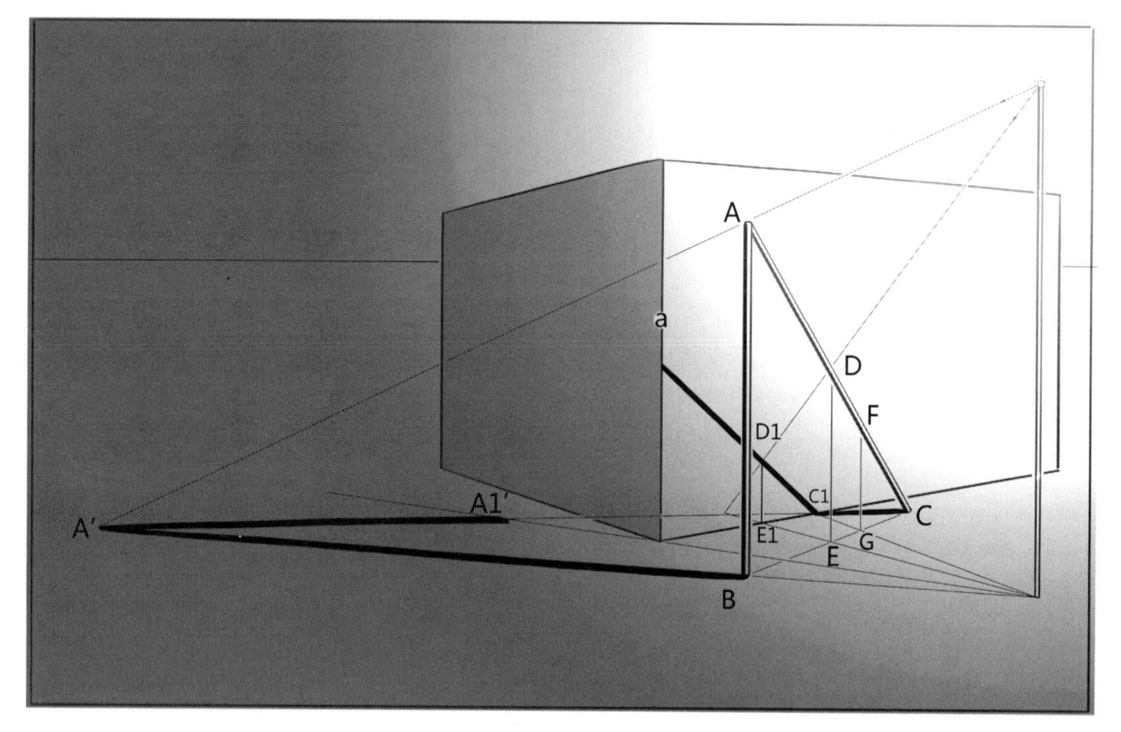

图 9-67

斜面

图 9-68 是倾斜杆 AC 在倾斜面上的投影案例，仍然运用我们之前所使用过的方法解决问题。首先假设斜面不存在，通过直立杆 AB 可以很容易得到倾斜杆 AC 在地面的投影 A′C。倾斜面底边将 A′C 在 C1 处截断，斜面竖直边投影将 A′C 在 H 点处截断，因此，A′H 和 CC1 是倾斜杆 AC 在地面的投影。C1 点是 AC 在斜面上投影的起始点，对应 AC 上的 F 点，在 F 点附近取采样点 E，根据作图法得到 E 点在倾斜面上的投影点是 C2，连接 C1C2 并延长至倾斜面边缘就得到 AC 在倾斜面上的投影。

方体

图 9-69 是倾斜杆在方体上的投影案例，首先假定方体不存在，通过直立杆 DE 我们可以很容易得到倾斜杆 DJ 在地面的投影 D′J。方体底边棱线将 D′J 在 A′处截断，A′就是倾斜杆在方体立面上投影的起始点。通过作图法得到 A′点对应的 DJ 杆上的点 A，在 A 点附近找采样点 B，通过作图法得到 B 点在方体侧面的投影 B′，则连接 A′B′并延长至方体侧面顶部棱线得到 DJ 在方体侧面的投影。在 DJ 上继续取采样点 C，通过作图法得到其在方体顶面投

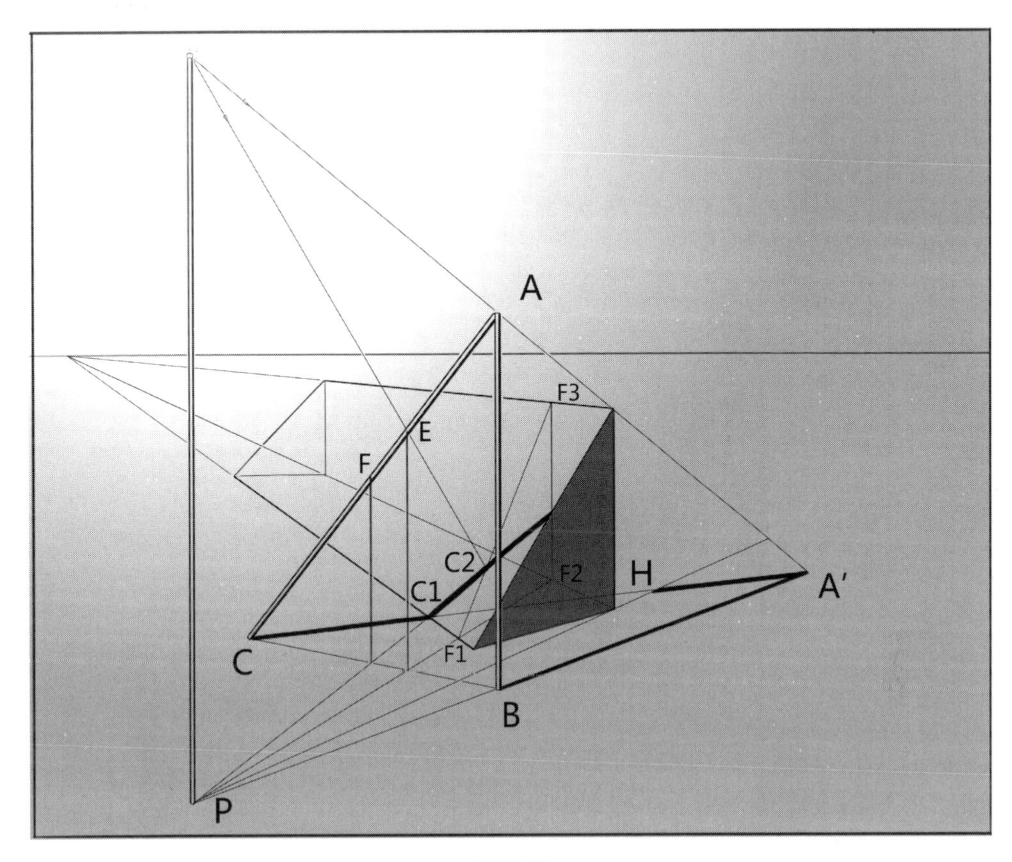

图 9-68

影点 C′，连接 C′与 A′B′延长线端点，得到 DJ 在方体顶面的投影。

4. 点光源下的物体投影

圆柱

圆柱体在点光源下的投影仍然遵循三棍杆的投影原理。通常我们通过寻找圆形底面圆周上的关键点作为采样点，通过辅助直立杆的投影原理得到采样点的投影，更多的采样点可以保证投影图形的准确，最终用圆滑曲线连接采样点投影就得到圆柱体底面的地面投影，再找到两个圆形投影的两条公切线就可以确定整个圆柱体的地面投影了，如图 9-70 所示。

圆球

圆球在点光源下的投影通常是通过关键位置圆形截面的投影来间接获得的。如图 9-71 所示，选择赤道部分的截面圆及过极点的截面圆，因为它们具有圆球的最宽点及最高点，其中过极点的圆采用过圆球中轴线的光平面与圆球的交线圆。A 点和 B 点在赤道圆周上，是光线与球体的切点，是圆球的最宽处，通过过 A 点和 B 点做辅助直立杆的方法得到它们在地面的投影 A′和 B′，C 点和 D 点是过极点截面圆与光线的切点，它们的地面投影 C′和 D′是圆球在地面投影的近端端点和远端端点。通过圆弧连接四个关键点可以大体确定圆球地面投影的范围，要想更精确地得到圆球投影，还需要多做几个分别与赤道圆和极点圆平行的截面圆形，提取采样点后得到更多的地面投影点，最终通过圆弧连接这些投影点就可以得到更加

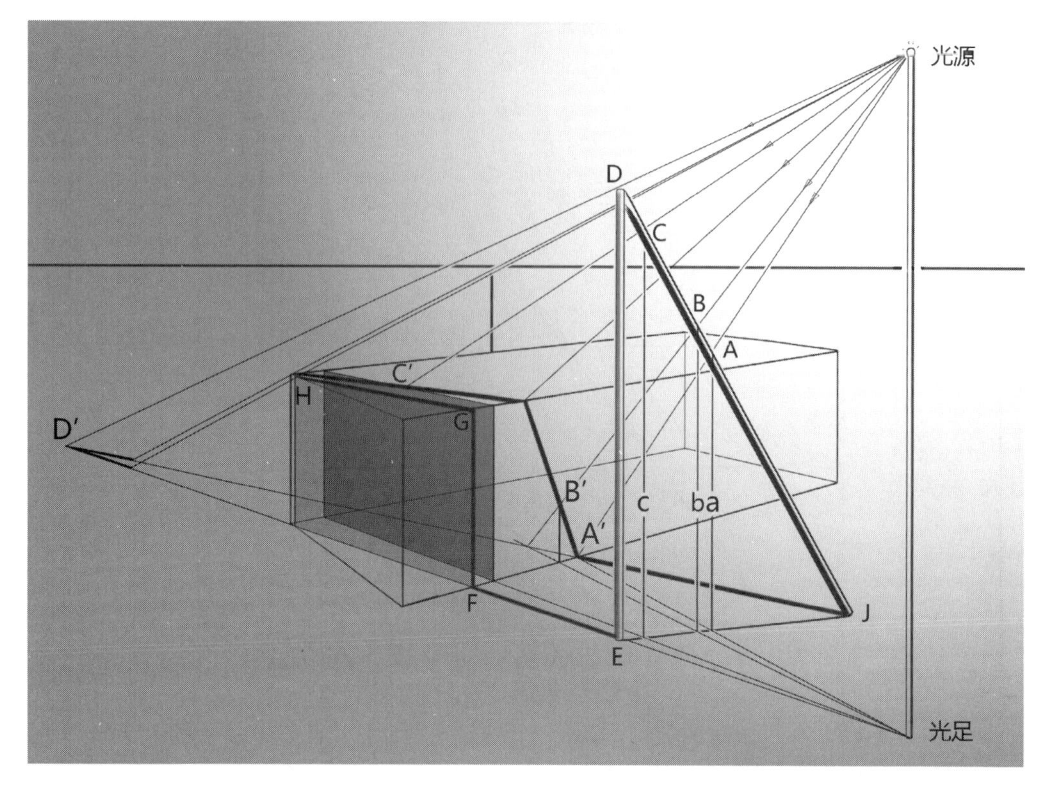

图 9-69

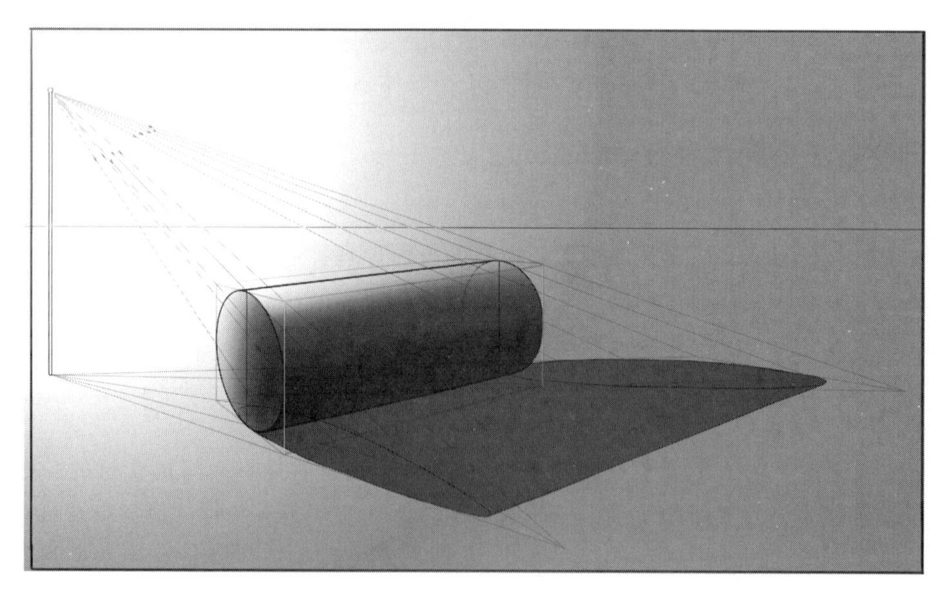

图 9-70

精准的圆球地面投影。

圆锥

圆锥的点光源投影相对简单，通过圆锥顶点引竖直线到底面，形成一个直立杆，然后利用直立杆在点光源下的投影原则确定杆顶的地面投影点，再从顶点地面投影向底面圆周做切

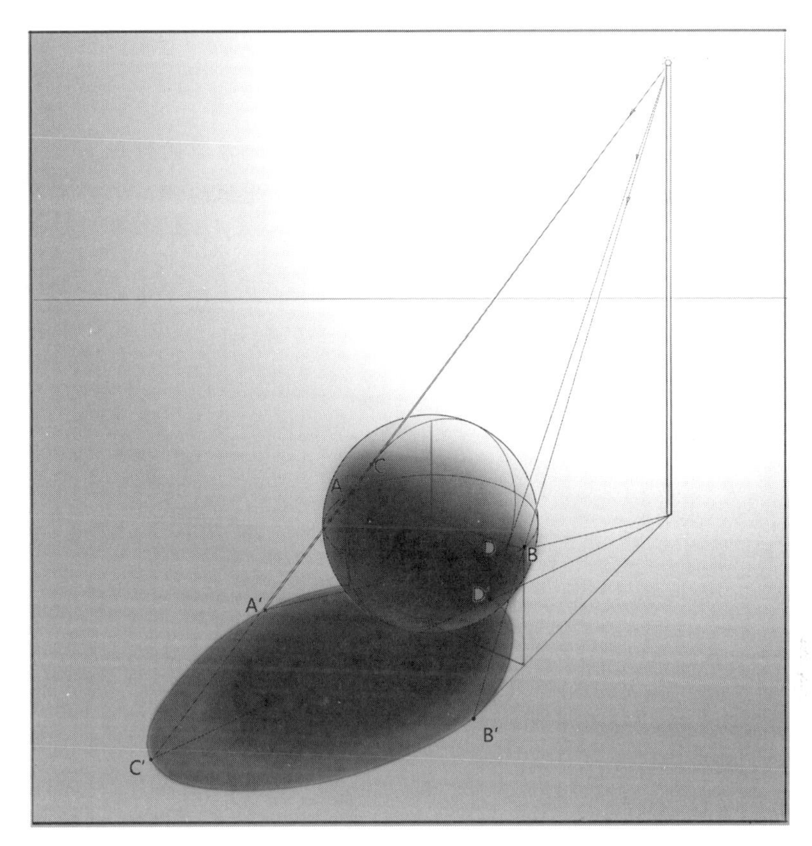

图 9-71

线就得到圆锥在点光源下的地面投影，如图 9-72 所示。

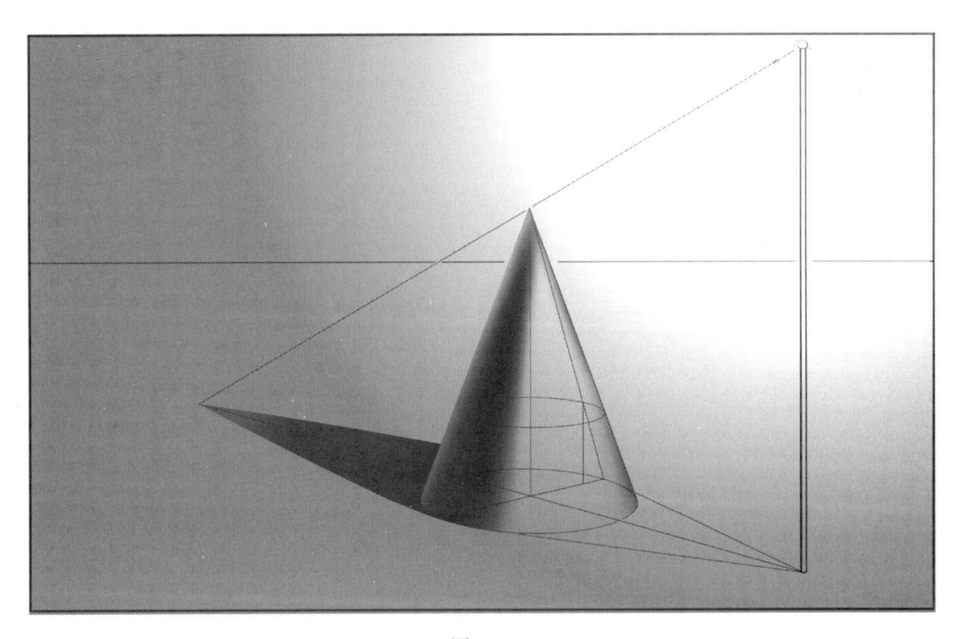

图 9-72

课后思考题及练习：

1. 阳光和点光源的投影特点分析。
2. 设计一个积木搭建的小场景，分别绘制其在自然光和电光源下的投影。
3. 尝试设计一个具有两盏点光源的场景，注意两个投影在光源的照射下，灰度有所不同。

参考文献

[1] 何靖泉等. 透视学. 沈阳: 辽宁美术出版社, 2015.
[2] 白璎. 艺术与设计透视学. 二版. 上海: 上海人民美术出版社, 2011.
[3] 蒲新成. 绘画与透视. 武汉: 湖北美术出版社, 2007.
[4] 王晓琴, 贾康生. 阴影与透视. 二版. 武汉: 华中科技大学出版社, 2012.